Philipp Schönfeld

Tröge und Container dauerhaft bepflanzt

Meiner Familie

Tröge und Container

dauerhaft bepflanzt

Philipp Schönfeld

95 Farbfotos
54 Zeichnungen
17 Tabellen

Herausgegeben von
Dr. Walter Kolb

E.U.
VERLAG
EUGEN
ULMER

Titelfoto: Bepflanzung eines Betontroges. Nach dem Ausstellen der Stauden und Gehölze können diese bepflanzt werden.

Bibliografische Information Der Deutschen Bibliothek

Die Deutsche Bibliothek verzeichnet diese Publikation in der Deutschen Nationalbibliografie; detaillierte bibliografische Daten sind im Internet über http://dnb.ddb.de abrufbar.
ISBN 3-8001-3839-5

Wollgrasweg 41, 70599 Stuttgart (Hohenheim)
email: info@ulmer.de
internet: www.ulmer.de
Lektorat: Dr. Angelika Eckhard, Birgit Schüller
Herstellung: Gabriele Wieczorek
Satz: Dörr+Schiller, Stuttgart
Druck und Bindung: aprinta, Wemding
Printed in Germany

Inhaltsverzeichnis

Vorwort

Kübelpflanzen spielten zu fast allen Zeiten und in allen Bevölkerungsschichten eine wichtige Rolle. Schon in der Antike pflanzten die Menschen Stauden und Gehölze in Holz- oder Tongefäße und stellten sie in ihren Gärten auf. In Mitteleuropa wurden spätestens seit dem Mittelalter vorwiegend heimische Pflanzen in runde Stein- und Tongefäße gepflanzt. Als bewusstes Element der Gartengestaltung tauchen sie erstmals in den italienischen Renaissancegärten auf. In den Zeiten des Landschaftsgartens spielten Kübelpflanzen verständlicherweise nur eine geringe Rolle. Erst als gegen Ende des 19. Jahrhunderts wieder mehr formale Gärten geplant und angelegt wurden, fanden Kübelpflanzen wieder mehr Beachtung. Nachdem sie nach dem 2. Weltkrieg nur eine geringe Bedeutung hatten, ist in den letzten Jahren wieder ein verstärktes Interesse zu beobachten. Die Gärten werden im Zuge steigender Grundstückspreise immer kleiner und damit auch der Gestaltungsspielraum. Unter beengten Raumverhältnissen bieten Kübel die Möglichkeit, für mehr Abwechslung zu sorgen. Auch im Rahmen von Gartenschauen wird dieses Thema häufig mit aufgegriffen. Musterhaft bepflanzte Kübel zeigen dort die vielfältigen Möglichkeiten der Gestaltung.

Der Begriff Kübelpflanzen beinhaltet ein umfangreiches Artenspektrum mit unterschiedlichsten Ansprüchen. In der Regel werden jedoch unter Kübelpflanzen nur nicht winterharte Pflanzen verstanden. Dabei wird oft übersehen, dass es selbstverständlich genauso möglich ist, winterharte Gehölze und Stauden in Kübel und Kästen zu pflanzen. Diese Möglichkeit wird noch viel zu selten genutzt und ist deshalb das

Kübelbepflanzung von der kleinen Schale mit Hauswurz (Sempervivum), die sich dort seit zehn Jahren wohlfühlen, …

Thema dieses Buches. Die Liste der dafür geeigneten Pflanzenarten ist lang, genauso wie die der denkbaren Kübelformen und -materialien. Auch die gestalterischen Möglichkeiten sind kaum begrenzt. Sie reichen von der kleinen Schale mit einigen *Sempervivum*-Pflanzen bis hin zu übermannshohen Großkübeln, bepflanzt mit auserlesenen Solitärgehölzen. Winterharte Kübelpflanzen sind besonders für diejenigen Gärtner interessant, die keinen Platz zum Überwintern von Oleander, Lorbeer, Palmen u. ä. Arten haben oder es leid sind, jedes Frühjahr neue Pflanzen zu kaufen. Da winterharte Kübelpflanzen während des ganzen Jahres an ihrem Platz im Freien stehen, bleiben sie auch im Winter gestalterisch wirksam. Bei geschickter Pflanzenauswahl bieten sie im Frühjahr, Sommer, Herbst und sogar im Winter immer neue interessante Aspekte. Allerdings nur unter der Voraussetzung, dass man die Pflanzen nicht allein nach ihren Blüten beurteilt, wie das bei Sommerblumen und frostempfindlichen Kübelpflanzen oft geschieht, sondern die Pflanzen in ihrer Gesamtheit wahrnimmt. Der Austrieb im Frühjahr, die Blätter und Blüten im Sommer, die Herbstfärbung und der Fruchtschmuck im Herbst und schließlich das dekorative Zweiggerüst sowie teilweise die Rindenfärbung sorgen im Winter für Abwechslung. In gewissem Umfang bieten sie sogar Nahrung und Unterschlupf für Tiere.

Das Gärtnern im Kübel ist im Prinzip nicht schwieriger als der Umgang mit Pflanzen, die im Erdboden wachsen. Die besondere Situation der Stauden und Gehölze im „Lebensbereich Kübel" erfordert allerdings vom Gärtner besondere Aufmerksamkeit, damit sie sich auch unter diesen Bedingungen zufriedenstellend entwickeln. Das dazu notwendige Spezialwissen soll dieses Buch vermitteln. Gleichzeitig soll es aber auch Lust machen, es einmal mit Kübelpflanzen zu probieren und dafür die notwendigen Anregungen sowie Hilfestellung zur Gestaltung bieten.

Nürnberg, im Sommer 2002
Philipp Schönfeld

... bis zu Großkübeln mit 5 bis 7 m hohen Eichen.

Teil 1
Gestalten mit Kübeln

Grundlagen

Gestalten heißt ordnen und zueinander in Beziehung setzen. Dieser Grundsatz gilt auch für den Umgang mit Kübeln, denn sie stehen nie für sich allein, sondern sind immer ein Teil des gestalteten Raumes. Die Kübel müssen deshalb hinsichtlich des Ortes ihrer Aufstellung, der Größe, des Stils, des Materials und nicht zuletzt der Bepflanzung an die Umgebung angepasst werden und mit dieser harmonieren. Nur so können sie ihre Rolle zur Verbesserung oder Bereicherung der Außenanlagen erfüllen. Ein Kübel, der „einfach so" aufgestellt wird, mag zwar guten Willen demonstrieren – eine gestalterische Wirkung wird er kaum haben.

Kübel werden in bebauten, repräsentativen Freiräumen und auf befestigten Flächen eingesetzt. Sie stellen dort, wo eine Begrünung erwünscht, aber häufig nicht durchführbar ist, die einzige Möglichkeit zur Gestaltung mit Pflanzen dar. So können selbst dicht bebaute Gebiete mit einem hohen Versiegelungsgrad in grüne Oasen verwandelt werden. Kübel sind allerdings kein Alibigrün für eine verfehlte Planung, bei der besser Raum bildende Bäume hätten vorgesehen werden müssen. Besonders bedeutsam sind sie natürlich bei der Gestaltung von Dächern und Balkonen. Aber auch überall dort, wo der Platz beschränkt ist, z. B. in Innenhöfen, auf schmalen Straßen oder Wegen, spielen sie eine wichtige Rolle. Kübelpflanzen sind jedoch keine „Massenware". Um eine überzeugende Wirkung zu entfalten, dürfen sie nur in ausgewählten Raumsituationen aufgestellt werden. Eine sparsame Verwendung stellt sicher, dass der Hauch des Individuellen, den sie verbreiten, erhalten bleibt. Gezielt eingesetzt, tragen sie somit zur Steigerung des Wertes und zur unverwechselbaren Ausstattung von Freiräumen bei. Kübelpflanzen stellen markante Fixpunkte in Anlagen dar. Spezielle Kübel mit erlesenen Arten oder besonders schön gewachsenen Solitären sind eine atmosphärische Belebung des Raumes. Deshalb findet man sie häufig auch in Cafés, Eisdielen, Restaurants, auf Aussichtsplätzen und in der Nähe architektonischer Wasserbecken. Als freundliches Entree werden sie gern paarweise an Treppen

Großkübel in Verbindung mit farbigem Pflaster gliedern den Platz.

und in Verbindung mit Zugängen zu Gebäuden aufgestellt. Bei geschickter Auswahl und Platzierung setzen Kübel nicht nur einen Akzent, sie können sogar zum Mittelpunkt einer Anlage werden. Diese Wirkung entfalten sie jedoch nur dann, wenn sich Pflanze und Kübel in tadellosem Zustand befinden. Dazu müssen die Kübel so aufgestellt werden, dass sie zur Pflege jederzeit erreichbar sind. Ein geschmackloser Kübel mit einer schlecht gepflegten Pflanze bewirkt gerade das Gegenteil.

Das Reizvolle beim Gärtnern mit Kübeln ist deren Mobilität. Bereits **ein** entsprechend ausgewählter und aufgestellter Kübel kann die Szenerie völlig verändern und z. B. einen Punkt im Raum besonders hervorheben und betonen. Mehrere Kübel, zu einer Gruppe vereinigt, erzielen eine noch stärkere Wirkung. Bepflanzt mit vorkultivierten höheren Gehölzen oder Stauden gestatten sie innerhalb kürzester Zeit eine Raumbildung. Im Gegensatz zu einer Pflanzung im Boden lassen sich diese durch Kübelpflanzen gebildeten Räume ebenso schnell wieder verändern. Eine bedeutende Rolle spielen in diesem Zusammenhang allerdings das Gewicht der Kübel und die zur Verfügung stehenden Hilfsmittel zum Transport.

Die Wirkung von Kübelpflanzen wird jedoch nicht nur durch die Pflanze selbst bestimmt, sondern auch durch Form, Farbe, Dekor und Stil des Kübels. Es stellt sich bei der Planung somit immer wieder die Frage, was wichtiger ist: Der Topf oder die Pflanze? Den Pflanzen sind Form und Material des Gefäßes gleichgültig, solange ihre Lebensbedürfnisse erfüllt sind. Die Auswahl des Gefäßes richtet sich deshalb nach dem Stil und der Atmosphäre des Gartens sowie der vorgesehenen Bepflanzung. Hosta und Bambus wirken beispielsweise in einem Kübel im asiatischen Stil sicher überzeugender als in einem typisch italienischen Terrakottagefäß. Ebenso muss die Form und Größe des Kübels zum Raum und zur Gesamtgestaltung passen, sonst kann die beabsichtigte Wirkung zunichte gemacht werden. Die Farbe des Kübels sollte gegenüber der Pflanze zurücktreten. Schließlich spielt auch noch die Wirkung des Kübels zum Hintergrund eine Rolle und sollte bei der Planung mit berücksichtigt werden.

Eine Gruppe von großen Terrakottakübeln mit Großsträuchern belebt den Bahnhofsvorplatz.

Zur Blütezeit beherrscht der Rhododendron den kleinen Innenhof. Der Kübel mit dem Podest verleiht ihm fast den Rang einer Skulptur.

In der Regel sollte der Kübel gegenüber der Pflanze etwas zurücktreten. Es ist aber durchaus auch denkbar, dass beide gleichrangig sind, sodass ein optisches Gleichgewicht besteht. In Ausnahmefällen kann es aber auch, wenn ein besonderer gestalterischer Effekt erzielt werden soll, anders sein. Es ist durchaus denkbar, eine besonders kostbare Pflanze oder eine Sammlung von seltenen Stauden in einen ganz einfachen Kübel zu pflanzen. In diesem Fall spielen die Pflanzen die Hauptrolle und der Kübel ist nur ein Behältnis für das Substrat. Im umgekehrten Fall ist der Kübel so dekorativ oder kostbar, dass er den Charakter einer Gartenskulptur besitzt und auch so verwendet wird. Jede Bepflanzung muss dann stark zurücktreten oder es wird sogar völlig auf Pflanzen verzichtet, weil sie dann eher „störend" wirken würden.

Kübel und Standplatz

Die Bedingungen am vorgesehenen Standplatz haben einen ganz entscheidenden Einfluss auf das Wohlbefinden der Kübelpflanzen. Nur wenn die Ansprüche der Pflanzen erfüllt sind, werden sie sich optimal entwickeln und ihren Zweck erfüllen können. Wie bei jeder Pflanzplanung ist deshalb auch hier der erste Schritt eine genaue und sorgfältige Analyse der Standortbedingungen (Kleinklima). Sowohl das Substrat als auch die Bewässerung lassen sich bei Kübelpflanzen viel besser an die Ansprüche der verschiedenen Pflanzenarten anpassen als bei Pflanzungen im normalen Boden. Neben dem entsprechenden Substrat und der Bewässerung haben auch die Lichtverhältnisse einen großen Einfluss auf das Wohlbefinden der Pflanzen. Vollsonnige Standorte sind offen und nach Süden gerichtet. Sie sind entsprechend warm und heiß und nur für hitzeverträgliche Pflanzenarten geeignet. Halbschattige Standorte sind nach Westen/Südwesten oder nach Osten/Südosten gerichtet. Sie haben ein ausgeglichenes Klima und sind deshalb für sehr viele Arten gut geeignet. Schattige Standorte sind nach Norden bzw. Nordwesten oder Nordosten gerichtet. Sie erhalten nur wenig direktes Sonnenlicht – ihr Klima ist entsprechend kühl. Die Lichtverhältnisse am vorgesehenen Standort lassen sich nur in geringem Umfang beeinflussen. Am leichtesten ist dies noch an einem vollsonnigen Standort durch Beschattung möglich. Dagegen lässt sich ein schattiger Standort, z. B. im Schlagschatten eines Gebäudes, kaum verändern.

Großen Einfluss auf das Wohlergehen der Pflanzen hat auch der Wind. Ein ständiger starker Wind oder Zug führt über die Erhöhung der Verdunstung zu verstärkter Austrocknung der Pflanzen oder auch zur Beschädigung von Blättern und Blüten. Viele Pflanzenarten reagieren auf ständige Zugluft ausgesprochen empfindlich. Diese Pflanzen benötigen einen geschützten Platz. Windgeschützte Standorte findet man in Innenhöfen oder auf Terrassen, die seitlich durch eine Mauer oder Hecke begrenzt sind. Bei Balkonen kommt es nicht nur auf eine Überdachung und eine seitliche Begrenzung an, sondern auch auf das Stockwerk. Mit zunehmender Gebäudehöhe nimmt die Windgeschwindigkeit zu. Windexponierte Standorte sind Dachterrassen, Hochhausbalkone, offene Terrassen und Plätze. Durch geschickte Standortwahl oder besser noch durch die Einbeziehung von Wänden, Mauern oder Hecken lassen sich in diesem Fall die Standortbedingungen verbessern.

Schließlich unterliegt der Standplatz für die Kübel noch dem regionalen Klima. Hier spielen vor allem die jährlich auftretenden Minimumtemperaturen im Winter die entscheidende Rolle für das Überleben der Pflanzen. Ein mildes Weinbauklima ist für Kübelpflanzen günstiger als eine raue Mittelgebirgslage. Durch entsprechende Auswahl der Pflanzen in Verbindung mit Schutzmaßnahmen im Winter lassen sich jedoch auch in diesem Fall ansprechende Pflanzungen schaffen.

Abschließend muss noch geprüft werden, ob der vorhandene Raum genügend Platz zur Entwicklung der Pflanzen bietet. Schließlich soll auch nach einigen Jahren noch der Zugang zum Haus frei sein und auf dem Balkon Platz für den Liegestuhl bleiben. Um dies zu gewährleisten, sollte man den Raum, der den Pflanzen zur Verfügung steht, vor dem Pflanzenkauf festlegen. Pflanzen, die in ihrer Entwicklung durch ständigen Rückschnitt gebremst werden müssen, um nicht den vorgesehenen Rahmen zu sprengen, verursachen nicht nur zusätzlichen Pflegeaufwand, sondern erfüllen auch nicht den vorgesehenen Zweck. In diesem Fall ist es geschickter, schwächer wachsende Arten oder Sorten zu wählen, die auch im ausgewachsenen Zustand die vorgegebenen Grenzen einhalten. Der vorgesehene Standort des Kübels bedingt, wie viele Ansichtsseiten die Pflanzung haben wird und beeinflusst damit die Pflanzplanung. Selbst wenn die Pflanzung nur eine Hauptansicht haben wird, ist es für ein ausgewogenes Bild wichtig, dass sich einige wenige Pflanzen auch nach hinten wenden.

Pflanzung

Standortansprüche und Erscheinungsbild

Die Pflanzenauswahl ist ein besonders wichtiger Punkt in dem Komplex „Gestalten mit Kübeln". Wer nur pflanzt „was gerade da ist", ohne Rücksicht auf pflanzenphysiologische und formale Gesichtspunkte, wird keinen Erfolg haben. Vielmehr müssen vor der Pflanzung folgende Punkte geklärt sein:

„Herbstkasten" bepflanzt mit Gehölzarten, die sich durch besonders auffällige Früchte auszeichnen.

- die Standortansprüche der Pflanzenarten,
- die Vorstellungen des Planers bzw. Gärtners,
- der Zweck der Pflanzung.

Ohne Berücksichtigung der Standortansprüche der vorgesehenen Pflanzenarten ist kein Erfolg möglich. Zwar ist es im Prinzip denkbar, durch eine intensive Pflege bestimmte Standortnachteile auszugleichen – Ziel sollte es jedoch sein, die Pflanzenauswahl den am Standort herrschenden Bedingungen anzupassen. Das führt zu einer besseren Entwicklung der Pflanzen und zu einem geringeren Pflegeaufwand.

Wie bei einer Pflanzung im normalen Boden auch, muss der Planer klare Vorstellungen über den Stil der Bepflanzung haben oder entwickeln. Das bezieht sich nicht nur auf die Ästhetik, sondern auch auf den Zweck der Pflanzung und auf den geplanten Standplatz. Das heißt, die Pflanzen sollen nicht nur in ästhetischer, sondern auch in funktioneller Hinsicht (z. B. Sonnen- oder Windschutz) ihren Zweck erfüllen.

Eine wichtige Voraussetzung für die erfolgreiche Gestaltung mit Pflanzen ist, dass der Pflanzenverwender nicht nur eine genaue Vorstellung von ihren Standortansprüchen, sondern auch von ihrem Erscheinungsbild besitzt. Jede Pflanze hat ihr eigenes Aussehen und ihre eigene Wuchsform – ihre ganz spezielle Aussage, die der Gestalter nicht nur kennen, sondern auch erkennen muss. Damit eröffnet sich ihm die Möglichkeit, eine Synthese zu finden, zwischen dem Erscheinungsbild der Einzelpflanze und dem Gleichklang mit den anderen Arten sowie der Einbindung in die umgebende Architektur. Nur so kann ein harmonisches Gesamtbild bzw. eine ausgewogene pflanzliche Komposition entstehen.

Pflanzungen entwickeln sich dynamisch. Sie wandeln sich nicht nur jahreszeitlich, sondern auch im Laufe der Jahre. Die jahreszeitliche Dynamik unterscheidet die winterharte Kübelbepflanzung von den Sommerblumen. Besonders deutlich wird diese Entwicklung bei den Laubgehölzen wahrgenommen. Der Austrieb, die Blüte, die Herbstfärbung, der Fruchtschmuck und schließlich die kahlen Zweige im Winter machen den Gang der Jahreszeiten deutlich. Nadelgehölze und immergrüne Laubgehölze lassen das, mit Ausnahme des Austriebs im Frühjahr, nicht so gut erkennen. Dafür bleibt ihre Wirkung auch im Winter unverändert erhalten. Das gilt auch für die, allerdings geringe Zahl, von winter- und immergrünen Stauden, wie *Bergenia*-Arten und -Sorten oder Elfenblume (*Epimedium*-Arten). Eine Reihe von sommergrünen Stauden besitzen so kräftige Triebe, dass diese auch im abgestorbenen Zustand im Winter noch standfest bleiben. *Sedum telephium* 'Herbstfreude' oder *Rudbeckia sullivantii* 'Goldsturm' sind bekannte Beispiele dafür. Wer solche Arten aus falsch verstandener Ordnungsliebe bereits im Herbst abschneidet, beraubt sich der schönen Winterbilder mit Schnee oder Raureif.

Für die Pflanzung im Kübel sind von den Bäumen allenfalls Kleinbäume (Wuchshöhe 7 bis 10 m) geeignet. Neben der Wuchshöhe unterscheiden sich die Arten und Sorten in Kronenform und -charakter (locker- oder dichtkronig). Vereinfacht treten folgende Kronenformen auf: eiförmig, verkehrt eiförmig, kegelförmig, schirmförmig, kugelförmig, säulenförmig sowie Hängeformen (so genannte Trauer- oder Laubenbäume). Nadelbäume weisen meist (zumindest in der Jugend) eine Kegel- oder Säulenform auf. Viele Zwergformen besitzen aber auch einen kugeligen Habitus. Diese Formen bleiben allerdings nur im freien und von anderen Gehölzen oder Stauden unbeeinträchtigten Stand erhalten. Beschattung führt zu hässlichen Kahlstellen. Auch bei Nadelgehölzen können die Konturen offen oder geschlossen sein. Der dunkle Kegel der Schlangenhaut-Kiefer (*Pinus leucodermis*) wirkt völlig anders als die lockerkronige Mädchen-Kiefer (*Pinus parviflora*). Schließlich gibt es unter den Nadelgehölzen auch kriechend wachsende Arten (z. B. Kriech-Wacholder, *Juniperus horizontalis*), die als Bodendecker oder zum Überhang an der Trogkante eingesetzt werden können.

Sträucher haben ebenfalls ganz unterschiedliche Wuchsformen. Sie können aufrecht, überhängend, buschig, kriechend oder aber kletternd wachsen. Auch hier gibt es wieder Arten, die entweder einen dichten oder einen lockeren Habitus aufweisen. Für die Kombination mit anderen Arten ist es für den Pflanzenverwender außerdem wichtig zu wissen, ob die einzelnen Arten zu den kahlfüßigen oder den bodenschlüssigen Sträuchern gehören. Kahlfüßige Sträucher wachsen aufrecht und besitzen am Fuß kaum störende Äste, die eine Unterpflanzung erschweren (z. B. *Deutzia magnifica*). Sie ermöglichen oder verlangen sogar eine Unterpflanzung. Die bodenschlüssigen Sträucher hingegen wachsen breit und mit seitlich überhängenden, bis zum Boden reichenden Trieben, die eine Unterpflanzung unmöglich machen. Zu dieser Gruppe zählen z. B. die Forsythien oder *Cornus alba,* der Tatarische Hartriegel. Auch Ausläufer treibende Arten, wie *Prunus tenella*, die Zwerg-Mandel, sind schwierig zu verwenden, da sie die benachbarten Pflanzen „unterwandern". Bodendecker dienen üblicherweise zur Schaffung ruhiger Flächen, vor denen andere Arten gut zur Geltung kommen. Die Flächen in Kübeln sind zu klein, um Bodendecker ihrem Namen entsprechend einzusetzen. Aufgrund ihres kriechenden Wuchses eignen sich viele Arten (z. B. kriechende *Cotoneaster*-Arten oder *Euonymus fortunei* in Sorten) aber hervorragend zum Überhang am Rand des Kübels. Sie überspielen die harte Kante und

Als Halbstamm kultivierte Bäume wirken in ihren Proportionen im Kübel harmonischer als klassische Hochstämme (Kornelkirsche, Cornus mas).

Durch fachgerechten Schnitt lassen sich Nadelgehölze zu besonderen Formen erziehen.

schaffen damit die notwendige Verbindung von Gefäß und Bepflanzung.

Bei den Stauden stehen den Großstauden die deutlich kleineren Mittel- und Kleinstauden gegenüber. Während die Großstauden bis übermannshoch wachsen können, erreichen die Mittelstauden nur Brust- bis Tischhöhe. Alle Stauden, die sich höchstens bis zur Kniehöhe entwickeln, fallen in die Kategorie der Kleinstauden. Im Gegensatz zu den Gehölzen müssen sich die Stauden in jedem Frühjahr oberirdisch wieder neu aufbauen. Eine Ausnahme bilden hier nur die immergrünen Stauden. Neben den straff aufrecht und geschlossen wachsenden Schaftstauden gibt es auch lockere oder sparrig wach-

Der Wacholder „fließt" geradezu über die Kante der Schale.

sende Arten oder solche, die zarte und schleierartige Blütenpolster schaffen. Gräser sind mit ihrer filigranen Kontur wichtig zur Auflockerung – vor allem in Verbindung mit großflächigen Blattstrukturen.

Farben und Texturen

Das in seiner Gesamtheit als weiß wahrgenommene Licht wird beim Auftreffen auf den belichteten Körper verschiedenartig gebrochen, gefiltert, reflektiert oder auch geschluckt. Die Vielfalt der Farben beruht auf diesen Veränderungen, die den Gesetzen der Physik folgen. Durch Farben werden Gegenstände unterscheidbar gemacht. So nimmt der Betrachter auch Pflanzen zunächst einmal über die Farbwirkung ihrer Blüten, Blätter, Früchte, Zweige sowie der Herbstfärbung wahr. Häufig ist die Blütenfarbe das alleinige Auswahlkriterium bei der Zusammenstellung von Pflanzungen. Um alle Möglichkeiten der Gestaltung mit Farben auszuschöpfen, müssen aber auch die Laubfärbung, vor allem dann, wenn sie von dem „üblichen" Grün abweicht, die Herbstfärbung, die Rindenfärbung sowie auffällig gefärbte Früchte mit in die Planung einbezogen werden. Einige Arten fallen beispielsweise durch intensiv gefärbte Blätter während des Austriebs auf. Die Pflanzen nur nach ihren Blütenfarben auszusuchen hieße, wichtige Möglichkeiten der Gestaltung zu verschenken. Ein Hilfsmittel zum Umgang mit Farben und bei Farbzusammenstellungen ist der Farbkreis. Die Primärfarben sind Rot, Gelb und Blau. Orange (aus Rot und Gelb), Grün (aus Gelb und Blau) sowie Violett (aus Blau und Rot) sind die Sekundärfarben. Die einander ähnlichen Farben liegen im Farbkreis nebeneinander. Die am stärksten voneinander abweichenden Farben hingegen liegen sich gegenüber. Zu jeder Farbe gibt es also eine Kontrastfarbe.

Allzu häufig wird der Kontrast als Gestaltungsmittel eingesetzt. Farbkontraste sollten aber auf wenige wichtige Punkte beschränkt bleiben. Besser ist es, eine ausgeglichene Farbigkeit und farbliche Vielfalt anzustreben, die ohne ein Nebeneinander von vielen Farbkontrasten auskommt. Um dieses Ziel zu erreichen, gibt es im Wesentlichen drei Möglichkeiten:

1. Der Planer beschränkt sich auf einen Farbton in unterschiedlichen Abstufungen. Solche Ton-in-Ton-Pflanzungen besitzen eine schlichte, zarte Wirkung. Im Übermaß angewendet, können sie jedoch eintönig und langweilig wirken.
2. Er verwendet Farben, die im Farbkreis benachbart sind, z. B. Goldgelb, Gelborange, Rotorange und Zinnoberrot. Derartige Farbzusammenstellungen besitzen eine lebhafte und farbige, jedoch keine bunte Wirkung.
3. Es werden verschiedene Farbtöne gemischt, auch zwei Kontrastfarben können mit vertreten sein. Zwei reine Kontrastfarben wirken jedoch störend bis unruhig, deshalb sollten sie durch Zumischen von Weiß, Grau und Schwarz einander angeglichen werden. Pflan-

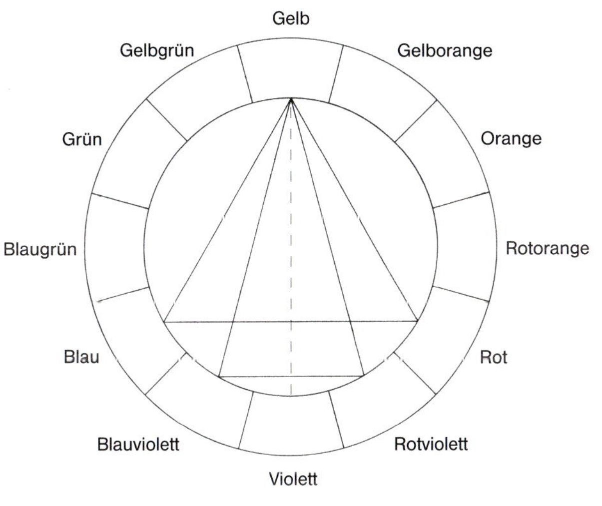

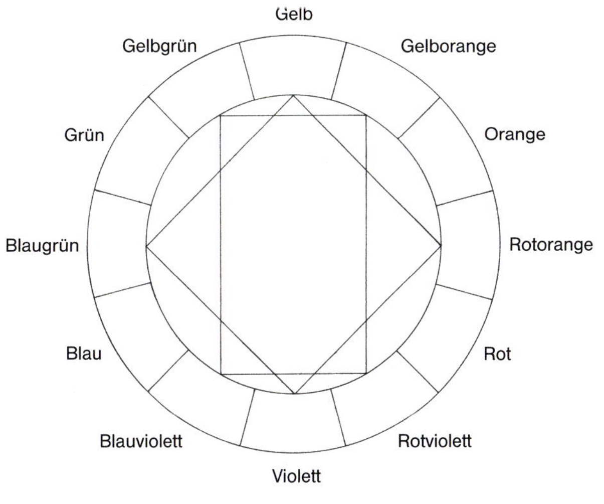

Abb. 1.
Der Farbkreis nach Johannes Itten (1888 bis 1967).
Zweiklang: Komplementärkontrast, z. B. Gelb und Violett.
Dreiklang: Gleichseitiges Dreieck, z. B. Blau, Gelb und Rot; Gleichschenkliges Dreieck, z. B. Blauviolett, Gelb und Rotviolett.
Vierklang: Quadrat, z. B. Gelb, Rotorange, Violett und Blaugrün; Rechteck, z. B. Gelbgrün, Gelborange, Rotviolett und Blauviolett.
Bei Farbkombinationen ist die jeweilige Leuchtkraft der Farbe bei der Auswahl der jeweiligen Fleckengröße zu berücksichtigen, so ist z. B. die Leuchtkraft von Gelb dreimal stärker als die von Violett. In der Kombination muss für eine ausgewogene Wirkung die Fläche von Violett dreimal größer sein als die von Gelb.

zenkombinationen in Pastellfarben sind ein Beispiel dafür. Sie sind sehr reizvoll, können auf größeren Flächen allerdings auch blass wirken.

Abb. 2.
Veränderung der Raumwirkung. Oben: Kleine Pflanze im Vordergrund – große Pflanze im Hintergrund – Raum wirkt kürzer. Unten: Große Pflanze im Vordergrund – kleine Pflanze im Hintergrund – Raum wirkt länger/tiefer.

Kübel nehmen immer nur einen kleinen Teil der Außenanlagen ein. Es ist aus diesem Grund besonders wichtig, die Farben des Kübels und der Bepflanzung auf die in der Umgebung bereits vorhandenen Farben oder das Farbkonzept abzustimmen.

Durch den geschickten Einsatz von Farben lässt sich die Tiefenwirkung von Räumen beeinflussen. Helle Farben wirken weiter entfernt, als sie es tatsächlich sind. Hingegen wirken dunkle Farben näher. Somit können durch den gezielten Einsatz von Farben Räume optisch vergrößert oder verkleinert werden.

Auch über die unterschiedliche Größe von Kübelpflanzen lässt sich der Raumeindruck beeinflussen. Wenn eine kleine Pflanze im Vordergrund steht und eine große Pflanze im Hintergrund, erscheint der Raum kürzer. Im umgekehrten Fall wirkt der Raum tiefer, als er tatsächlich ist. Diese perspektivische Wirkung ist am besten, wenn gleiche Kübel mit den gleichen Arten – allerdings in unterschiedlicher Größe – verwendet werden.

Neben den Farben und Strukturen der Pflanzen spielen für die gestalterische Wirkung die unterschiedlichen Texturen, d. h. die Oberflächenqualität, eine wichtige Rolle. Die Textur einer Pflanzenart wird vor allem durch die Größe, Form und Dichte der Blätter bestimmt. Aber auch die Textur der Rinde, die im Winter besonders deutlich zu Tage tritt, sollte mit berücksichtigt werden. Die besondere Bedeutung der Textur von Blättern und Rinde besteht darin, dass sie deutlich länger wirksam ist als die zwar auffälligeren, aber nur kurz wirksamen Blüten. Die unterschiedlichen Texturen werden noch viel zu selten beachtet und als Gestaltungsmittel eingesetzt. Texturkontraste z. B. wirken auch ganz ohne Blütenfarben reizvoll. Deshalb kommt den Blatttexturen, -formen und -oberflächen gerade dort eine besondere Bedeutung zu, wo farbige Blüten weitgehend fehlen. Die Kombination der verschiedenen Texturen wirkt jedoch nur dann harmonisch, wenn sie ausgewogen ist. Einer geringen Menge grober Texturen ist deshalb eine entsprechend größere Menge feiner Texturen entgegenzusetzen. Kontraste durch stark unterschiedliche Texturen sind zwar auffällig, aber großflächig eingesetzt, wirken sie dann schnell aufdringlich. Für kleine Kübel sollten allzu grobe Texturen vermieden werden, da sie sonst zu beherrschend wirken können. Im umgekehrten Fall sehen große Flächen mit feinen Strukturen langweilig oder sogar unordentlich aus.

Kombinationen und Gestaltungsregeln

Bei der Bepflanzung von Kübeln sind zwei Möglichkeiten denkbar: Entweder wird in jedes Pflanzgefäß nur eine Pflanze gepflanzt oder es werden mehrere Pflanzen zu einem Arrangement oder einer Gruppe

verbunden. Einfacher ist die Gestaltung mit einer Pflanze in einem Gefäß. Diese Variante wird häufig bei der Aufstellung von Einzelkübeln, Kübelpaaren oder -reihen angewendet. In der Regel wird es sich bei dieser einen Pflanze um ein Gehölz handeln. Dabei spielt es zunächst einmal keine Rolle, ob es sich bei der einzelnen Pflanze um einen frei wachsenden Strauch, einen Hochstamm oder aber ein Formschnittgehölz handelt. Aber selbstverständlich sind dafür auch entsprechend ausgewählte Stauden geeignet. Der Abstimmung von Gefäß und Pflanze kommt hier eine ganz besondere Bedeutung zu – bei einem Arrangement, das aus mehreren unterschiedlichen Pflanzenarten besteht, hat das Pflanzgefäß u. U. eine geringere Bedeutung. Die Abstimmung von Pflanze und Gefäß betrifft sowohl den Stil des Kübels als auch die Proportionen. Ein Fächer-Ahorn (*Acer palmatum*) oder eine *Pinus parviflora* werden in einem glasierten Keramikkübel im asiatischen Stil besser wirken als in einem Kübel aus unbehandeltem Holz. Umgekehrt, passt eine Hecke aus Hainbuche (*Carpinus betulus*) sehr gut in einen schlichten Holzkasten. Eine gelungene Kom-

Einheitliche Bepflanzung der Schale mit unterschiedlichen Sempervivum-Arten und -Sorten

Kleines Bild: Spannender Texturkontrast zwischen dem Gelben Japanischen Waldgras (Hakonechloa macra 'Aureola') und der Bergenie. Der Kontrast wird durch die unterschiedlichen Blattfarben noch verstärkt.

Der Natursteintrog ist die richtige Umgebung für den Mini-Steingarten.

position aus Pflanze und Gefäß wird dann erreicht, wenn nicht nur die Pflanze fehlerfrei und arttypisch entwickelt ist, sondern auch der Kübel harmonische Proportionen aufweist (s. Kap. Formen, Seite 62ff.). Die Verwendung von Kübeln in außergewöhnlichen Formen oder Farben sowie Pflanzen mit besonderer Wuchsform sollte allerdings geübten Gestaltern mit einem sicheren Gespür und entsprechender Erfahrung vorbehalten bleiben. Wem die entsprechende Erfahrung fehlt, der sollte sich in solchen Fällen besser beraten lassen.

Die richtigen Proportionen zwischen Pflanze und Kübel sind, wie bereits angedeutet, wichtig für ein harmonisches Gesamtbild. Die Wahrung von ausgewogenen Proportionsverhältnissen auf Dauer ist allerdings schwierig. Deshalb sind die folgenden Empfehlungen nur als grober Richtwert gedacht und nicht als Maße, die auf den Zentimeter genau eingehalten werden müssen. Unmittelbar nach der Pflanzung werden die Pflanzen im Verhältnis zum Kübel noch zu klein erscheinen – später wird es umgekehrt sein. Durch vorsichtigen und artgerechten Rückschnitt, Umtopfen oder Auswechseln der Pflanzen lassen sich die gewünschten Proportionen wieder herstellen. Stauden kann man durch Teilung verkleinern und gleichzeitig auch verjüngen.

Der formschöne schlichte Kübel von Hedwig Bollhagen korrespondiert sehr gut mit dem kleinen Wacholder und dem Lavendel.

Um die richtigen Proportionsverhältnisse zu ermitteln, kann der Goldene Schnitt eingesetzt werden. Das Verhältnis zwischen Kübel und Pflanze müsste dann etwa 1 : 1,6 betragen, um dieser Regel zu entsprechen. Auch ein Verhältnis von 1 : 1,4, das entspricht beim Papier dem Format DIN A 4, ist noch möglich. Vereinfacht ausgedrückt, sollte der Kübel 1/3 und die Pflanze 2/3 der Gesamthöhe einnehmen. Dieses Verhältnis kann jedoch auch umgekehrt werden. Eine kleine, kompakt wachsende – oder geschnittene – Pflanze wächst in einem größeren Topf, sodass das Verhältnis dann 1,6 : 1 beträgt. Bei hohen und schlank wachsenden Arten oder Stämmchen wirkt auch ein Verhältnis von Gesamtbreite zu Gesamthöhe von 1 : 3 noch harmonisch. In diesen Fällen muss allerdings der Topf entsprechend breit, schwer und kompakt sein, damit er standfest ist und auch optisch nicht aus dem Gleichgewicht gerät. Eine Bepflanzung am Fuß von Stämmchen kann dieses optische Gewicht noch erhöhen. Aufstrebende Pflanzen hingegen bringen schlanke Gefäße nicht nur optisch leicht aus dem Gleichgewicht. Jean de la Quintinie (1626 bis 1688), Direktor der königlichen Obst- und Küchengärten von Ludwig XIV., beschreibt in seinem Traktat über die Orangenbäume, das 1690 erstmals posthum erschien, deren Idealgestalt. Nach seinen Vorstellungen sollten der Kübel und die Krone jeweils ein Viertel der Gesamthöhe einnehmen und der Stamm die Hälfte, was der Empfehlung für ein Verhältnis von 1 : 3 zwischen Kübel und Pflanze entspricht.

Deutlich schwieriger ist dagegen eine artenreiche und vielfältige Bepflanzung aus Gehölzen, Stauden und Zwiebelblumen. Die Kombination von verschiedenen Arten soll nicht nur in sich harmonisch wirken, sondern auch zum Pflanzgefäß passen und natürlich zum Standort. Voraussetzung für eine erfolgreiche und langlebige Bepflanzung ist zunächst einmal – wie bei einer Pflanzung im normalen Boden auch –, dass die Ansprüche der unterschiedlichen Pflanzenarten beachtet werden. Die ausgewählten Arten müssen in ihren Ansprüchen sowohl zu dem festgelegten Kübelstandort als auch zueinander passen. Ebenso

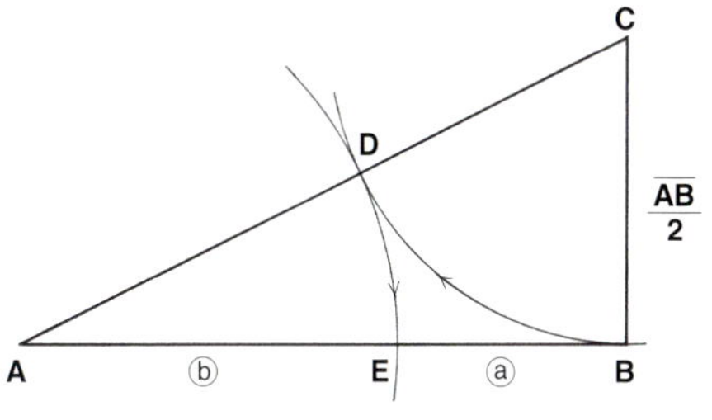

Abb. 3.
Teilung einer Strecke nach dem Goldenen Schnitt. Die kleine Strecke „a" verhält sich zur großen Strecke „b" wie die große Strecke „b" zur Gesamtstrecke AB.

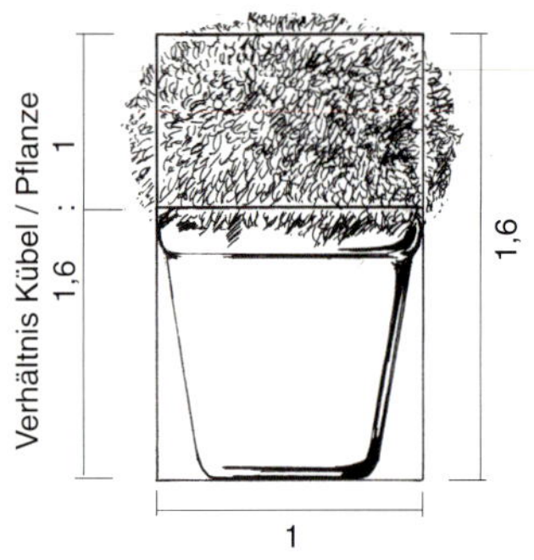

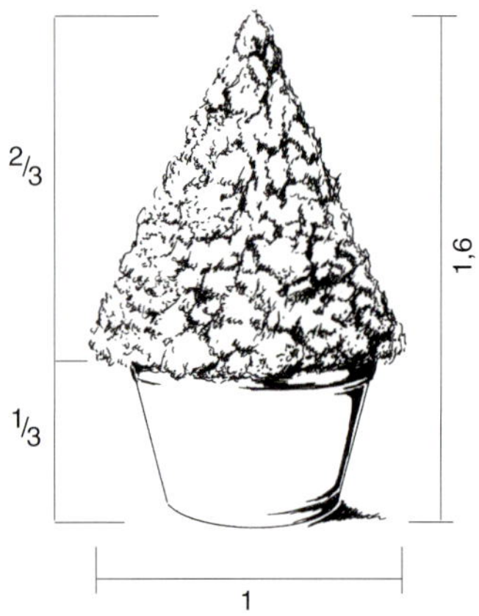

wichtig ist es, die Wuchsstärke der einzelnen Arten zu beachten. Es dürfen nur Arten mit ungefähr gleicher Wuchsstärke vergesellschaftet werden.

Die genaue Kenntnis des „Werkstoffs" Pflanze ist Voraussetzung für eine gelungene Bepflanzung. Dieses Wissen bezieht sich nicht nur auf ihre Lebensansprüche, sondern auch auf ihre Erscheinungsform. Der Planer soll die Persönlichkeit und Herkunft der Pflanzen kennen und sie mit Einfühlungsvermögen zur Geltung bringen. Die Kunst besteht dann darin, mit Phantasie einen Zusammenklang zwischen den einzelnen Individuen herzustellen.

Der erste Schritt ist die Festlegung des Gestaltungszieles. Jede Pflanzung soll eine bestimmte Funktion erfüllen. Die Gestaltung und Pflanzenauswahl muss sich an diesem Ziel und der Funktion orientieren, damit der Zweck erfüllt wird. Der Schattenbaum im Kübel, die Sichtschutzhecke, der „Farbtupfer" auf dem Balkon oder der Terrasse sind Beispiele für solche Funktionen. Festgelegt werden muss auch, ob es sich um eine formale und regelmäßige oder eine freie „landschaftliche" Pflanzung handeln soll.

Ein gutes Hilfsmittel sowohl zur Planung als auch zur Beurteilung von Pflanzungen stellt das „Dreieck der guten Gestaltung" dar. Die gute Gestaltung, unabhängig davon, ob es sich um eine formale oder um eine freie „landschaftliche" Anordnung handelt (symmetrisch oder asymmetrisch), verlangt ein ausgewogenes Verhältnis zwischen Zusammenhang, Veränderung und Unterscheidung (siehe Abb. 9). In Abhängigkeit vom Gestaltungsziel kann dabei durchaus auch eine Verschiebung zu einer der drei Ecken erfolgen. Die fertige Pflanzung ist dann z. B. besonders einheitlich oder sehr kontrastreich.

Der Begriff „Zusammenhang" schließt die Begriffe „Einheitlichkeit" und „Ordnung" mit ein. Zusammenhang heißt, dass die Pflanzung einen klar erkennbaren gestalterischen Grundgedanken (Gestaltungsidee) erkennen lassen soll. Eine Zusammenstellung von Pflanzen, die unentschlossen zwischen zwei Gestaltungsthemen schwankt und keine eindeutige Ordnung erkennen lässt, wirkt auf den Betrachter nicht einheitlich, sondern verwirrend. Um diesen Zusammenhang zu erreichen, gibt es verschiedene Möglichkeiten. Die Einheitlichkeit kann z. B. durch Verwendung von Arten mit ähnlichen Blatttexturen er-

Abb. 4 (oben).
In diesem Fall ist der Kübel höher als die Pflanze. Sowohl das Verhältnis von Kübel zu Pflanze als auch von Gesamtbreite zu Gesamthöhe entspricht mit 1 : 1,6 dem Goldenen Schnitt.

Abb. 5 (Mitte).
Bei diesem Kübel mit kegelförmig geschnittener Eibe (Taxus baccata) entspricht das Verhältnis von Gesamtbreite zu Gesamthöhe von 1 : 1,6 dem Goldenen Schnitt.

Abb. 6 (unten).
Bei dem Kübel mit der Adlerschwingen-Eibe (Taxus baccata 'Dovastoniana') entspricht das Verhältnis von Gesamtbreite zu Gesamthöhe von 1 : 1,4 fast dem Goldenen Schnitt.

reicht werden, d. h., man verwendet beispielsweise nur großblättrige Pflanzen oder aber nur Gräser und solche mit grasartigem Habitus. Ein oft eingesetztes Mittel ist auch die Anwendung eines vorher festgelegten Farbschemas, das sich nicht nur auf die Blütenfarben beziehen muss, sondern auch die Farbe von Blättern, Nadeln oder Früchten umfassen kann. Während die richtige Abstimmung der Farben beträchtliche Erfahrung sowie gute Arten- und Sortenkenntnis verlangt, ist die Zusammenstellung nach dem Wuchscharakter einfacher. Eine andere Möglichkeit zum Erreichen der Einheitlichkeit besteht darin, bestimmte natürliche Pflanzengesellschaften aus heimischen oder fremdländischen Arten nachzubilden oder Themenpflanzungen zu schaffen (Heidepflanzung, Rosenpflanzung, Moorbeetpflanzung, duftende Pflanzen, Frühjahrsblüher usw.). Zusammenhang bedeutet aber auch, der Pflanzung eine klar erkennbare Ordnung zu geben. Die Rangordnung zwischen führenden, begleitenden und dienenden Arten muss deutlich unterscheidbar sein. Bei großen Kübeln, z. B. lang gestreckten Brüstungströgen, bedeutet Ordnung auch, durch eine sich wiederholende Anordnung der Leitpflanzen der gesamten Pflanzung einen festen Rahmen zu geben. Die Anordnung der Begleitpflanzen kann dann freier erfolgen, es sei denn, es handelt sich um eine formale Gestaltung.

Die Einheitlichkeit als alleiniges Gestaltungsprinzip reicht allerdings nicht aus und führt zu Gleichförmigkeit. Jeder kennt die großflächigen Bodendeckerflächen mit Hunderten oder Tausenden von Pflanzen der selben Art. Solche Flächen wirken sehr einheitlich, aber eben auch eintönig. Es fehlen die Veränderung, die Reichhaltigkeit und Vielfältigkeit. Durch die Verwendung mehrerer Pflanzenarten, ohne dabei den Zusammenhang außer Acht zu lassen, ist dieses Ziel leicht zu erreichen. Das heißt aber nicht, dass die Qualität der Gestaltung mit der Zahl der verwendeten Arten zunimmt. Gestaltung bedeutet immer auch die Ordnung zum Einfachen hin. Aus der großen Zahl von geeigneten Arten müssen, auch wenn es oft schwer fällt, einige wenige ausgewählt werden, die am besten zum angestrebten Gestaltungsziel passen.

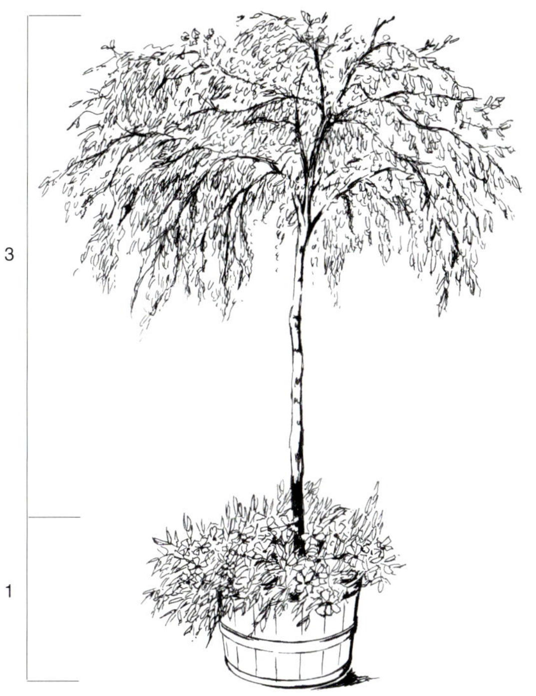

Abb. 7 (oben).
Bei Bäumen (z. B. Betula pendula 'Youngii') oder anderen Stammformen (z. B. Hochstammrosen) sollte das Verhältnis von Kübelgröße zu Pflanzenhöhe den Wert von 1 : 3 nicht überschreiten. Die polsterartige Unterpflanzung mit Vinca verbessert die „optische" Standfestigkeit.

Abb. 8 (unten).
Baum mit vollendeten Proportionen von Kübel, Stamm und Krone nach den Idealen des Jean de la Quintinie (1626 bis 1688, Direktor der königlichen Obst- und Küchengärten von Ludwig XIV.). Der Kübel und die Krone sollten jeweils ein Viertel der Gesamthöhe einnehmen und der Stamm die Hälfte.

Abb. 9.
Gute Gestaltung bewegt sich im Dreieck zwischen den Eckpunkten Zusammenhang, Veränderung und Unterscheidung (nach Loidl 1984/1985).

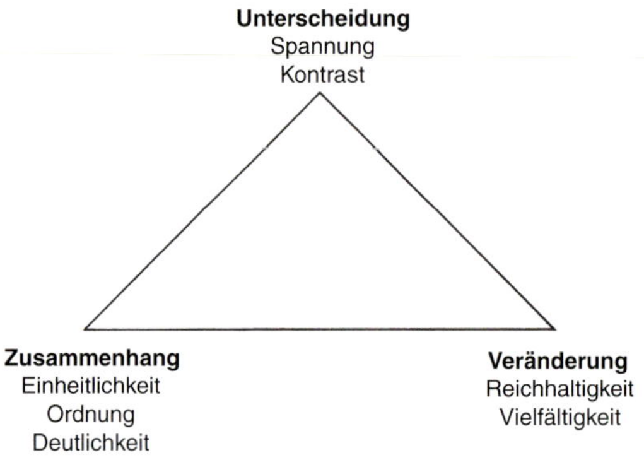

Das bestimmende Gestaltungselement in dieser Pflanzung sind die Kugeln.

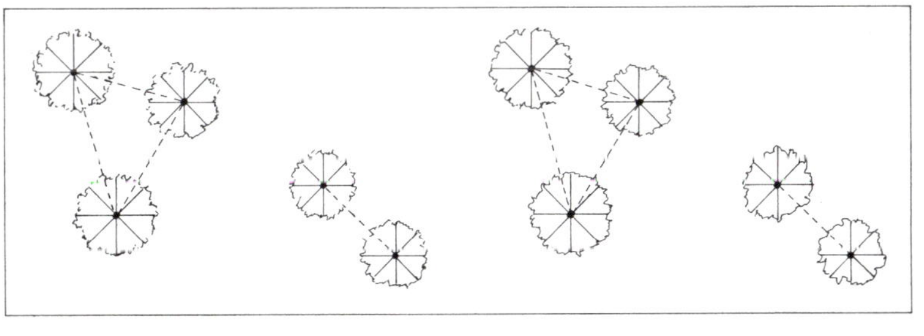

Der Kräutergarten als Beispiel für eine Themenpflanzung. Verschiedene Salbei-Sorten, Bohnenkraut, Dost und Thymian sind im Zinkblechkübel vereint. Zur sicheren Überwinterung des Salbei ist ein Winterschutz erforderlich.

Abb. 10.
„Landschaftliche" Pflanzungen erhalten durch die sich wiederholende Anordnung von Gerüstpflanzen einen ordnenden Rahmen.

Die dritte Ecke des Dreiecks betrifft die Unterscheidung. Ohne Spannung oder gezielt eingesetzte Kontraste fehlt der Pflanzung der Pfiff. Erst durch die Unterscheidung und bewusste Hervorhebung werden pflanzliche Formen und Farben wahrnehmbar. Die Voraussetzung um Kontraste zu erzielen ist, dass mindestens zwei gegensätzliche Wirkungen zusammentreffen. Hierbei kann es sich z. B. um Farbkontraste, Kontraste der Wuchsform oder auch Texturkontraste handeln. Eine großblättrige Staude wird mit zarten Gräsern kombiniert oder sie wächst in einem Teppich aus feintexturierten Bodendeckern. Kontraste im Hinblick auf die Wuchsform, z. B. zwischen säulenförmig und kugelförmig wachsenden Arten, sind ebenso wie Texturkontraste länger wirksam als die kurzlebigen Effekte, die mit farbigen Blüten er-

Der Raketenwacholder (Juniperus scopulorum 'Skyrocket') steht in spannungsreichem Kontrast zum Behaarten Ginster (Genista pilosa).

zielt werden. Es ist wichtig, die Kontraste auszuwägen, denn sonst entstehen Missklänge. Die Kontrastpaare müssen in ihrer Wirkung und in ihren Proportionen aufeinander abgestimmt sein. Die Pflanzen dürfen dabei jedoch nicht für sich betrachtet werden, denn die Kübelform beeinflusst das Bild mit bzw. sollte in die Gesamtkomposition mit einbezogen werden.

Die formale und symmetrische Anordnung von Pflanzen in **einem** Kübel wird eher selten sein und auf besondere Fälle beschränkt bleiben. In der Regel wird meistens versucht, die Pflanzen „frei" in einer bildhaften Gestaltung anzuordnen, obwohl das die schwieriger zu beherrschende Form ist. Trotz der lebendigen und lockeren Anordnung soll ein ausgewogener und spannungsreicher Eindruck entstehen. Da die bildhafte Gestaltung immer einen Rahmen erfordert, sind bei der Kübelbepflanzung in dieser Hinsicht die Voraussetzungen günstig – der Kübel gibt bereits den notwendigen Rahmen vor. Die pflanzlichen Strukturen zur Akzentuierung sollen ungleichmäßig und vermeintlich „natürlich" verteilt sein, aber schließlich dennoch zu einer ausgewogenen Einheit verschmelzen.

Eine Einzelpflanze wird außerhalb der Mitte angeordnet. Auch in diesem Fall wird gern der Goldene Schnitt angewendet. Sowohl die

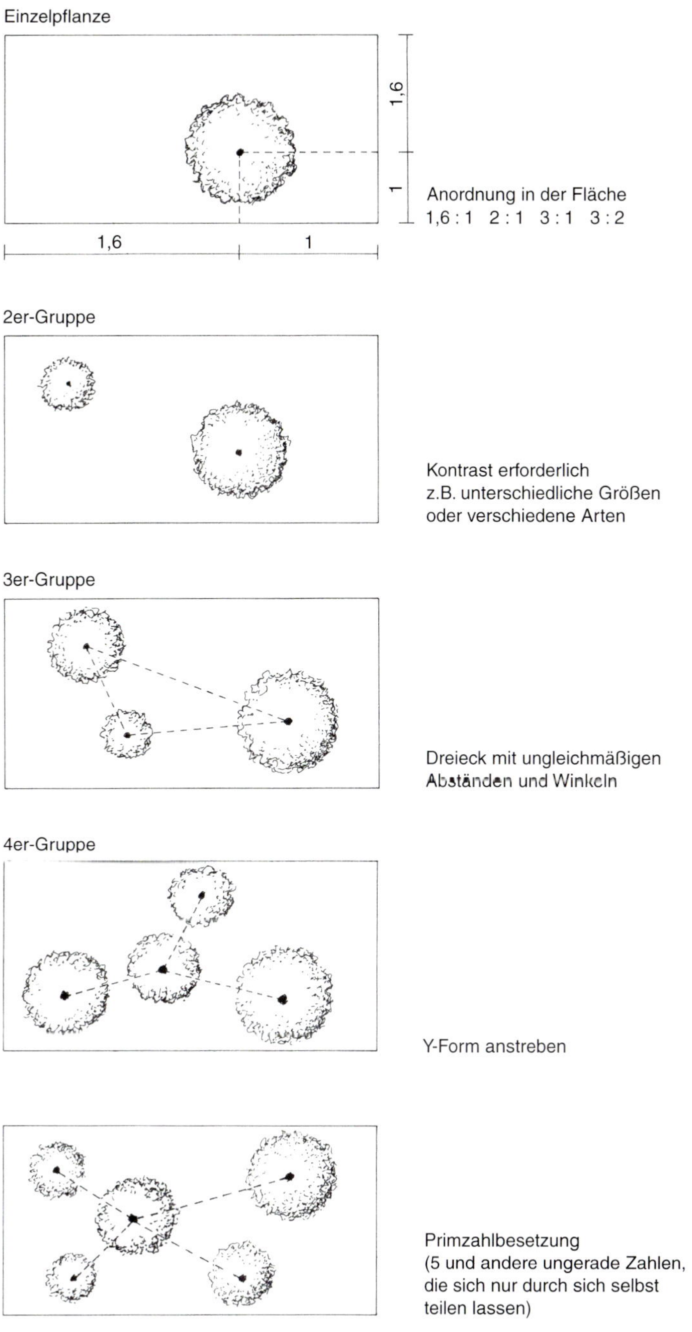

Abb. 11.
Anordnung von Pflanzen im Raum.

lange als auch die kurze Seite des Kübels werden im Verhältnis 1 : 1,6 geteilt. Der Schnittpunkt dieser zwei Linien markiert den Platz für die Pflanze. Es sind auch andere Flächenteilungen möglich, z. B. im Verhältnis 2 : 1, 3 : 1 oder 3 : 2. Zwei Pflanzen erfordern einen Kontrast sowie eine erkennbare Rangfolge. Dieser Kontrast kann durch die Wahl einer anderen Art oder unterschiedliche Größen hergestellt werden. Dabei muss die Pflanzenmenge und -form ausgewogen sein, damit die Gestaltung nicht optisch aus dem Gleichgewicht gerät. Drei

Abb. 12.
Beispiel: Kübel mit orientalischer Goldfichte (Picea orientalis 'Aurea'). Kübelgröße: Innenmaß (L × B × H) ca. 100 × 40 × 60 cm.
Bepflanzung:
1 Picea orientalis 'Aurea' mB. 70 bis 80 cm
1 Cotoneaster dielsianus C3 40 bis 60 cm
1 Juniperus chinensis 'Gold Coast' C3 25 bis 30 cm
Stauden mit Topfballen:
2 Alyssum argenteum
1 Aster amellus 'Sonora'
2 Campanula persicifolia 'Grandiflora Caerulea'
1 Hystrix patula
2 Inula ensifolia 'Compacta'

Leitpflanzen werden meist in Form eines Dreiecks mit ungleichen Seiten und Winkeln angeordnet. Auch hier sorgen unterschiedliche Pflanzengrößen oder -arten für mehr Abwechslung und Spannung. Die Ausgewogenheit muss auch hier gewährleistet sein. Bei vier Pflanzen wird die Y-Form empfohlen. Gerade Stückzahlen wirken auf viele Gärtner „unnatürlich" und „fertig". Sie werden deshalb oft gemieden. Häufiger ist die Primzahlbesetzung mit 5, 7 oder mehr Pflanzen. Sie dürfen aber nur soweit auseinander gerückt werden, dass sie als Gruppe noch erkennbar bleiben.

An zwei beispielhaften Pflanzvorschlägen sollen die eben genannten Regeln erläutert werden.

Kübel mit Orientalischer Gold-Fichte (*Picea orientalis* 'Aurea'): Das verbindende Element in dieser Pflanzenzusammenstellung ist die lockere Wuchsform der Fichte und der grauen Felsen-Zwergmispel. Die Rangfolge zwischen diesen beiden Gehölzen drückt sich durch die unterschiedlichen Wuchsformen und -höhen aus. Der Zwerg-Wacholder mit seinen gelben Triebspitzen stellt eine Verbindung mit dem gelben Austrieb der Orientalischen Fichte her. Gleichzeitig sorgt der Wacholder mit seinem überhängenden Wuchs für die Verbindung zwischen Bepflanzung und Kübel. Das Steinkraut mit seinen gelben Blüten und dem überhängenden Wuchs ergänzt in dieser Beziehung den Wacholder. Die Reichhaltigkeit dieser Pflanzung ergibt sich aus der

Abb. 13.
Beispiel: Kübel mit blauen Mädchen-Kiefern (Pinus parviflora 'Glauca'. Kübelgröße: Durchmesser ca. 80 cm, Höhe ca. 55 cm.
In rauen Gegenden und kalten Wintern ist Winterschutz erforderlich.
Bepflanzung:
1 Pinus parviflora 'Glauca' mB. 70 bis 80 cm
1 Pinus parviflora 'Glauca' mB. 40 bis 50 cm
1 Juniperus horizontalis 'Glauca' mB. 25 bis 30 cm
2 Euonymus fortunei 'Minimus' mTb. 15 bis 20 cm)*
1 Spiraea japonica 'Alpina' C2 20 bis 30 cm
Stauden mit Topfballen:
3 Dianthus-Gratianopolitanus-Hybriden 'Rosa Feder'
2 Hosta tardiana)*
**) Auf der Schattenseite pflanzen*

Zahl der verwendeten Pflanzenarten. Die Stauden unterstützen mit ihrem lockeren Wuchs die Gestaltungsrichtung, die durch die Gehölze vorgegeben wird, und sorgen mit ihren Blüten für Farbtupfer. Für Spannung sorgen die zwei Gehölze mit ihren Kontrasten hinsichtlich der unterschiedlichen Wuchsformen (aufrecht und breit ausladend). Die Glockenblumen sowie die Berg-Aster mit ihren blauen Blüten stehen im Kontrast zum gelben Austrieb der Nadelgehölze. Im Herbst ergibt sich durch die roten Früchte der Felsenmispel in Verbindung mit der gelbroten Herbstfärbung der Blätter und den blauen Blüten der Berg-Aster noch einmal ein farbenprächtiger Anblick.

Kübel mit blauen Mädchenkiefern (*Pinus parviflora* 'Glauca'): In dieser Pflanzung bilden zwei Gehölze derselben Art das pflanzliche Gerüst. Um die Rangfolge deutlich zu machen, sind sie in unterschiedlichen Größen gepflanzt worden. Der Kriech-Wacholder (*Juniperus horizontalis* 'Glauca') mit seinen blauen Nadeln nimmt, wie die Nelken mit ihrem graugrünen Laub, die Nadelfarbe der Kiefern auf. Der zwergförmig wachsende Spierstrauch (*Spiraea japonica* 'Alpina') vermittelt in der Höhe zwischen den Kiefern und den kriechenden Gehölzen sowie den Stauden. Auf der Schattenseite hängt der sehr klein wachsende Spindelstrauch (*Euonymus fortunei* 'Minimus') über den Rand. Die Funkie mit ihrem blau gefärbten Laub nimmt wieder die Farbe der Kiefern auf.

Jede noch so sorgfältig geplante und angelegte Pflanzung wird sich jedoch im Laufe der Zeit ändern. Diese Veränderungen treten einerseits durch die jahreszeitlichen Wechsel ein – jede Bepflanzung wird im Jahresverlauf sowohl „starke" Zeiten durchlaufen, in der sie besonders attraktiv aussieht, als auch „schwache". Aber auch die Entwicklung über die folgenden Jahre wird Veränderungen bringen. Die Pflanzen werden wachsen und dadurch das sorgfältig komponierte „Pflanzenbild" verändern. Durch gefühlvolle Pflege muss versucht werden, den Charakter der Pflanzung im Sinne der ursprünglichen Zielsetzung zu erhalten oder weiter zu entwickeln. Die hier genannten Hinweise zur Gestaltung sind nicht als absolut einzuhaltende Regeln zu verstehen, sondern als Hinweise, da die Pflanzen ihre eigene Dynamik entfalten.

In den angestrebten harmonischen Gesamteindruck muss selbstverständlich auch das Pflanzgefäß mit einbezogen werden. Es soll in Bezug auf die Form und das Material auf die Bepflanzung abgestimmt sein. Eine Steingartenpflanzung wirkt in einem Natursteintrog einfach überzeugender als in einem Blumenkasten aus Kunststoff. Polsterförmig oder kriechend wachsenden Pflanzenarten, die über den Rand des Kübels herabhängen, kommt eine besondere Bedeutung für die Verknüpfung von Kübel und Bepflanzung zu. Die beste Wirkung wird mit einem klaren, schlicht geformten Kübel erzielt, der sich farblich den Pflanzen unterordnet und charakterlich sowohl zu ihnen als auch zur Umgebung passt.

Einzelkübel

Eine Einzelpflanze setzt einen Akzent im Raum und betont einen wichtigen Punkt. Das kann z. B. der Hauseingang, eine Gebäudeecke, ein Brunnen, eine Sitzbank, eine Wegbiegung, eine Treppe oder das Ende einer Sichtachse sein. Ein einzelner Kübel darf jedoch nie allein und „verloren" im Raum stehen. Er benötigt immer etwas „zum Anlehnen" oder einen Bezugspunkt.

Pflanze und Gefäß, die so im Rampenlicht stehen, müssen zusammenpassen und deshalb mit besonderer Sorgfalt ausgesucht werden. Das gilt natürlich auch für die Einbindung in die Umgebung. Gut eignen sich für solche Zwecke Formgehölze. Man kann sie fertig geformt in der Baumschule kaufen oder aus einer Jungpflanze selber formen. In der einschlägigen Fachliteratur wird genau beschrieben, wie man Kugeln – mit oder ohne Stamm –, Säulen, Spiralen und Figuren erziehen kann. Damit eine eindeutige Rangordnung gegeben ist, sollte der Kübel selbst in diesen Fällen relativ schlicht sein, zur Pflanze passen und nicht – vor allem hinsichtlich der Farbe – gestalterisch in Konkurrenz zu ihr treten.

Aber auch besonders charaktervolle Pflanzen oder solche mit auffälliger Blüte, Herbstfärbung oder dekorativen Früchten eignen sich als „Solisten". Für diese Fälle sind die so genannten „Mehrwertpflanzen"

Der streng geschnittene Lorbeer in seinem aufwendig gestalteten Stollenkübel betont die Ecke.

besonders geeignet. Das sind Pflanzen, wie Zierapfel-Sorten (*Malus*-Arten und Sorten) oder die Felsenbirne (*Amelanchier lamarckii* 'Ballerina'), die nicht nur eine schöne Blüte, sondern auch eine leuchtende Herbstfärbung und einen lang anhaltenden Fruchtschmuck besitzen. Laubgehölze zeigen auf diese Art und Weise den Wechsel der Jahreszeiten, der bei Nadelgehölzen nur beim Austrieb im Frühjahr deutlich wird. Gehölze, die nur einmal im Jahr blühen und den Rest der Vegetationsperiode „nur" grün sind, eignen sich nicht zur Verwendung an hervorgehobenen Plätzen. Es sei denn, man nutzt die Möglichkeit des schnellen Wechsels, wie sie nur mit Kübelpflanzen gegeben ist. Die abgeblühte Pflanze wird ins „Depot" geschafft und eine andere Pflanze, die sich gerade von ihrer besten Seite zeigt, an ihrer Stelle aufgestellt. Für solche Wechselpflanzungen eignen sich nicht nur Gehölze, sondern auch Stauden. Diese Gestaltungsmöglichkeiten nut-

Zwei Kübel rahmen auf wirkungsvolle Weise eine Bank. Der ruhige Hintergrund aus der geschnittenen Hainbuchenhecke verstärkt diesen Effekt noch.

zen viele Stadtgärtnereien. Allerdings wechseln sie nur den Einsatz mit den Pflanzen und nicht den gesamten Kübel aus.

Schließlich eignen sich auch Gehölze mit besonderer Funktion als Einzelgehölze. Das kann z. B. der Schattenbaum im Kübel auf der Terrasse sein oder das Obstgehölz auf dem Balkon zum Naschen. In diesen Fällen kann das Pflanzgefäß dekorativer und auffälliger sein, da die Pflanze an sich den größten Teil des Jahres eher schlicht ist. Ein Schattenbaum kann zwar auch blühen und dekoratives Laub besitzen, aber zur Funktionserfüllung ist es nicht unbedingt erforderlich. Dem Kübel kommt in diesem Fall als dekoratives Element eine größere Bedeutung zu.

Paar

Kübelpaare betonen Eingänge, Durchgänge, Passagen und Treppen. Sie können aber auch Brunnen, Statuen, Bänke oder Wegeinmündungen rahmen. Ihre Torfunktion wird aber nur dann wirksam, wenn beide Pflanzen hinsichtlich Art, Größe, Pflegezustand und nicht zuletzt die Kübel absolut gleich sind. Blüten steigern temporär die Wirkung, sind aber zur Erfüllung der gestalterischen Wirkung nicht unbedingt erforderlich, dies ist bereits durch die Pflanzen an sich und die paarweise Aufstellung gewährleistet. Für eine dauerhafte optische Hervorhebung des Pflanzenpaares eignen sich Gehölze mit farbigem Laub besonders gut. In diesem Fall ist allerdings eine besonders sorgfältige Abstimmung mit der Umgebung notwendig, damit es nicht zu einem farblichen Chaos kommt. Je nach Geschmack und Situation können frei wachsende oder streng geformte Gehölze verwendet werden. Das Pflanzenpaar kann auch zu einem Torbogen weiterentwickelt werden. Die Triebe können beispielsweise mit einem gebogenen Metallrohr oder einer anderen Kletterhilfe entsprechend geleitet werden. Schnitt-

Die zwei Palmenkübel, die den Eingang „bewachen", passen in Bezug auf Material und Bepflanzung sehr gut zur Umgebung.

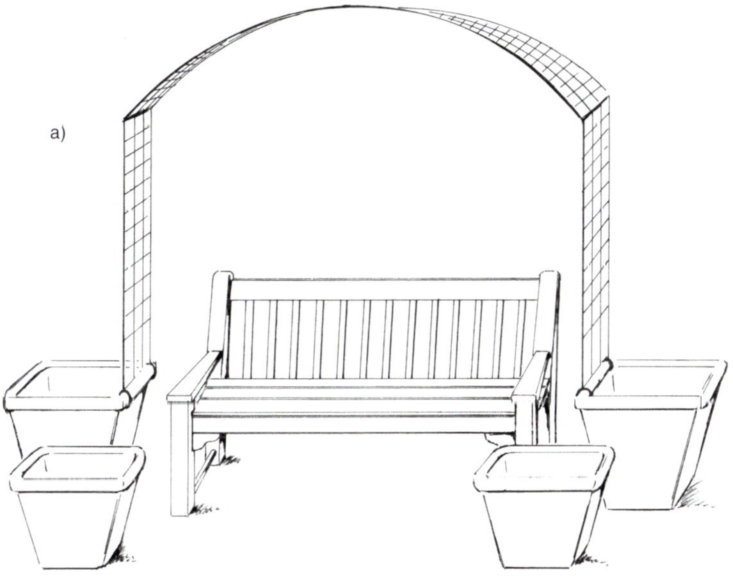

Abb. 14.
Sitzplatz unter Rankbogen.

a) Ansicht. Die Bank wird von zwei Kübeln flankiert, die durch ein Rankgerüst aus Metallgewebe verbunden sind. Die zwei kleineren Kübel im Vordergrund vervollständigen den Sitzplatz.

b) Draufsicht. Das Rankgerüst ist mit zwei rosa blühenden Kletterrosen und zwei großblütigen Clematis (blau/violett) bepflanzt.

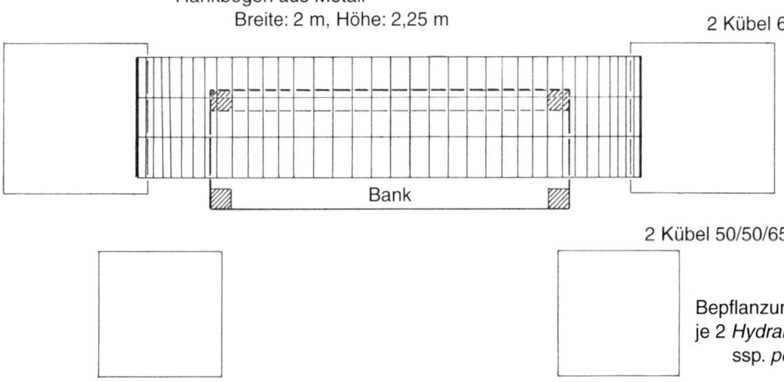

Die zwei V-förmig aufgestellten Kübelpaare leiten den Besucher zum Eingang der eleganten Villa.

Die Kübel aus einfachem Zinkblech passen sehr gut zur Fassadenverkleidung aus Aluminium.

verträgliche Arten, wie Hainbuche (*Carpinus betulus*), Liguster (*Ligustrum*-Arten) oder Feld-Ahorn (*Acer campestre*) eignen sich gut dafür. Auch mit Kletterrosen, *Clematis* und anderen Kletterpflanzen lassen sich solche Bögen herstellen.

Gruppe

Ein Arrangement aus mehreren nahe beieinander stehenden Kübeln ist eine Gruppe. Üblicherweise spricht man erst bei mindestens drei Kübeln von einer Gruppe. Ausnahmsweise können aber auch zwei Kübel unterschiedlicher Größe, die nicht im eben beschriebenen Sinne als Paar gemeint sind, eine Gruppe bilden. Gruppen verwendet man in ähnlicher Art und Weise wie Einzelkübel. Sie setzen einen deutlich stärkeren Akzent und werden deshalb dort verwendet, wo ein Einzelkübel allein nicht die gewünschte Wirkung erzielt. Im Wechselspiel zwischen einzeln aufgestellten Kübeln und kleineren oder größeren Gruppen lassen sich Schwerpunkte setzen und Räume gliedern. Die gruppenweise Anordnung kann auch einfach dazu dienen, alle Lieblingspflanzen nahe beieinander zu haben.

Die Kübel an sich sowie die Bepflanzung dürfen in einer Gruppe durchaus unterschiedlich sein. Allerdings muss eine gewisse Einheitlichkeit gegeben sein. Eine bunte Mischung von Kübeln aus unterschiedlichsten Materialien, Formen und Farben stellt ein Durcheinander dar und ist keine Gestaltung. Eine Ansammlung von Töpfen kann Charme haben, aber zwischen einer scheinbar willkürlichen Ansammlung und einem ungeordneten Durcheinander ist nur ein schmaler Grat. Die gestalterische Kunst liegt hier in der Beschränkung. Wenige, gut gepflegte und auffällig bepflanzte Töpfe wirken immer besser als viele kleine Kübel. Der Kübelgärtner sollte sich deshalb auf jeden Fall vorher auf ein Material, ein Farbkonzept und einen Stil festlegen. Gut ist z. B. eine Zusammenstellung aus Töpfen in unterschiedlichen Größen, aber in einheitlichem Material und mit einheitlicher Grundform.

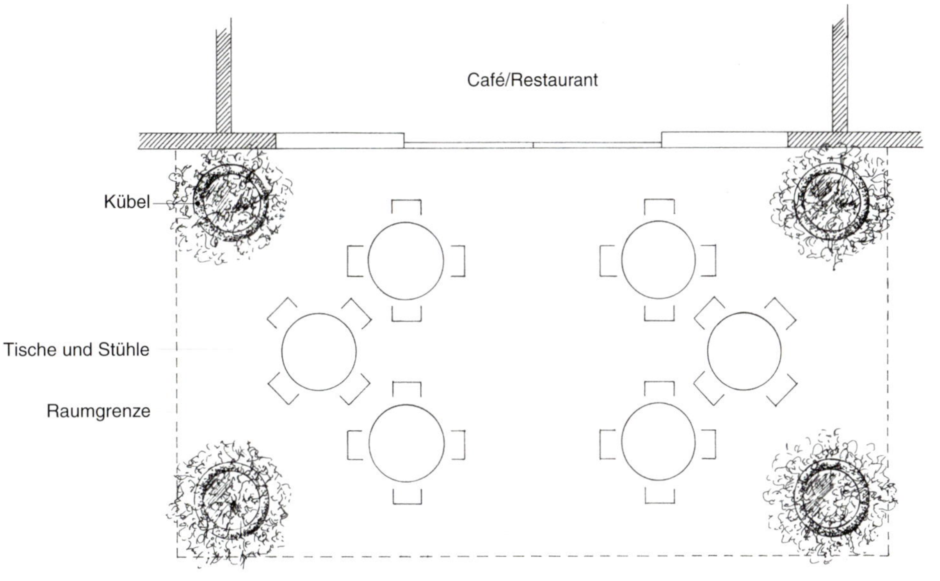

Abb. 15.
Obwohl die Kübel weit voneinander entfernt stehen, wirken sie als Raumgrenze, da das Auge die vier Kübel mit einer unsichtbaren Linie verbindet. Die Kübel müssen so groß sein, dass sie leicht wahrgenommen werden können.

Wie die Pflanzgefäße, so muss auch die Bepflanzung ein gestalterisches Konzept oder ein Thema erkennen lassen. Das könnte bei Kübeln, die jeweils nur mit einer Art bepflanzt sind, z. B. eine Sammlung von Küchenkräutern sein oder verschiedene Rosensorten. Bei artenreich bepflanzten Kübeln sollte sich zumindest eine wichtige und auffällige Art in allen Kübeln wiederholen und so den gestalterischen Zusammenhang erkennen lassen. Je größer die Übereinstimmung der verwendeten Arten in den verschiedenen Kübeln ist, desto stärker ist der optische Zusammenhalt.

Eine Gruppe kann aber ausnahmsweise auch einmal weit auseinander gezogen sein. Die einzelnen Kübel markieren dann die Eckpunkte einer Fläche. Das Auge des Betrachters verbindet die Einzelgefäße durch eine gedachte Linie, welche die Grenze des Raumes darstellt. Dieser Raum ist zwar nach allen Seiten offen, aber dennoch durch die Kübelpflanzen an den Eckpunkten markiert. In diesem Fall müssen die Kübel und die Pflanzen gleich sein. Zur Kennzeichnung der Grenzen eignen sich dabei nur große Pflanzen. Durch eine entsprechende Gestaltung der Pflaster- und Plattenbeläge lässt sich die Raumwirkung noch verstärken.

Reihe

Drei oder mehr Kübel in einer Linie aufgestellt, bilden eine Reihe. Sie ist ein sehr vielseitig einsetzbares Gestaltungselement. Eine Reihe

Der Rand des Wasserbeckens wird durch die Kübelreihe nachgezeichnet.

Die trompetenförmig aufgestellten Kübel in abgestuften Größen wirken besonders einladend.

grenzt Bereiche voneinander ab und schafft dadurch Teilräume. Reihen bilden aber auch Blickpunkte im Raum, lenken die Blicke und stellen generell einen optischen Reiz- und Orientierungspunkt dar. Eine Kübelreihe kann locker gestellt sein, aber auch so dicht, dass sie eine Barriere bildet. Eine solche Aufstellung bietet sich vor allem dort an, wo Kübel oder Tröge neben der dekorativen auch noch eine Schutzfunktion übernehmen sollen. Zum Schutz der Fußgänger können auf diese Weise z. B. Gehweg und Straße getrennt werden. Die Bepflanzung kann locker sein, um die Barrierewirkung etwas zu mildern oder sie ist dicht und heckenartig (s. Seite 43) und verstärkt damit die abgrenzende Wirkung. In ähnlicher Weise lassen sich Tröge z. B. auf dem Dach (s. Seite 51), an offenen Lichtschächten oder in

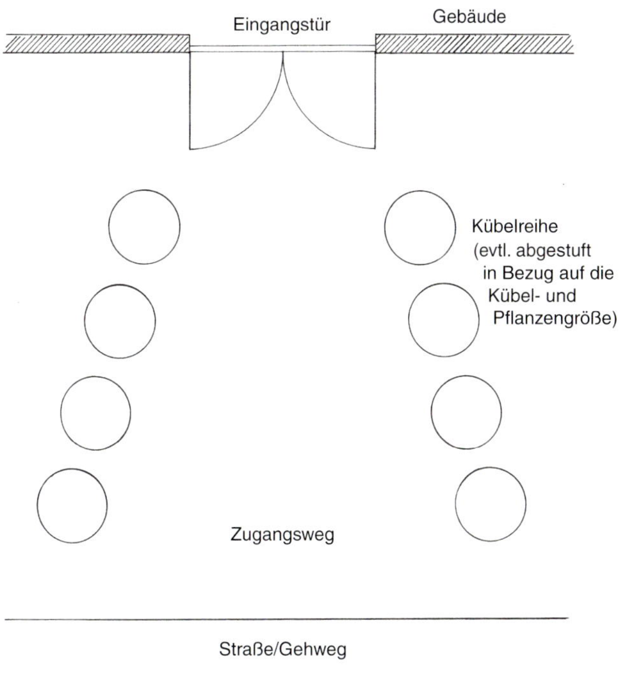

Abb. 16.
Die Aufweitung der zwei Kübelreihen verstärkt den einladenden Eindruck. Durch eine Größenabstufung der Kübel – kleine im Vordergrund und die größeren im Hintergrund – lässt sich dieser Effekt noch verstärken.

Verbindung mit Treppen anstelle eines Geländers als Absturzsicherung einsetzen. Häufig besitzen die Tröge allein nicht die für eine Absturzsicherung erforderliche Höhe (in der Regel 90 cm, unbedingt die unterschiedlichen Bauvorschriften in den Bundesländern beachten!). In diesen Fällen muss dann am Trog noch ein Geländer angebracht werden.

Häufiger ist jedoch die lockere und durchsichtige Anordnung. Je größer der Abstand zwischen den Kübeln ist, desto geringer wird die trennende Wirkung. Der Abstand darf aber auch nicht zu weit gewählt werden, weil sonst der Zusammenhang verloren geht. Dabei muss eine Kübelreihe nicht zwangsläufig gerade verlaufen. Sie kann auch im Halbkreis aufgestellt sein, um einen Sitzplatz einzurahmen, oder in einer Zickzacklinie verlaufen.

Es können aber auch, ausgehend vom Kübelpaar, zwei parallel verlaufende Reihen aufgestellt werden. Sie bilden dann einen Gang oder gar eine Allee. Dieser Gang darf allerdings nicht frei im Raum stehen, sondern benötigt, wie jeder Weg auch, ein Ziel. Deshalb werden solche parallelen Kübelreihen dazu benutzt, um z. B. einen Eingangsweg zu flankieren. Für diesen Zweck reichen bereits sechs Kübel, die in zwei Reihen zu je drei Stück aufgestellt sind. Die zwei Reihen müssen auch nicht immer parallel verlaufen. Am Anfangs- und/oder Endpunkt können die Abstände zwischen den Reihen vergrößert werden. Gerade am Anfangspunkt wirkt eine solche Aufweitung („Trompete") besonders einladend. Dieser Effekt kann durch eine Größenabstufung der Kübel und der Pflanzen noch verstärkt werden. Kleine Kübel im Vordergrund und große im Hintergrund verkürzen optisch den Raum. Bei längeren Kübelreihen lassen sich durch entsprechende Aufstellung

Eine wirkungsvolle Belebung der Hausfront durch die aufgestellten Kübel.

unterwegs Plätze schaffen oder sie „laufen" beispielsweise um Standbilder oder um einen Brunnen herum.

Oft werden Kübelreihen auch in Verbindung mit Bauwerken eingesetzt. Kübel sind hervorragend dazu geeignet, die rhythmische Gliederung von Gebäuden durch Fenster oder Pfeiler zu betonen. Bei einer Gliederung der Fassade durch Fenster oder Türen werden die Kübel selbstverständlich vor die freie Mauerfläche gestellt. Im Gegensatz dazu hat man bei einer Gliederung durch Säulen oder Pfeiler zwei Möglichkeiten der Anordnung:

Die zwischen den Fenstern aufgestellten Kübel unterstreichen die rhythmische Gliederung des Gebäudes.

- Die Kübel werden **vor** die Pfeiler gestellt. Die dazwischen liegende Mauerfläche oder der Durchgang bleiben frei.
- Die Pflanzen werden **zwischen** den Pfeilern angeordnet. Der Durchgang wird dadurch – zumindest optisch – gesperrt.

Eine ungeordnete Mischung unterschiedlichster Kübelformen, -größen und -materialien mit einer ebenso ungeordneten Bepflanzung kann man wohl in einer Reihe aufstellen. Damit ist dem Buchstaben nach eine „Reihe" entstanden. Aber ein derartiges Durcheinander widerspricht in gestalterischer Hinsicht dem strengen und formalen Charakter einer Reihenanordnung. Bestenfalls können solche Sammelsurien als Kuriosum oder als eine Ansammlung der Lieblingspflanzen betrachtet werden. Hinsichtlich der Auswahl der Pflanzgefäße und Pflanzen gelten folgende Regeln:

- Wie bei der paarweisen Aufstellung oder der Gruppe muss auch bei der Reihe ein Gestaltungsprinzip erkennbar sein.
- Für die o.a. Barrieren wird man rechteckige Kübel von gleicher Größe und Material verwenden, die sich lückenlos anordnen lassen. Die Bepflanzung muss in diesen Fällen nicht streng formal sein. Es kann durchaus auch eine lockere Pflanzung aus unterschiedlichen Stauden- und Gehölzarten sein. Allerdings sollten die wichtigen und auffälligen Arten rhythmisch angeordnet sein.
- Bei der lockeren Anordnung müssen die Pflanzgefäße und die Pflanzen in jeder Hinsicht gleich sein. Es ist allenfalls möglich, zwei Kübelgrößen und Pflanzenarten oder -formen (bei geschnittenen Gehölzen) im Wechsel einzusetzen. Die Kübel sollen so weit auseinander gerückt sein, dass die Einzelpflanze erkennbar bleibt.
- Kübelreihen, die in Verbindung mit Architektur aufgestellt werden, müssen sich in Form, Größe und Stil dem Gebäude anpassen. Das gilt für die Gefäße genauso wie für die Pflanzen. Einige Beispiele sind auf den Abbildungen veranschaulicht.
- Auch für Kübelreihen, die parallel zueinander angeordnet sind, gilt das eben Gesagte. Kübel und Pflanzen sollen gleich sein oder sich in einem leicht erkennbaren Rhythmus abwechseln. In der Regel werden ein oder maximal zwei Pflanzenarten oder -formen im Wechsel verwendet.

Hecke und Sichtschutz

Heckenelemente in Kübeln lassen sich sehr gut als mobile Raumteiler und Sichtschutzelemente einsetzen. Man sieht sie häufig in Straßencafés zur Abgrenzung. Aber auch im Hausgarten fungieren solche Heckenelemente hervorragend als beweglicher Sicht- und Sonnenschutz. Rechteckige und kastenförmige Gefäße eignen sich dafür besser als runde oder quadratische Einzelgefäße. Die Größe sollte so gewählt werden, dass etwa drei bis fünf Pflanzen darin Platz finden. Größere Kästen sind nur dann sinnvoll, wenn sie selten bewegt wer-

Der natürliche Lärchenholzkübel passt gut zur Hainbuchen-Hecke (Carpinus betulus).

den sollen. Die Gefäße werden mit einer der bewährten Heckenpflanzenarten, z. B. Eibe (*Taxus*), Lebensbaum (*Thuja*), Liguster (*Ligustrum*) oder Hainbuche (*Carpinus*) bepflanzt. Sinnvollerweise kauft man dafür keine normalen Sträucher, sondern Heckenpflanzen, die bereits in der Baumschule vorbereitet, d. h. geschnitten worden sind. Sie müssen dann natürlich weiter regelmäßig geschnitten werden, damit sie dicht bleiben und die Form wahren. Wem eine reine Hecke zu streng ist, der kann die einzelnen Elemente durch dazwischen angeordnete Einzelpflanzen auflockern.

Als Alternative zu den eben beschriebenen Heckenelementen lassen sich auch Kübel mit Rankgittern einsetzen. Sie wirken nicht so schwer und bleiben durchsichtiger als die Schnitthecken. Zur Auflockerung kann man auch in diesem Fall zwischen den einzelnen Kübeln mit Rankelementen Einzelgehölze einfügen. Die Rankgitter sollen nicht nur in ihrem Stil zu der Umgebung und dem Pflanzgefäß passen, sondern sie müssen auch der Klettertechnik der vorgesehenen Kletterpflanzen entsprechen. Zur Bepflanzung eignen sich nur schwach wachsende Arten aus der Gruppe der Rank- und Schlingpflanzen sowie Spreizklimmer. Rankpflanzen, wie Waldrebe (*Clematis*-Arten und -Sorten) und Echter Wein (*Vitis*-Arten und -Sorten), halten sich mit Ranken an der Kletterhilfe fest. Schlingpflanzen hingegen, wie z. B. Geißblatt (*Lonicera*-Arten und -Sorten), winden sich mit dem ganzen Spross um die Rankhilfe. Für diese beiden Gruppen dürfen die Stäbe oder Seile der Kletterhilfe nicht zu stark sein. Ein Querschnitt von 2,5 bis 25 mm ist für sie gut geeignet. Bei den Spreizklimmern, z. B. Kletterrosen oder Jasmin (*Jasminum nudiflorum*), die im strengen Sinne gar keine Kletterpflanzen sind, spielt der Querschnitt der Rankhilfe keine so große Rolle. Deren Triebe müssen sowieso aufgebunden werden, da sie selbst keine Rankorgane ausbilden. Um die Rankgitter flächig zu begrünen, müssen die Triebe der Pflanzen gleichmäßig verteilt und anfangs auch angebunden werden. Rankpflanzen und Spreizklimmer lassen sich auch willig horizontal leiten. Schlinger hingegen streben senkrecht nach oben und lassen sich nur schwer in die Breite ziehen.

Abb. 17.
Einzelkübel mit säulenförmig wachsenden oder geschnittenen Pflanzen unterbrechen die sonst so monotone Reihe der Pflanzkästen mit den Rankgittern. Anstelle der Säulen können auch pyramidenförmig geschnittene Gehölze oder kleine Kugelbäume als Unterbrechung aufgestellt werden.

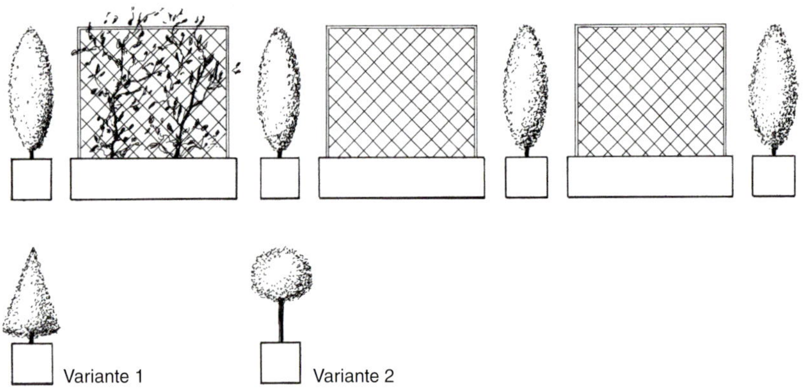

Die Bepflanzung sollte auch in diesem Fall nicht zu bunt sein und ein Gestaltungsschema erkennen lassen. Für eine schnelle Begrünung kann es sinnvoll sein, im ersten Jahr die mehrjährigen Kletterpflanzen durch zarte einjährige, wie Duftwicken, zu ergänzen.

Balkonkasten mit Blaugrünem Schillergras (Koeleria macrocarpa) und Thymian.

Balkonkasten und Brüstungstrog

Balkone gehören zu den „klassischen" Einsatzgebieten für Kübel und Kästen. Anstelle der immer noch sehr oft anzutreffenden Bepflanzung mit Sommerblumen könnte hier in viel stärkerem Maße auf winterharte Stauden und Gehölze zurückgegriffen werden. Auch die vielfältigen Möglichkeiten der Gestaltung werden selten ausgeschöpft. Häufig beschränkt sich die Begrünung auf einige Balkonkästen, die an oder auf der Brüstung befestigt werden. Auf die Aufstellung von weiteren Kübeln oder Kästen auf dem Balkon wird leider oft verzichtet. Damit sind aber die Gestaltungsmöglichkeiten mit Kästen noch nicht erschöpft. Mit Pflanzgefäßen, die vor der Hauswand aufgestellt werden, lassen sich in Verbindung mit einer Rankhilfe auch Kletterpflanzen einsetzen. Regenfallrohre, Blitzableiter und vergleichbare Installationen dürfen jedoch nicht als Rankhilfe zweckentfremdet werden. In Zusammenhang mit einer Pergolakonstruktion verwandelt sich der Balkon allmählich in eine grüne Laube. Kästen mit Rankgerüsten und Kletterpflanzen können aber auch vor unerwünschten Blicken schützen oder unschöne Aussichten verdecken. Den gleichen Effekt erzielen Kästen mit geschnittenen Heckenpflanzen, die es inzwischen sogar vorkultiviert zu kaufen gibt. Einzelkübel oder kleine Gruppen

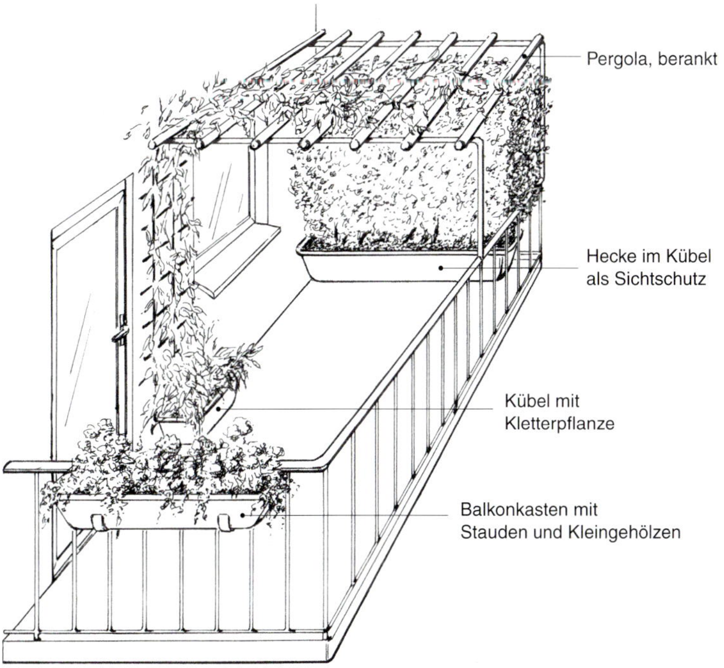

Abb. 18.
Neben den weit verbreiteten Kästen, die an die Balkonbrüstung gehängt werden, gibt es noch eine ganze Reihe von anderen Möglichkeiten zur Gestaltung eines Balkons mit Trögen. An der Schmalseite sorgt die Hecke im Kasten für Sichtschutz. Die berankte Pergola bietet einen geschützten Sitzplatz im Schatten. Im Kübel zwischen Tür und Fenster wächst eine Kletterpflanze zur Berankung der kahlen Wand.

Typischer Brüstungstrog, in dem die überhängenden Gehölze der Pflanzung dominieren.

rücken besondere Pflanzen ins rechte Licht und setzen Akzente. Sie lassen sich aber bei Bedarf auch leicht umstellen. Sie sollten in Bezug auf das Kübelmaterial und den Stil unbedingt auf die Kästen abgestimmt sein. Gleiches gilt auch für die Bepflanzung, die selbstverständlich ein einheitliches Konzept erkennen lassen soll.

Selbst auf Wasser muss auf dem Balkon nicht verzichtet werden. Ein Minibecken im Kübel ist leicht zu realisieren.

Blumenkästen müssen an der Brüstung oder am Geländer unbedingt sicher befestigt sein. Die Hersteller bieten entsprechende Halterungen an. Vor ungeprüften Eigenkonstruktionen muss gewarnt werden. Untersetzer fangen das überschüssige Gießwasser auf und beugen Ärger mit den Bewohnern der darunter liegenden Geschosse vor. Es ist außerdem zu beachten, dass die Windgeschwindigkeit mit zunehmender Gebäudehöhe zunimmt. Hochhausbewohner müssen also auf einen besonders sicheren Halt der Kästen achten. Je höher die Windgeschwindigkeit ist, desto größer ist auch die Gefahr, dass die Pflanzen vom Wind „zerzaust" werden. Balkonkästen und Brüstungströge in höheren Etagen dürfen deshalb nicht mit zarten Pflanzen bepflanzt werden. Es eignen sich nur robuste Arten mit derben

Die Terrassen liegen über einer Tiefgarage und werden von den Kästen begrenzt.

Sitzplatz unter Rosen und Clematis. Zwei Kübel wurden durch ein Rankgerüst miteinander verbunden und durch zwei zusätzlich aufgestellte Kübel ergänzt.

Blättern, die widerstandsfähig sind und nicht so schnell austrocknen. Je breiter und höher die Kästen sind, desto bessere Entwicklungsmöglichkeiten haben die Pflanzen. Das gilt sinngemäß auch für alle anderen Kübel und Kästen, die auf dem Balkon aufgestellt werden. Je mehr Substrat sie fassen können, desto besser werden sich die Pflanzen nicht nur kurz-, sondern auch langfristig entwickeln. Für eine dauerhafte Bepflanzung sollten aus diesem Grund nur mindestens 20 cm breite Kästen zum Einsatz gelangen. Dennoch eignen sich für so kleine Kästen nur Stauden und wirkliche Zwerggehölze sowie Halbsträucher. Man erleichtert den Pflanzen die Überwinterung, wenn die Kästen im Herbst rechtzeitig aus den Halterungen herausgenommen und auf den Balkonboden gestellt werden. Durch diese Maßnahme sind sie dann nicht mehr so stark den Witterungseinflüssen ausgesetzt und weitere Winterschutzmaßnahmen – soweit erforderlich – sind leichter durchzuführen.

Die fest installierten Brüstungströge sind in dieser Beziehung günstiger. Sie sind deutlich breiter und höher als die üblichen nachträglich angebrachten Balkonkästen. Im Gegensatz zu den Balkonkästen können in Brüstungströge kleine Gehölze gepflanzt werden. Hier ist aber häufig zu beobachten, dass diesbezüglich zu viel des Guten getan wird. Es werden deutlich zu viel Gehölze verwendet, vor allem ein viel zu großer Anteil an Nadelgehölzen. Sofern kein Sichtschutz gewünscht wird, ist eine lockere Bepflanzung, die vor allem aus Stauden in Kombination mit einigen wenigen, besonders ausgesuchten Gehölzen besteht, günstiger. Die häufig klobige Form der Brüstungströge kann man mit überhängend wachsenden Gehölzen gut überspielen.

Rechts- und Sicherheitshinweise: Grundsätzlich können Mieter den zur gemieteten Wohnung gehörenden Balkon frei nutzen, soweit nicht die Rechte des Vermieters und der Mitmieter beeinträchtigt werden. Das Anbringen von Balkonkästen sowie das Aufstellen von Kübelpflanzen bedarf deshalb in der Regel keiner Genehmigung oder Zustimmung. Selbstverständlich darf die Sicherheit der Balkonbrüstung nicht beeinträchtigt und das Äußere des Hauses nicht verunstaltet werden. Fragen Sie vor größeren Umbau- und Montagearbeiten jedoch vorsichtshalber den Vermieter oder die Miteigentümer und holen Sie am besten schriftlich seine/ihre Genehmigung ein. Balkone besitzen üblicherweise eine Tragfähigkeit von 250 kg/m^2. Achten Sie unbedingt darauf, dass dieses Gewicht nicht überschritten wird. Erkundigen Sie sich **vor** dem Aufstellen von Kübeln, Kästen und Gartenmöbeln bei Ihrem Vermieter, Architekten oder Statiker nach der Tragfähigkeit ihres Balkons. Das Gewicht der Kübel und Kästen lässt sich anhand der Herstellerangaben leicht berechnen. Vergessen Sie in Ihrer Berechnung nicht das Gewicht des **wassergesättigten** Substrates sowie der Pflanzen und rechnen Sie einen Sicherheitszuschlag mit ein. Falls Kinder den Balkon mit nutzen, ist besondere Vorsicht geboten. Verzichten Sie in diesem Fall auf die Verwendung von giftigen Pflanzen. Achten Sie darauf, dass die Kinder die Pflanzgefäße und Rankgerüste nicht als Steighilfe benutzen und womöglich herabstürzen.

Terrasse

Die Terrasse als „grünes Zimmer" soll Haus und Garten miteinander verbinden. In kleinen Reihenhausgärten ist der Anteil der üblichen 12 bis 16 m² großen Terrasse an der gesamten Grundstücksfläche zwangsläufig höher als bei großen Grundstücken. Durch eine schlechte Planung des Hauses, die keine Rücksicht auf die spätere Gartenanlage nimmt, „thront" die Terrasse oft genug über dem Garten. Wenn dann noch jegliches Grün auf ihr fehlt, kann sie ihre Funktion als Bindeglied nur unzureichend erfüllen. Kübelpflanzen können hier die Verbindung zwischen Terrasse und Garten verbessern. Besonders günstig ist es, wenn sich die Kübelbepflanzung in Bezug auf die Pflanzenauswahl und den Stil der Pflanzung an der Gestaltung des Gartens orientiert. Bereits ein einzelner Kübel mit einem schönen So-

Abb. 19.
Terrassengestaltung.
a) Der große Kübel mit einem malerisch gewachsenem Solitärgehölz setzt einen Akzent auf der Terrasse. Vor den freien Wandflächen des Hauses und vor der Trennwand zum Nachbarn stehen Einzelkübel mit Kletterpflanzen. Die Kübel sind hinsichtlich Form und Material einheitlich. Sie variieren nur in der Größe.
b) Die zwei Kübel betonen die Ecke der Terrasse und lassen die Fläche frei für andere Nutzungen. Die Sichtschutzwand zum Nachbarn wird mit einer geschnittenen Hecke, die in drei großen Pflanzkästen wächst, verdeckt. Auch hier sind die Kübel hinsichtlich Form und Material einheitlich und variieren nur in der Größe.

Abb. 20.
Die kleine Kübelgruppe flankiert den Eingang zum Wohnhaus. Die Kübel sind sowohl in ihrer Form als auch im Material gleich. Eine einheitliche und aufeinander abgestimmte Bepflanzung sorgt zusammen mit den Kübeln für den notwendigen gestalterischen Zusammenhang.

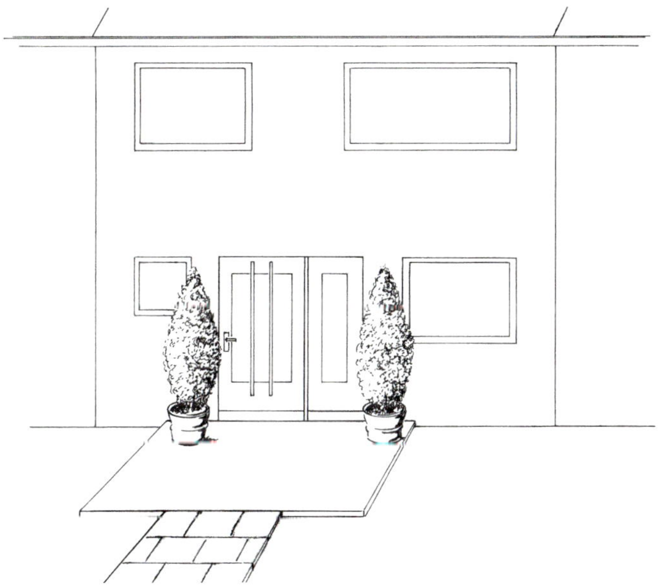

Abb. 21.
Die Eingangstür wird von zwei Kübeln mit säulenförmig wachsenden oder geschnittenen Gehölzen flankiert. Die schlanken Gehölze behindern den Zugang zum Haus nicht.

litärgehölz, frei wachsend oder als regelmäßig geschnittenes Formgehölz, kann schon viel bewirken. Auf großen Terrassen können selbstverständlich Kübelpflanzen auch in Gruppen aufgestellt werden. Die Terrasse darf aber nicht „voll gestellt" werden. Die Wegachsen und Aufenthaltsbereiche sollen auf jeden Fall frei bleiben. Die Pflanzenhöhe und die Terrassengröße müssen im richtigen Verhältnis zueinander stehen. Bezogen auf die oben genannte Terrassengröße wäre eine Pflanzenhöhe einschließlich Kübel zwischen ca. 80 und 200 cm sicher angemessen. Deutlich größere Pflanzen würden die Terrasse zu stark dominieren und durch ihre Breite auch zu viel Platz wegnehmen. Im umgekehrten Fall wirken zu kleine Pflanzen verloren. Die eben genannten Größenangaben können nur Anhaltspunkte sein.

Die im Pflanzbeet aufgestellten Kübel übernehmen hier die Rolle einer Skulptur.

Es hängt auch viel von der Wuchsform der Pflanzen ab. Ein ausladend wachsendes Gehölz, z. B. eine Kolkwitzie, sollte die zuvor genannte Höhe nicht überschreiten. Dagegen könnte ein kleiner Baum durchaus höher sein. Durch seinen Stamm beeinträchtigt er die Bewegungsfreiheit nicht so stark und wirkt auch nicht so massig.

Pflanzgefäße eignen sich auch sehr gut, um nicht nur die Sichtschutzwände zu den Nachbargrundstücken, sondern auch die Fassade zu begrünen. Sowohl Kletterpflanzen als auch geschnittene Hecken können dafür eingesetzt werden. Kletterpflanzen lassen sich sowohl in Einzelgefäße als auch in eine durchgehende Reihe aus kastenförmigen Gefäßen pflanzen. Die notwendige Kletterhilfe kann an der Sichtschutzwand oder am Kübel befestigt sein. Hecken, die von einigen Baumschulen inzwischen in Kästen vorkultiviert angeboten werden, müssen selbstverständlich in eine durchgehende Reihe aus Pflanzkästen gepflanzt werden.

Es ist selbstverständlich, dass sich die Kübel in Bezug auf den Stil und die Farbe am Haus und an der Gestaltung des Gartens orientieren. Ebenso sollten die Kübel einheitlich sein. Eine bunte Mischung aus unterschiedlichen Formen, Farben und Materialien wirkt planlos und unruhig.

Eingangsbereich

Eingangsbereiche eignen sich sehr gut zum Aufstellen von Kübelpflanzen. Sie wirken dort als freundlicher Willkommensgruß nicht nur für die Bewohner selbst, sondern auch für Besucher. In der Regel wird man einen einzelnen Kübel oder zwei gleiche als Paar aufstellen. Steht genügend Platz zur Verfügung, wäre es auch denkbar, statt eines einzelnen Kübels eine kleine Gruppe aus zwei oder drei, in der Größe abgestuften Kübeln anzuordnen. Die zwei unterschiedlich großen Kübel dürfen dann nicht als Paar rechts und links des Eingangs angeordnet werden, sondern müssen zusammen auf einer Seite stehen. Falls es die räumlichen Verhältnisse zulassen, könnte ein dritter Kübel als Ergänzung auf der gegenüber liegenden Seite der Eingangstür platziert werden.

Der Zugang zu Briefkasten und Klingel darf durch die Kübelpflanzen nicht behindert werden. Da der Platz neben der Tür oft knapp bemessen ist, eignen sich schlank und aufrecht wachsende Arten oder regelmäßig geschnittene Formgehölze am besten.

Kübel in Pflanzungen

Es widerspricht den Grundregeln der Gestaltung mit Kübeln, bepflanzte Kübel in Pflanzungen aufzustellen. Eine solche Anordnung wirkt unlogisch und es wird sofort die Frage auftauchen, warum die Pflanzen in den Kübel und nicht in den Boden gepflanzt worden sind. Nur in zwei Fällen ist eine Ausnahme möglich:

- Der Kübel wird als Skulptur und nicht als Pflanzgefäß eingesetzt. Auf eine Bepflanzung wird dann verzichtet oder sie tritt gegenüber dem Kübel stark zurück.
- Der Kübel dient innerhalb einer Pflanzung der Hervorhebung einer besonderen Pflanze, die andernfalls nicht so auffiele und/oder gegenüber den benachbarten Arten nicht konkurrenzkräftig genug wäre. Das wirkt aber nur dann überzeugend, wenn diese Pflanze trotz der Hervorhebung nicht als „Sonderling“ auftritt, sondern trotzdem ein Teil der Gesamtkomposition ist.

Dachterrasse

Dachterrassen gehören zu den Standorten, die nur mit Kübeln begrünt werden können. Häufig werden diese am Rand platziert. Neben der Begrünung erfüllen sie damit gleichzeitig noch die Aufgabe der

Die dreieckförmigen und mit Kleinbäumen bepflanzten Kübel setzen Akzente auf der Terrasse.

Absturzsicherung. In der Regel reichen jedoch Kübel und Pflanzen als Absturzsicherung nicht aus, sodass die Kübel noch mit einem zusätzlichen Geländer ausgerüstet werden müssen. Die Gefäße können entlang der gesamten Außenkante entweder lückenlos aufgestellt werden oder es werden nur einzelne Kübel mit größerem Abstand verteilt. Aber es gibt auf Dachterrassen noch weitere Gestaltungsmöglichkeiten mit Kübeln. Mit ihnen können beispielsweise größere Dachterrassen in einzelne Bereiche aufgeteilt werden, Hecken sorgen für den notwendigen Windschutz, Kübel mit Kletterpflanzen dienen zum Beranken von Spalieren und Pergolen oder ausgesuchte Solitärgehölze setzen Akzente.

Die entscheidende Größe für die Begrünung ist die zulässige „ständige Last" der Dachkonstruktion. Das ist die Last, die das Dach über die Verkehrslast (Schnee, Regen, Belastung durch Reparaturarbeiten) hinaus als Nutzlast noch aufnehmen kann. Zu dieser Nutzlast zählen z. B. die Dachdichtung, die Wärmedämmung, Plattenbeläge, Kiesschüttung und Vegetation, sei es in Form einer flächigen Begrünung oder in Form einzelner Kübel. Die Tragfähigkeit der Dachkonstruktion muss vor dem Aufstellen der Kübel bekannt sein, damit die zulässige Last nicht überschritten wird. Eine Überlastung der Dachkonstruktion muss unbedingt vermieden werden. Im Zweifelsfall kann man sich beim Architekten oder Statiker erkundigen. Durch die Wahl leichter Kübelmaterialien (z. B. Kunststoff oder Glasfiber) und leichter Substrate lässt sich die Belastung reduzieren. Über tragenden Wänden ist die zulässige Last höher. Hier können dann, nach Rücksprache mit dem Architekten oder Statiker, u. U. größere Kübel angeordnet werden. Bei Dächern, deren ständige Last nur für eine Extensivbegrünung ausreicht, ist das die einzige Möglichkeit zur Verwendung von Pflanzkübeln. Diese Möglichkeit sollte auch genutzt werden, denn die Kübel mit ihrer Bepflanzung aus höheren Stauden und Gehölzen bereichern die ansonsten flache Extensivbegrünung.

Falls die Tröge oder Kübel unmittelbar auf die Dachabdichtung aufgestellt werden sollen, muss zur Lastverteilung eine Hartschaumplatte untergelegt werden. Im Bereich der Ablauföffnungen sind Aussparungen vorzusehen. Alle Tröge, die am Rand des Daches platziert werden, müssen fest verankert sein. Die genaue Art der Befestigung richtet sich nach dem Dachaufbau. Auch bei den Kübeln, die mehr in der Mitte angeordnet sind, muss eine eventuell notwendige Befestigung geprüft werden.

Die Windgeschwindigkeit ist auf Dächern höher als am Boden. Zur Bepflanzung der Kübel sind deshalb Stauden und Gehölze mit weichen Blättern, die vom Wind leicht beschädigt werden können oder schnell austrocknen, ungeeignet. Ebenso ungünstig sind Gehölze mit einem dichten und kompakten Habitus, wie Kugelbäume. Sie bieten dem Wind eine große Angriffsfläche und erhöhen damit die Gefahr eventueller Schäden durch Windbruch oder Windwurf. Gehölze mit einer lockeren und winddurchlässigen Struktur sind besser geeignet.

Kübel mit Rankhilfen/Fassadenbegrünung

Am Fuß von Mauern und Gebäuden sind die Wachstumsbedingungen für Kletterpflanzen meist ungünstig. Der verdichtete Boden und die kleinen Pflanzlöcher, die in der Pflasterung ausgespart wurden, machen den Pflanzen das Leben schwer. In (gut gepflegten) Kübeln sind die Lebensbedingungen für die Pflanzen oftmals besser. Die Kübelgröße muss selbstverständlich an die Wuchsstärke der ausgewählten Arten angepasst sein. Die notwendigen Rankhilfen können entweder am Kübel oder direkt an der Wand bzw. Mauer befestigt werden.
Eine Montage direkt am Kübel ist nur bei relativ kleinflächigen Rankgittern sinnvoll. Diese Konstruktion hat allerdings den großen Vorteil, dass bei möglicherweise notwendigen Renovierungsarbeiten der Kübel leicht zur Seite gestellt werden kann. Bei der Berankung von größeren Flächen ist es hingegen sinnvoll, die Rankhilfen direkt an der Wand zu befestigen. Renovierungsarbeiten werden dadurch natürlich erschwert – es sei denn, die Rankhilfen sind abklappbar oder abnehmbar konstruiert. Bei hohen Gebäuden kann es sinnvoll sein, die Kübel nicht nur am Boden aufzustellen, sondern weitere Kübel an der Fassade anzubringen. Die Montage muss selbstverständlich so erfolgen, dass sie zur Pflege vom Inneren des Gebäudes aus erreichbar sind. Um die Pflege zu erleichtern, sollte in diesen Fällen von Anfang an eine automatische Bewässerung eingeplant werden.

Kleinflächige Fassadenbegrünungen lassen sich mit Kübeln problemlos bewältigen.

Öffentlicher Raum

Kübel lassen sich nicht nur im privaten, sondern auch im öffentlichen Raum einsetzen. Der Einsatz von Kübeln konzentriert sich hier auf besonders repräsentative Straßen und Plätze. Dennoch wird diese Möglichkeit bisher erst selten genutzt. Das liegt sicher daran, dass bei den ständig sinkenden Etats die Grünflächenämter den zusätzlichen Aufwand für Kübelbepflanzungen scheuen. So beschränken sie sich meist auf Kübel mit Sommerblumen.

Abgesehen von den höheren Kosten, gibt es jedoch eine ganze Reihe von Möglichkeiten, Kübel mit winterharten Pflanzen aufzustellen und so Freiräume aufzuwerten. Der Einsatz von Kübelpflanzen bietet sich in der Regel auf besonders repräsentativen Standorten an:
- vor öffentlichen Gebäuden,
- auf Plätzen,
- in Verbindung mit Brunnen oder Wasserbecken oder
- an Sitzplätzen.

Kübel können aber über die rein dekorative Funktion hinaus noch weitere Aufgaben übernehmen. Sie lassen sich z. B. zur Trennung von Fahrzeug- und Fußgängerverkehr einsetzen oder als bewusst aufgestelltes Hindernis in verkehrsberuhigten Zonen. Häufig sind Kübel noch zusätzlich mit Fahrradständern versehen oder bieten die Mög-

Dekorativ gestalteter Eingangsbereich eines öffentlichen Gebäudes.

lichkeit zur Montage von Bankauflagen. Letzteres mag zwar praktisch sein, aber es ist gestalterisch meist bedenklich. Überall dort, wo keine Straßenbäume gepflanzt werden können, weil die im Boden verlegten Versorgungsleitungen keinen Raum für die Wurzeln lassen, sind Großkübel die einzige Möglichkeit zur Baumpflanzung.

Der Privatmann ist bei der Standort- sowie Materialwahl seiner Kübel frei. Das ist im öffentlichen Raum ganz anders. Hier hängt die Wahl des Standortes von einer ganzen Reihe von Faktoren ab. Die Kübel dürfen an ihrem Platz die Bewegungsflächen von Bus, Straßenbahn, Müllabfuhr und Lieferfahrzeugen nicht verstellen. Gleiches gilt natürlich auch für Rettungsfahrzeuge und Feuerwehr. Da Kübelpflanzen eine regelmäßige Pflege erfordern, sollten sie selbstverständlich auch für die Pflegefahrzeuge leicht erreichbar sein. Die Kübel müssen besonders widerstandsfähig, stabil und standfest sein. Kübel aus Beton, Gusseisen oder auch Holz erfüllen üblicherweise diese Anforderungen. Auch stabile und dickwandige Kübel aus Recyclingkunststoff sind geeignet. Hingegen sind Kübel aus Keramik, Glasfaser und Kunststoff zu empfindlich und – bezogen auf Kunststoff und Glasfaser – auch zu leicht. Um die Pflege zu vereinfachen, sind die Kübel gewöhnlich mit einem Wasserspeicher versehen, dadurch muss – vor allem im Sommer – nicht täglich gewässert werden, sondern nur in größeren Zeitabständen. Die Abstände zwischen den einzelnen Pflegegängen richten sich nach der Witterung, der Kübelgröße, der Größe des Vorratsbehälters und den Pflanzenarten bzw. deren Wasserverbrauch. Für die Bepflanzung kommen nur robuste, harte und ungiftige Pflanzenarten in Frage.

Häufig werden Kübel auch in Kombination mit Fahrradständern, Bänken und anderen Ausstattungsgegenständen verwendet. Pflanzen und Kübel müssen in der richtigen Proportion zum Raum stehen. Die in der Regel großen und weitläufigen innerstädtischen Plätze und Straßen verlangen dementsprechend große Kübel.

Kübel als Miniaturteich

Wasser ist ein sehr beliebtes Gestaltungselement in Gärten und Parks. Es wirkt beruhigend und holt über die Spiegelung „... den Himmel in den Garten". Die Wasserwelt mit den in ihr lebenden Pflanzen und Tieren übt auf die Menschen einen ganz besonderen Reiz aus. Wo die Voraussetzungen für eine „richtige" Teichanlage oder ein Wasserbecken fehlen, lässt sich mit Hilfe von Kübeln zumindest ein Miniaturteich schaffen. Für diesen Zweck reicht schon ein einzelner mit Wasser gefüllter Kübel. Sofern genug Platz zur Verfügung steht, können selbstverständlich auch zwei oder mehr Kübel zu einer Gruppe zusammengestellt werden. Die Kübel können gleiche oder unterschiedliche Größen aufweisen. Es gelten in dieser Beziehung die im Kapitel „Gruppe" (Seite 38f.) genannten Gestaltungsregeln. Ein Miniteich für sich allein wirkt allerdings leicht verloren. Besser ist es, ihn mit anderen Pflanzkübeln zu einer Gruppe zu arrangieren. Die Pflanzen in den benachbarten Kübeln sollten allerdings in ihrem Erscheinungsbild zum Gestaltungsthema „Wasser" passen. Gut geeignet sind für diesen Zweck Arten, die große, saftige Blätter besitzen oder einen dem Schilf ähnlichen grasartigen Habitus besitzen. Die Pflanzen spiegeln sich dann im Wasser und erhöhen damit den gestalterischen Reiz dieser Miniwasserlandschaft. Wer anstelle eines stillen Wassers lieber bewegtes Wasser mag, kann das mit Hilfe einer (Tauch-) Pumpe leicht realisieren. Diese sollte, wie in großen Becken auch, nicht direkt auf den Boden gestellt werden, weil dort die Gefahr zu groß ist, dass sie Schmutz mit ansaugt. Besser ist es, sie auf ein kleines „Podest" aus Steinen oder einem umgedrehten Blumentopf zu stellen. Vor dem Winter wird die Pumpe in einem Eimer mit Wasser in einen frostfreien Raum (Keller, Garage o. Ä.) gebracht. Pumpe und Pflanzen vertragen sich schlecht. Vor allem Seerosen leiden, wenn die Blätter ständig benetzt werden. Deshalb ist es empfehlenswert, bewegtes Wasser und Pflanzen in verschiedenen Gefäßen unterzubringen.

Es ist recht einfach, einen solchen Miniteich zu schaffen. Als Gefäße eignen sich neben der schon sprichwörtlich ausgedienten Badewanne Kübel aus Naturstein oder glasierter Keramik, halbierte Holzfässer oder Edelstahlgefäße. Tröge aus Beton und Faserzement benötigen eine Innenauskleidung bzw. Beschichtung, weil die Kalkauswaschun-

Mit wenig Aufwand lässt sich so ein reizvoller Miniaturteich im Kübel schaffen.

gen die Pumpe schädigen könnten. Vor der endgültigen Inbetriebnahme muss im Becken mehrmals das Wasser gewechselt werden. Holzkübel müssen mit Teichfolie ausgeschlagen werden oder einen Inneneinsatz aus Kunststoff besitzen. Kunststoffkübel sind ebenfalls geeignet, allerdings wirken insbesondere die schwarzen PE-Kübel ästhetisch unbefriedigend. Sie sollten besser verkleidet oder in den Boden eingesenkt werden. Gefäße aus durchsichtigen Materialien sind ungeeignet, da durch das einfallende Licht das Algenwachstum gefördert wird.

Als Substrat eignet sich sandiger Lehm oder ein Fertigsubstrat für Teichpflanzen. Die Wasserpflanzen werden dann direkt in das Substrat gepflanzt. Es ist günstig, das Substrat danach mit einer Schicht Kies abzudecken. Besser kontrollieren lassen sich die Pflanzen jedoch, wenn sie in entsprechende Pflanzkörbe gepflanzt werden. Ein weiterer Vorteil der Körbe besteht darin, dass durch das Unterlegen von Steinen für jede Pflanzenart die richtige Wassertiefe „eingestellt" werden kann. In hohen Gefäßen können so Pflanzenarten mit unterschiedlichen Ansprüchen an die Wassertiefe kombiniert werden. Da der Raum in Kübeln begrenzt ist, kommen zur Bepflanzung nur schwachwüchsige Arten in Frage. Drei bis vier Pflanzen reichen für einen Kübel mit 50 cm Durchmesser aus. Fische sollten aufgrund der geringen Wassermenge und der damit verbundenen starken Erwärmung im Sommer nicht eingesetzt werden. Wer Angst vor einer Mückenplage hat, kann den Fleisch fressenden Wasserschlauch (*Utricularia vulgaris*) einsetzen. Diese unter der Wasseroberfläche wachsende Pflanze (ab ca. 30 cm Wassertiefe) fängt mit ihren Blasenfallen an den Blättern Wasserflöhe und Mückenlarven. Im Sommer muss das verdunstete Wasser regelmäßig nachgefüllt werden. Dafür darf kein kaltes Leitungswasser, sondern nur abgestandenes und temperiertes Regenwasser verwendet werden. Eine regelmäßige Düngung sorgt für eine gute Entwicklung der Wasserpflanzen. Im Frühjahr sind bei Beginn des Austriebs 20 bis 40 g eines mineralischen Langzeitdüngers sowie 10 bis 20 g Harnstoff je m^2 auszubringen. Für gering zehrende Arten reicht die halbe Menge aus. Im Zweifelsfall sollte eher zu wenig als zu viel gedüngt werden, um das Algenwachstum nicht zu stark zu fördern.

Zwergseerosen lassen sich im Kübel kultivieren.

Im Winter müssen die Gefäße vor Frost geschützt werden. Am sichersten ist es, die Pflanzen herauszunehmen und in einem Eimer Wasser kühl, aber frostfrei, z. B. im Keller, zu überwintern. Die Gefäße selbst werden ausgeleert und eingelagert. Es ist aber auch möglich, die Gefäße dick mit Noppenfolie einzupacken (s. Kap. Winterschutz, Seite 150ff.). Der Wasserstand wird stark abgesenkt. Ein Stück Styropor auf der Wasseroberfläche oder ein Bund Stroh oder Schilfrohr im Wasser verhindert, dass die Oberfläche komplett zufriert. Durch die

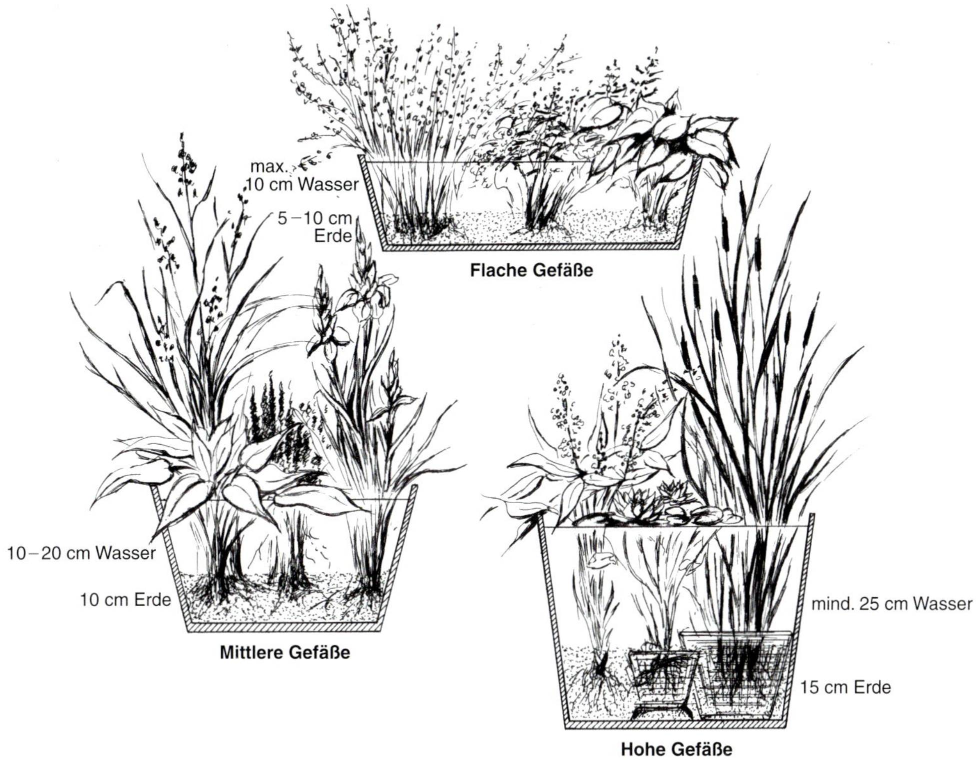

Abb. 22.
Kübel als Miniaturteiche. Die verschiedenen Arten von Wasserpflanzen haben spezielle Ansprüche an die optimale Wassertiefe. Für die unterschiedlich hohen Gefäße sind jeweils nur bestimmte Arten geeignet.

Nutzung konisch geformter Gefäße lässt sich der Eisdruck auf die Wände stark verringern.

Nach dem gleichen Schema können in Trögen auch Miniaturmoore oder Sumpfbeete angelegt werden. Im Unterschied zum Miniaturteich gibt es hier keine offene Wasserfläche, jedoch einen ständig hohen Wasserstand, der die Voraussetzung für ein gutes Wachstum ist. Da die Flora der Moore viele hoch spezialisierte Arten enthält, verlangen auch die Nachbildung eines solchen Lebensraumes sowie die Pflege viel gärtnerisches Spezialwissen und Erfahrungen. Die Aufzählung und die Beschreibung aller Besonderheiten würden den Rahmen dieses Buches sprengen, weshalb an dieser Stelle auf Spezialliteratur verwiesen wird.

Tischbeet

Tischbeete haben ihren Namen von der Ähnlichkeit mit einem Tisch. Da diese Tischbeete aufgrund ihrer Konstruktion nur sehr begrenzt mobil sind, gehören sie streng genommen gar nicht mehr zu den Kübeln, dennoch sollen sie der Vollständigkeit halber hier mit besprochen werden. Tischbeete bestehen aus einer Platte, die auf vier oder mehr Füßen aus Beton oder Naturstein ruht. Die Platte besteht üblicherweise aus armiertem Beton. Der Bau eines Tischbeetes unter Verwendung einer Tischtennisplatte aus Beton, wie sie von Betonwerken angeboten werden, ist eine relativ einfache Variante. Mit ein oder

Tischbeete rücken die Pflanzen näher an das Auge des Betrachters und erleichtern die Pflege.

zwei Reihen Ziegelsteinen mauert man einen niedrigen Rand. Die Ablauflöcher im Boden oder im Rand dürfen nicht vergessen werden. Durch den niedrigen Rand kann jedoch nur wenig Substrat eingefüllt werden. Tischbeete werden deshalb meist überhöht und als kleine Landschaft gestaltet oder es wird mit Steinen ein Steingarten mit mehreren Etagen geschaffen. Mit Stauden und kleinsten Gehölzen werden diese Tischbeete dann bepflanzt. Durch die Füße an der Platte sind die Pflanzen dem Auge näher. Sie sind deshalb der richtige Platz

für wertvolle kleine Stauden, die man so ungestört betrachten und würdigen kann. Aus diesem Grund sollten Tischbeete auch unbedingt in der Nähe des Hauses aufgestellt werden. Der erhöhte Stand erleichtert die Pflege, da man sich nicht bis auf den Boden bücken muss.

Abb. 23.
Tischbeete haben nur einen flachen Rand. Damit auch kleine Gehölze gepflanzt werden können, muss das Substrat aufgehügelt werden (aus Köhlein 1990).

Teil 2
Durchführung – Schritt für Schritt

Grundsätzliche Voraussetzungen für die Auswahl von Kübeln

Anforderungen an Kübel:
- Witterungsbeständigkeit,
- Standfestigkeit und
- Stabilität.

In der Regel werden Kübel oft nur nach ihrem Aussehen gekauft. Bei aller Begeisterung für die besondere Form oder Farbe müssen die Kübel aber auch ganz praktische Anforderungen erfüllen.
Die Forderung nach Witterungsbeständigkeit mag auf den ersten Blick banal klingen. Aber da die Kübel das ganze Jahr über der Witterung ausgesetzt sind, ist das ein wichtiger Punkt. Die größte Bedeutung hat diesbezüglich die Frostfestigkeit. Das betrifft vor allem Pflanztröge aus Keramik (s. Seite 76ff.), die sich je nach Ausgangsmaterial und Herstellungsprozess ganz erheblich in ihrer Frostfestigkeit unterscheiden. Kunststofftöpfe werden bei Frost mitunter so spröde, dass sie bei der geringsten Berührung brechen. Auch das UV-Licht der Sonne kann dazu führen, dass nach einiger Zeit das Material spröde wird und die Farben zunehmend verblassen (s. Seite 71ff.).

Man sollte beim Kauf von Pflanzgefäßen kritische Fragen stellen. Wer Zweifel hat, kann sich wichtige Eigenschaften, z. B. die Frostfestigkeit von Terrakottagefäßen, schriftlich bestätigen lassen. Im Schadensfall kann man sich auf diese zugesicherte Eigenschaft berufen.

Formen

Als Faustregel für die Standfestigkeit gilt: Kein Kübel sollte höher als breit sein.

Die Form eines Kübels spielt sowohl für seine Standfestigkeit als auch für das Umtopfen eine wichtige Rolle. Zwar wird die Standfestigkeit auch durch das Kübelmaterial, das Substrat und die Pflanzen beeinflusst, aber der wichtigste Punkt ist die Form.
Wer aus gestalterischen Gründen Formen wählt, die nicht ausreichend standfest sind, muss diese zusätzlich verankern. Damit geht aber ein Stück Mobilität, die ja gerade der große Vorteil der Verwendung von Pflanzen in Kübeln ist, verloren.

Als günstig sind alle Formen einzustufen, die unten breit sind und sich nach oben verjüngen. Leider ist bei einer solchen Kübelform ein Umtopfen der Pflanzen ohne erheblichen Wurzelverlust, der allerdings nicht von jeder Pflanze unbeschadet vertragen wird, kaum möglich.

Alle bauchigen Formen sind ebenfalls ungünstig. Zwar sind sie standfest, aber es ist nach einigen Jahren unmöglich, eine einzelne große Pflanze ohne erheblichen Wurzelverlust herauszunehmen. Es bestehen dann lediglich zwei Möglichkeiten: Entweder man opfert den Topf oder unter ungünstigen Umständen die Pflanze.

Diese beiden Kübelformen eignen sich deshalb eigentlich nur für eine Bepflanzung mit Sommerblumen, die jährlich erneuert wird.

Die klassische Blumentopfform, unten schmal und oben breit, ist zwiespältig zu beurteilen. Für das Umtopfen eignet sich diese Form sehr gut, ihre Standsicherheit ist jedoch nicht immer ausreichend. Letzteres hängt davon ab, wie schmal die Form zum Fuß hin wird. Je mehr sich die Form einem Zylinder nähert, desto besser ist die Stand-

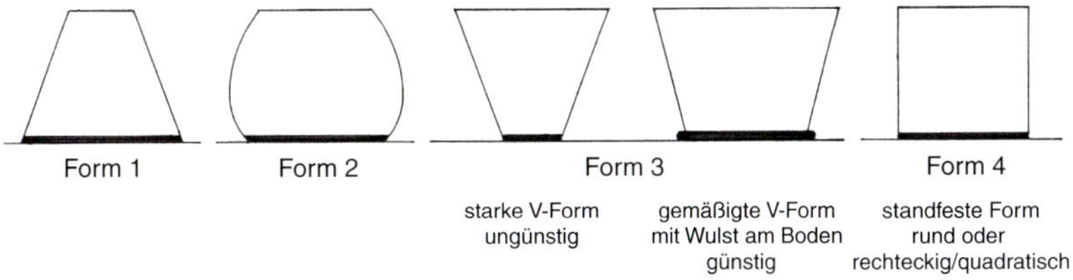

Abb. 24.
Kübelformen.
Form 1 und 2: Sehr standfest, aber nur für einjährige Arten zu verwenden, da Umtopfen in größere Gefäße nicht möglich ist.
Form 3: Die starke V-Form kippt leicht um. Standfester ist die gemäßigte V-Form, am besten noch mit einer Wulst am Boden.
Form 4: Gut geeignet und standfest sind zylindrische sowie quadratische und rechteckige Formen.

festigkeit. Durch ein paar Tricks lässt sich jedoch die Standfestigkeit solcher Pflanzgefäße verbessern. Tröge aus schweren Materialien, wie Beton, Naturstein oder Terrakotta, sind standfester als solche aus Kunststoff. Einige Steine am Gefäßboden sorgen für einen „schweren Fuß" und verbessern die Standsicherheit deutlich. „Schwere Substrate" auf Lehm- und Sandbasis anstelle von Substraten auf Torfbasis, Blähton oder Seramis sorgen ebenfalls für ein höheres Gesamtgewicht des Kübels. Schließlich lässt sich die Standsicherheit noch durch die Wahl der richtigen Bepflanzung sowie einen sorgfältig ausgewählten Standplatz beeinflussen. Eine niedrige und gleichmäßig nach allen Seiten überhängende Bepflanzung ist günstiger als eine hohe, einseitige und kopflastige Anordnung der Pflanzen. Durch das Aufstellen an einem windgeschützten Standort kann außerdem verhindert werden, dass der Kübel spätestens nach dem zweiten oder dritten Umfallen beschädigt oder gar zerbrochen ist.

Als gut geeignet sind alle Kübel einzustufen, die eine Zylinder- oder Würfelform besitzen. Sie sind standfest und ermöglichen auch ein problemloses Umtopfen. Ein Wulst am Boden verbessert die Standfestigkeit noch mehr.

Die Form der Kübel soll jedoch nicht nur zweckmäßig, sondern auch richtig proportioniert sein. Zunächst einmal werden alle runden und quadratischen bzw. würfelförmigen Formen als harmonisch empfunden. Bei rechteckigen Formen sind das am meisten die Rechtecke, deren Seiten nach dem Goldenen Schnitt geteilt sind. Das heißt, die lange Seite steht zur kurzen Seite im Verhältnis 1,6 : 1 (s. Kap. Kombinationen und Gestaltungsregeln, Seite 25).
Ein Rechteck, dessen Seiten dem Goldenen Schnitt entsprechen, bezeichnet man als Goldenes Rechteck. Errichtet man über der kurzen Seite ein Quadrat, so ist das verbleibende Rechteck wieder ein Goldenes Rechteck und dem ursprünglichen ähnlich. Wird diese Operation wiederholt, so entsteht eine Folge von Quadraten und Goldenen Rechtecken, die untereinander und zum Ganzen stets ähnlich sind. Eine Gruppe von Pflanzgefäßen in unterschiedlichen Größen, die nach dem System der stetigen Teilung abgestuft sind, wird immer harmonisch wirken, da sie über gleiche Proportionen zusammengefasst sind. Auch Rechtecke mit den Seitenverhältnissen 1 : 2, 3 : 4, 2 : 3 und 3 : 5 wirken harmonisch. Aus der Teilung nach dem Goldenen Schnitt lassen sich andere Formen, wie Fünf- oder Zehnecke, konstruieren.

Der mittelalterliche Mathematiker Leonardo da Pisa (um 1180 bis 1240), genannt Fibonacci, stellte die nach ihm benannte Fibonacci-

Klare, konische Kübelform, die ein problemloses Umpflanzen ermöglicht.

Nach dem Goldenen Schnitt wird eine Strecke so geteilt, dass sich der größere Teil b zur ganzen Strecke a+b verhält wie der kleinere Teil a zum größeren Teil b. Zieht man die kleinere Strecke a von der größeren Strecke b ab, so wird auch b wiederum geteilt. Daher stammt die Bezeichnung „stetige Teilung". Das Goldene-Schnitt-Verhältnis stellt eine irrationale Zahl dar und kann nur näherungsweise mit 1,618... bzw. als Kehrwert mit 0,618... beschrieben werden.

Die Fibonacci-Reihe:

1 + 1 = 2
1 + 2 = 3
2 + 3 = 5
3 + 5 = 8
5 + 8 = 13
8 + 13 = 21
13 + 21 = 34
usw.

Reihe auf. Sie stellt eine Zahlenfolge dar, bei der jede Zahl die Summe der beiden vorhergehenden Glieder bildet:

$$a_{n+1} = a_n + a_{n-1}$$

mit den Anfangsbedingungen

$$a_1 = a_2 = 1.$$

Die Quotienten der jeweils benachbarten Zahlen der Fibonacci-Reihe nähern sich mit zunehmender Genauigkeit der Teilung beim Goldenen Schnitt.
Die eben beschriebenen Harmonie- und Proportionsregeln geben eine Hilfestellung zur Beurteilung und Konstruktion von wohlproportionierten Pflanzgefäßen. Direkt ablesen lassen sie sich aus der Fibonacci-Reihe. Demzufolge wären Pflanzgefäße mit den Maßverhältnissen 3 : 2 : 1, 5 : 3 : 2, 8 : 5 : 3 oder 13 : 8 : 5 harmonisch. Aber auch Gefäße mit den Maßverhältnissen 1 : 1,5 : 3, 1 : 2 : 4, 4 : 6 : 8 oder 6 : 8 : 12 wirken gut proportioniert.

Ein wichtiger Punkt ist schließlich noch die Stabilität und Haltbarkeit des Kübels. Der Transport im Sommer von einem Aufstellort zum nächsten setzt den Kübeln in der Regel zu. Aber auch Windwurf oder Anfahrschäden durch unachtsame kleine und große Autofahrer können die Kübel beschädigen. In Abhängigkeit vom Material reicht die Palette der möglichen Schäden von kleinen Kratzern oder abgesprungenen Ecken bis hin zum Bruch des gesamten Gefäßes. Wer mobil gärtnern will, wird sich bevorzugt Kübel aus einem leichten aber dennoch stabilen Material kaufen (s. dort). Im öffentlichen Bereich hingegen müssen Kübel häufig vor allem schwer und unverwüstlich sein.

Kübelmaterialien

Unter der Voraussetzung, dass das Material keine für Pflanzen schädlichen Stoffe abgibt und ein Abzugsloch vorhanden ist, eignet sich fast jedes Gefäß als Pflanzkübel. Der Phantasie des Kübelpflanzen-

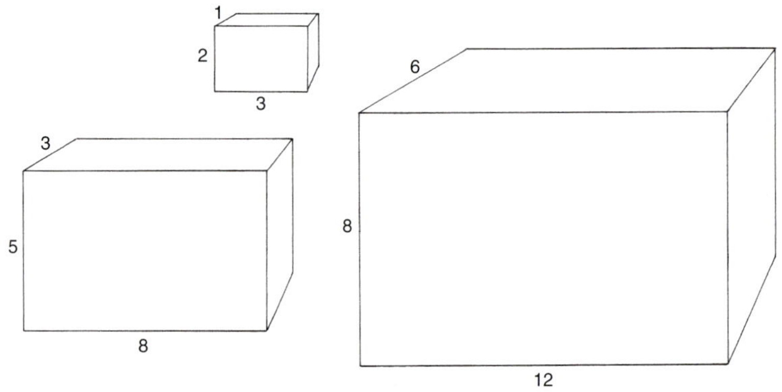

Abb. 25.
Gut proportionierte Pflanzgefäße. Die Kübel mit den Seitenverhältnissen 1 : 2 : 3 und 3 : 5 : 8 entsprechen der Fibonacci-Reihe. Dabei entspricht das Größenverhältnis 5 : 8 wieder genau dem Goldenen Schnitt. Der Kübel mit dem Verhältnis 6 : 8 : 12 wirkt ebenfalls harmonisch, auch wenn er nicht der Fibonacci-Reihe oder dem Goldenen Schnitt entspricht.

gärtners sind diesbezüglich (fast) keine Grenzen gesetzt. Durch außergewöhnliche Kübelmaterialien und -formen oder Zweckentfremdung von Gebrauchsgegenständen lassen sich mitunter besondere Effekte erzielen. Wo in solchen Fällen der gute Geschmack aufhört und der Kitsch beginnt, muss jeder für sich selbst entscheiden. Dieser gestalterischen Freiheit entspricht auch die Vielfalt der Materialien, die sich zur Herstellung von Kübeln eignen. In den folgenden Abschnitten werden die wichtigsten Materialien mit ihren Eigenschaften und Einsatzmöglichkeiten beschrieben.

Holz

Als naturgewachsenes Material ist Holz ein hervorragender Baustoff für Kübel und Tröge. Es passt sich harmonisch jeder Bepflanzung des Kübels an. Aufgrund der vielseitigen Verwendbarkeit und der guten Bearbeitbarkeit werden Holztröge im Fachhandel in sehr vielen verschiedenen Formen, Größen und Stilrichtungen angeboten. Die Spannweite reicht dabei vom sehr rustikal wirkenden ausgehöhlten Baumstamm bis hin zum eleganten Stollenkübel. Auch in Bezug auf die Größe sind Holzkübel sehr variabel. Vom kleinen Blumenkasten bis hin zu Kübeln mit 1 m^3 Substratvolumen für Großbäume ist bei einer entsprechenden Konstruktion (fast) alles möglich.

Holz wird häufig auch in Kombination mit Metall verwendet. Vor allem Großkübel, wie sie im öffentlichen Grün aufgestellt werden, besitzen meist innen einen Metallrahmen, an dem dann die einzelnen Holzelemente befestigt sind. Der Kübel dient dabei als großer Übertopf. Das eigentliche Kulturgefäß wird in den Holzkübel dann nur eingestellt. Es gibt auch Hersteller, bei deren Modellen der ganze Innenkübel aus Stahl gefertigt ist. Der Metallrahmen bzw. Innenkübel ist mit Ösen ausgestattet, die das Versetzen der sehr schweren Pflanzgefäße mit einem Kranwagen ermöglichen. Aufgrund der besseren Dauerhaftigkeit kommen bei diesen Großkübeln häufig tropische Holzarten, wie Kambala, Framire oder Bongossi, zum Einsatz.

Inzwischen gibt es auch zerlegbare Lärchenholzkübel für Großgehölze. Sie besitzen jedoch keine Ösen zum Versetzen, sondern sind stattdessen auf einer Palette aufgebaut, die den Transport mit dem Gabelstapler oder auf der Palettengabel eines Radladers ermöglicht. Die Zerlegbarkeit erleichtert das Umpflanzen und den Austausch von beschädigten Teilen des Kübels.

Die am häufigsten angebotene Form für Holzkübel ist sicher der aus mehreren Lagen Kant- oder Rundhölzern hergestellte rechteckige Trog. Gelegentlich findet man auch dreieckige oder sechseckige Formen. Sie lassen sich frei stehend als Einzelgefäß oder auch paarweise und in Gruppen verwenden. Tröge aus gehobelten Kanthölzern wirken je nach Gestaltung neutral bis schlicht elegant. Kübel aus Rundhölzern hingegen sind in ihrer Wirkung mehr rustikal. Sehr schön fügen sich solche Holzkübel in eine Gartengestaltung mit Pergola, Rankgerüsten (frei stehend oder direkt am Kübel montiert), Holzflie-

Der schlichte Holzkübel lässt die aufwendig gestaltete Pflanze voll zur Geltung kommen.

Aufwendig gestalteter Stollenkübel nach historischem Vorbild.

sen und anderen Gestaltungselementen aus Holz ein. Meist werden sie aus kesseldruckimprägniertem Kiefern- oder Fichtenholz gefertigt. Zur besseren Haltbarkeit empfiehlt sich eine Auskleidung mit Teichfolie. Sie schützt das innen liegende Holz vor Pilzen und den Pflanzenwurzeln. Für die notwendige Ableitung des überschüssigen Wassers sorgen eingeklebte Abflussröhrchen. Manche Hersteller bieten zu ihren Kübeln auch gleich passende Einsätze aus Kunststoff, z. T. sogar mit Wasserspeicher, an.

Eine besondere Form des Holzkübels stellt der viereckige, würfelförmige Stollenkübel dar. Dieser klassische „Caisse de Versailles" wurde im Barock entwickelt und fand in den damaligen Gärten weite Verbreitung. Er wird in seiner modernisierten Form auch heute noch gern verwendet und wirkt immer elegant, da er stets einen Hauch von der Atmosphäre eines Schlossgartens verbreitet. Ein Stollenkübel darf deshalb auch nicht mit „Kleinkram" bepflanzt werden, sondern verlangt nach einer repräsentativen und attraktiven Solitärpflanze.

Kleine Stollenkübel werden üblicherweise ganz aus Holz gefertigt. In dieser Ausführung sind die vier Eckpfosten sowie die Seitenwände fest miteinander verbunden. Eine Übergangsform stellen Stollenkübel dar, bei denen die Pfosten und Seitenwände mit Eisenbändern verbunden sind. Der klassische großformatige Stollenkübel besitzt hingegen Pfosten und Rahmen aus verzinkten Winkeleisen. In dieses Gerüst werden die hölzernen Seitenwände und die Bodenplatte, meist aus Eiche, eingehängt. Diese Konstruktion hat den großen Vorteil, dass bei Schäden nicht der gesamte Kübel verloren ist, sondern durch Austausch von einzelnen Wänden oder der Bodenplatte mit wenig Aufwand repariert werden kann. Außerdem erleichtern die abnehmbaren Wände das Umtopfen.

Neben diesen ganz praktischen Vorteilen bietet diese Konstruktion eine große Gestaltungsvielfalt. Im Barock waren die Seitenwände oft noch lackiert oder aber mit geometrischen Mustern oder Darstellungen aus der Mythologie bemalt. Statt der Seitenwände aus Holz lassen sich aber beispielsweise auch solche aus Kunststoff, Faserzement oder Metall einhängen. Diese Materialien sind dauerhafter als Holz. Sie verändern aber auch das Erscheinungsbild des Kübels hin zur Moderne.

Die runden Holzkübel aus Hartholz sind ebenfalls ein Klassiker unter den Pflanzgefäßen. Die miteinander verleimten Dauben werden durch zwei oder drei verzinkte Eisenreifen verstärkt und zusammengehalten. Meist verwendet man zur Herstellung Eichenholz oder tropische Harthölzer. Zur besseren Haltbarkeit sind die Hölzer imprägniert oder besitzen einen farblosen Schutzanstrich. Eine farbige Lackierung ist – wenn auch grundsätzlich möglich – selten. Die kleineren Gefäße besitzen zum Transport angeschraubte Griffe oder Aussparungen zum Einhängen von Griffen. Die großen Kübel sind mit stabilen U-förmig gebogenen Bügeln versehen. Durch diese Bügel lassen sich Stangen oder die Zinken einer Palettengabel schieben. Dadurch kann man auch große Rundholzkübel transportieren (s. Kap. Transport, Seite

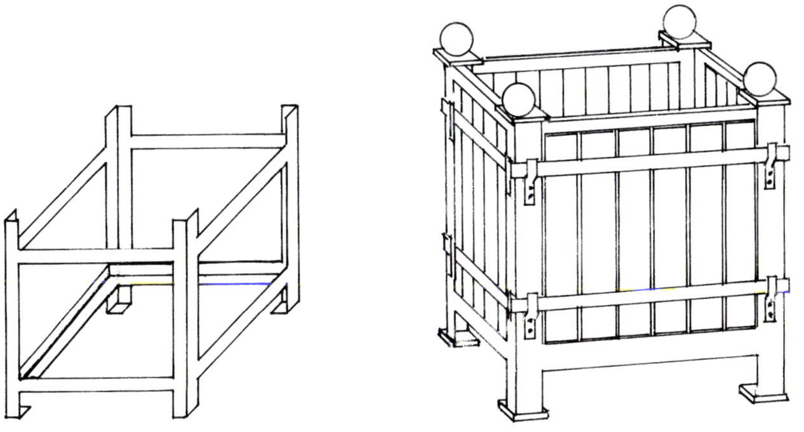

Abb. 26.
Stollenkübel (aus Brinkforth 1990). Links: Winkeleisen bilden das Gestell des Viereckkübels. In diesen Rahmen werden der Boden und die Seitenwände eingesetzt, die sich jederzeit leicht auswechseln lassen. Rechts: Klassischer Stollenkübel nach dem Vorbild des „Caisse de Versailles". In das Gestell aus Winkeleisen werden die Seitenwände eingehängt.

155ff.). Der Boden wird durch zwei Riegel verstärkt. Diese dienen gleichzeitig als „Füßchen" und sorgen für einen reibungslosen Wasserabzug sowie die Belüftung des Bodens. Leere Gefäße dürfen nie ganz austrocknen. Am besten lagert man sie im Freien unter einem Dach. Die Größen werden in Durchmesser und/oder Höhe in Zentimeter angegeben. Die Spannweite reicht dabei von 25 bis 160 cm Durchmesser. Obwohl Rundholzkübel schon im Barock verwendet wurden, sind sie auch heute durchaus noch zeitgemäß. Sie passen durch ihre zurückhaltende Form zu jedem Arrangement. In Bezug auf die Bepflanzung verlangen sie nach einem dekorativen Solitärgehölz, das eventuell sogar noch mit Bodendeckern unterpflanzt sein kann.

Holz, das im Außenbereich eingesetzt wird, ist sowohl ständigen Witterungseinflüssen (UV-Strahlung der Sonne, Regen, Austrocknung usw.) als auch dem Angriff von holzabbauenden Organismen ausgesetzt. Hierbei handelt es sich um Pilze und Insekten, genauer gesagt, um die Larven bestimmter Käfer. Für Pflanzgefäße aus Holz stellen vor allem Pilze eine Gefahr dar. Durch den Kontakt mit dem feuchten Substrat ist auch das Holz ständig feucht. Liegt die Holzfeuchte dauernd über 20 %, wird das Holz zu einem geeigneten Lebensraum für holzzerstörende und holzverfärbende Pilze. Bei direktem Kontakt mit dem Boden kommt noch die Gefahr der Moderfäule hinzu. Das Kernholz einer Reihe tropischer Holzarten, z. B. Teak, besitzt Inhaltsstoffe, die einen Holzabbau nachhaltig behindern, weshalb diese Hölzer teilweise für den Außenbereich eingesetzt werden. Beim Kauf sollte man jedoch darauf achten, dass diese Hölzer in speziellen Plantagen angebaut wurden. Für verarbeitetes Holz stellen die Trockenholzinsekten eine Gefahr dar. Sie benötigen eine geringere Holzfeuchte als die Frischholzinsekten, die nur frisch gefälltes Holz befallen.

Wer solchen Schäden seiner Pflanzgefäße aus Holz vorbeugen will, muss entsprechende Schutzmaßnahmen ergreifen. Für den Holzschutz

Möglichkeiten für den Holzschutz:
- Auswahl der geeigneten Holzart, vor allem unter dem Gesichtspunkt der natürlichen Dauerhaftigkeit,
- baulich-konstruktiver Holzschutz,
- vorbeugende chemische Holzschutzmaßnahmen.

gibt es drei Möglichkeiten. Diese Maßnahmen können allein oder besser noch in Kombination angewendet werden.
Durch die Auswahl der geeigneten Holzart lässt sich die Lebensdauer von Pflanzgefäßen entscheidend verlängern. Die für Pflanzkästen, -tröge und -kübel geeigneten Holzarten sind in der folgenden Tabelle genannt.

Tropenhölzer haben für den Bau von Pflanzgefäßen nur eine ganz geringe Bedeutung. Deshalb soll an dieser Stelle nicht auf die einzelnen Holzarten weiter eingegangen werden. Mit den in der Tabelle genannten Holzarten steht eine ausreichende Zahl von heimischen Arten zur Verfügung. Hinzu kommt, dass bei Tropenhölzern nicht immer sicher nachzuvollziehen ist, ob sie aus ordnungsgemäßer Forstwirtschaft sowie Plantagenbau oder aus ökologisch wertvollen Urwäldern, die kahl geschlagen wurden, stammen. Wenn unbedingt tropische Hölzer zum Einsatz kommen sollen, so ist auf das „Forest Stewardship Council"-Zertifikat (FCS) zu achten. Das ist ein weltweit gültiges Prüfzeichen für Holz aus geregeltem Anbau.

Die natürliche Dauerhaftigkeit der einzelnen Holzarten spielt für die Verwendung eine große Rolle. Das gilt vor allem in den Fällen, wo das Holz in direktem Kontakt mit der Erde steht. In der DIN EN 350–2 sind die Hölzer nach Dauerhaftigkeitsklassen und der mittleren Standdauer eingeteilt.

Baulich-konstruktive Maßnahmen (nach DIN 68 800–2) sind grundsätzlich immer zu treffen, unabhängig davon, ob zusätzlich noch chemische Schutzmaßnahmen vorgesehen sind oder nicht. Der baulich-konstruktive Holzschutz zielt darauf ab, einen direkten Kon-

Tab. 1. Geeignete Holzarten zum Bau von Pflanzgefäßen (Quelle: Deutscher Holzschutzverband e.V., verändert)

Holzart	Eigenschaften
Fichte (FI)	Preiswert, relativ weich und leicht, jedoch von guter Festigkeit. Wenig dauerhaft, daher bei freier Außenbewitterung Kesseldruckimprägnierung erforderlich.
Tanne (TA)	In ihren Eigenschaften der Fichte vergleichbar. Nur in geringen Mengen am Markt.
Kiefer (KI)	Splintholz wenig dauerhaft, jedoch gut imprägnierbar. Kernholz dauerhaft, von guter Festigkeit.
Lärche (LA)	Sehr fest und Kernholz besonders dauerhaft. Splintholz bedarf der Imprägnierung bei Erdkontakt.
Eiche (EI)	Mit hohen Festigkeitswerten und hoher natürlicher Dauerhaftigkeit des Kernholzes. Bei Mitverwendung des Splintholzes Imprägnierung erforderlich. Aus Preisgründen Verwendung meist nur für Spezialzwecke.
Edelkastanie (EKE)	In den relevanten Eigenschaften der Eiche vergleichbar. Nur in geringen Mengen am Markt.
Robinie (ROB)	Hohe Festigkeit und außergewöhnlich hohe natürliche Dauerhaftigkeit des Kernholzes. Nur in geringen Mengen am Markt.

Tab. 2. Natürliche Dauerhaftigkeit von verschiedenen Holzarten nach DIN EN 350-2. Alle Angaben beziehen sich ausschließlich auf das Kernholz. Splintholz ist bei allen Holzarten grundsätzlich als „nicht dauerhaft" (Dauerhaftigkeitsklasse 5) einzustufen.

Dauerhaftigkeitsklasse		Mittlere Standdauer und Holzarten (beispielhaft)
1	Sehr dauerhaft	>13 Jahre, nur überseeische Holzarten, z. B. Teak (unkultiviert)
1 bis 2	Dauer- bis sehr dauerhaft	z. B. Robinie
2	Dauerhaft	8 bis 13 Jahre, z. B. Eiche, Virginischer Wacholder (unkultiviert)
3	Mäßig dauerhaft	5 bis 8 Jahre, z. B. Douglasie (unkultiviert)
3 bis 4	Wenig bis mäßig dauerhaft	z. B. Lärche, Kiefer, Douglasie (unkultiviert)
4	Wenig dauerhaft	3 bis 5 Jahre, z. B. Fichte, Tanne
5	Nicht dauerhaft	weniger als 3 Jahre, z. B. Buche

takt von Feuchtigkeit mit der Holzoberfläche zu verhindern bzw. diesen auf ein zeitliches Minimum zu reduzieren. Dadurch soll eine unzuträgliche Veränderung des Feuchtegehaltes von Holz oder der Zutritt von holzzerstörenden Insekten verhindert werden. Eine unzuträgliche Veränderung des Feuchtegehaltes liegt insbesondere dann vor, wenn hierdurch Voraussetzungen für einen Pilzbefall geschaffen werden. Maßnahmen zum konstruktiven Holzschutz sind:

- Niederschläge abführen. Keine waagerechten Flächen, auf denen das Wasser lange stehen bleibt; Fugen nicht nach oben legen, da sich dort die Feuchtigkeit besonders lange hält; Schaffung von Tropfnasen; Bohrungen anbringen, damit sich keine Staunässe bilden kann.
- Vermeidung von Erdkontakt. Innenseite der Pflanzgefäße mit Folie auskleiden; Tröge auf Füßchen stellen, um einen direkten Kontakt mit dem Boden zu vermeiden.
- Hirnholzflächen am besten dauerhaft mit Holz oder Metall abdecken.

Wie diese Maßnahmen dann im Detail konkret baulich umgesetzt werden, kann an dieser Stelle nicht im Einzelnen erläutert werden. Fachbücher zum Thema „Holzbau" geben hierzu genau Auskunft.

Der chemische Holzschutz unterstützt den baulich-konstruktiven zur Verhütung der Wertminderung oder der vorzeitigen Zerstörung. Beim chemischen Holzschutz geht es darum, Schadorganismen einen Befall des Holzes mittels chemischer Wirkstoffe von vornherein zu verwehren, es also unattraktiv zu machen. Ein vorbeugender chemischer Holzschutz ist bei Pflanzkästen aus Holz sinnvoll, aber nicht zwingend erforderlich. Es liegt in der persönlichen Entscheidung des Einzelnen,

Kübel aus Korbgeflecht sind leider nicht lange haltbar.

welche Anforderungen er an die Lebensdauer des Pflanzbehälters aus Holz stellt. Hölzer im Außenbereich gehören nach der DIN 68 800–3 zu den Gefährdungsklassen 3 und 4. Da es sich bei Kübeln und Trögen aus Holz um nichttragende Bauteile handelt, finden sich in der o. a. DIN nur Empfehlungen zu chemischen Holzschutzmaßnahmen, und zwar auch nur in den Fällen, in denen die Hölzer durch Pilze gefährdet sind. Die Hölzer können durch Do-It-Yourself-Verfahren oder durch großtechnische Verfahren geschützt werden. Das Do-it-yourself-Verfahren beschränkt sich auf das Streichen der Hölzer. Das ist ein einfaches und zunächst einmal preiswertes Verfahren, das allerdings eine Reihe von Nachteilen hat. Es handelt es sich um einen reinen Oberflächenschutz, der häufig wiederholt werden muss. Außerdem droht bei unsachgemäßer Handhabung Gefahr für die Gesundheit und den Boden (Abtropfen oder Verschütten der Lösung). Die Wirksamkeit und die Gesundheitsgefährdung ist vom Laien schwer einzuschätzen.

Der industrielle Holzschutz wird bereits seit mehr als 100 Jahren praktiziert. Hölzer für den Garten- und Landschaftsbau werden im Druckverfahren imprägniert. Die gängigsten Verfahren sind die Volltränkung (Vakuum-Druck-Tränkung) und die Wechseldrucktränkung. Im Gegensatz zum Streichen des Holzes dringt bei diesen Verfahren das Holzschutzmittel tief ein. Die Lebensdauer der Hölzer verlängert sich dadurch im Vergleich zu unbehandelten Hölzern erheblich. Eine Nachbehandlung kann in der Regel entfallen. Die Imprägnierung erfolgt in geschlossenen Anlagen. Die Firmen sind in der Regel Mitglied in der RAL-Gütegemeinschaft „Kesseldruckimprägnierte Palisaden und Holzbauelemente für Garten-, Landschafts- und Spielplatzbau e.V“. Es dürfen nur amtlich zugelassene Holzschutzmittel eingesetzt werden, die weder abgegriffen noch ausgewaschen werden können. Sie können auch dort eingesetzt werden, wo Haut oder Pflanzen direkt mit dem Holz in Berührung kommen. Imprägnierte Hölzer, deren leicht grüne Färbung sich nach kurzer Zeit verliert, können ohne Schwierigkeiten mit Farbanstrichen dem individuellen Geschmack angepasst werden. Imprägnierte Hölzer gelten als Sondermüll und müssen entsprechend entsorgt werden. Ein einfaches Verbrennen oder Kompostieren im Garten ist verboten.

Korbgeflecht

Kübel aus Korbgeflecht finden selten Verwendung. Als direktes Pflanzgefäß eignen sie sich nicht, denn durch die Lücken im Flechtwerk rieselt das Substrat. Die Körbe müssen also entweder zumindest innen mit einer haltbaren Folie ausgekleidet werden oder sie werden einfach als Übertopf verwendet. Das Korbgeflecht an sich, sofern es sich um natürliches Material handelt, ist nicht sehr dauerhaft. Es wird durch die Witterung schnell angegriffen und bald unansehnlich. Aus diesem Grund nutzt man „Kübel“ aus Korbgeflecht meist in Zusammenhang mit Sommerblumen oder für kurzfristige Dekorationen. Die

Vorteile der Körbe sind, dass sie preiswert und praktisch in jeder Größe erhältlich sind. Hinzu kommt, dass das geringe Gewicht ein schnelles Umstellen ermöglicht.

Naturbelassene Körbe wirken sehr rustikal und verlangen deshalb ein entsprechendes Umfeld. Sie passen beispielsweise schlecht in einen modernen formalen Hausgarten. Durch eine (farbige) Lackierung lassen sie sich nicht nur etwas „veredeln", sondern gleichzeitig verlängert diese Behandlung auch ihre Lebensdauer etwas.

Kunststoff

Kübel aus Kunststoff sind sehr verbreitet und beliebt. Das liegt sicher daran, dass sie preiswert sind und in einer unübersehbaren Fülle von Formen, Farben und Größen angeboten werden. Viele Gärtner werden deshalb ihre ersten Kübelpflanzen-Erfahrungen mit Kunststoffkübeln machen. Die enorme Vielseitigkeit dieses Werkstoffes macht es möglich, sowohl Kübel zu produzieren, die auf den ersten Blick als Kunststoffgefäße erkennbar sind, als auch solche, die ein anderes Material imitieren. Häufig werden z. B. Terrakottagefäße aus Kunststoff nachgebildet. Aber auch Metall- oder Holzkübel werden nachgeahmt. Große Kunststoffkübel lassen sich leichter transportieren als beispielsweise Gefäße aus Terrakotta oder Gusseisen. Dieses geringe Gewicht ist aber auch ein Nachteil, denn solche Kübel werden von einem heftigen Windstoß auch leichter umgeworfen. Sie müssen deshalb gegebenenfalls zusätzlich gesichert werden. Im Vergleich zu Keramik bricht Kunststoff, von einigen Ausnahmen abgesehen, auch nicht so leicht.

Die Langlebigkeit von Kunststoffkübeln im Freien ist unterschiedlich und hängt sowohl von der Kunststoffart und deren Farbe als auch von den Bedingungen am Standplatz ab. Die meisten Hersteller geben eine Garantie von drei Jahren. Die Lebensdauer ist sicher geringer als die von Terrakotta oder Naturstein. Dennoch kann man an Kunststoffkübeln lange Freude haben.

Da Kunststoff, mit Ausnahme von geschäumtem Polyurethan, keine isolierende Wirkung hat, müssen Kunststofftröge innen auf jeden Fall

Kübel aus Kunststoff in „schwungvoller" Formgebung

isoliert werden. Diese Isolierung hilft nicht nur gegen den Frost im Winter, sondern auch gegen eine Aufheizung im Sommer, die bei Kübeln in dunklen Farben auftritt.

Für Tröge, Kästen und Kübel werden von den Herstellern folgende Kunststoffarten verwendet:

- **Polypropylen (PP):** Es ist witterungsbeständig, zähelastisch und damit unempfindlich gegen Schlagbeanspruchung und mechanische Belastung. Bei direkter Sonneneinstrahlung wird Polypropylen wie alle Thermoplaste mit der Zeit geschädigt. Durch den Zusatz von Lichtstabilisatoren (Aktivruß) lässt sich die Versprödung des Materials verzögern. Polypropylen wird sehr häufig für Pflanzgefäße verwendet.
- **Polystyrol (PS):** Polystyrol wird ebenfalls oft verwendet. Es ist ein steifer, spröder, glasklarer Kunststoff. Bei starkem Druck oder Schlag zerspringt er. Durch Zusatz von Butadien, einem synthetischen Kautschuk, wird das Material stoßunempfindlich.
- **Polyethylen (PE):** PE wird in zwei verschiedenen Dichten hergestellt: HDPE (High-Density) und LDPE (Low-Density). Teile aus HDPE sind etwas härter als solche aus LDPE. Polyethylen ähnelt in seinen Eigenschaften sehr stark dem Polypropylen. Es gehört zu der Gruppe der außerordentlich zähen Kunststoffe. In ungefärbtem Zustand ist es milchig-weiß. Bei längerer direkter Sonneneinstrahlung wird es langsam spröde. Das lässt sich durch den Zusatz von 2 bis 2,5 % Ruß verhindern.
  PE ist das Material, aus dem häufig die Kulturgefäße hergestellt werden, in denen die Pflanzen in der Baumschule kultiviert werden. Diese Container sind schwarz und – dem Zweck entsprechend – schmucklos. Die schwarze Farbe führt im Sommer allerdings zu einer starken Aufheizung des Substrats. Große Kübel besitzen oft noch hilfreiche Details, die die Handhabung erleichtern. Das können z. B. Griffe oder Henkel sein oder Ösen zur Befestigung einer Verankerung. Wenn man die schlichten schwarzen Kübel hinter einem Übertopf aus einem „edleren" Material versteckt, sind sie als Pflanzgefäße gut geeignet.
- **Polyvinylchlorid (PVC):** PVC-hart ist sehr witterungsbeständig und besitzt eine harte und glatte Oberfläche. Trotz der guten Eigenschaften wird es aufgrund der schlechten Umweltbilanz kaum verwendet.
- **Polyurethan (PU):** Polyurethan gehört zu den Produkten, bei denen die Komponenten Kunststoff plus Treibmittel während des Aufschäumens chemisch miteinander reagieren. Je nach der Zusammensetzung der Ausgangsmischung kann ein harter oder weichelastischer Schaumstoff hergestellt werden. PU wird gelegentlich zur Herstellung von Trögen verwendet.
  Das Material ist leider sehr spröde und stoßempfindlich. Der Druck von sich ausdehnendem Eis würde zu einer Rissbildung führen. Pflanzkübel aus PU sind deshalb nur für den Innenbereich geeignet.

Bei der großen Vielfalt von Formen, Stilen und Materialien, in denen Kunststoffkübel hergestellt werden, ist es schwer, eine generelle Empfehlung zur Verwendung zu geben. Kübel in modernen und schlichten Formen, die sich auch als Kunststoffkübel zu erkennen geben, passen sicher am besten in eine entsprechend moderne Umgebung. Anders sieht es hingegen aus, wenn sich die Kunststoffgefäße „tarnen" und ein anderes Material vortäuschen, z. B. Holz oder Terrakotta. In diesen Fällen richtet sich die Verwendung nach Stil und Material, die imitiert werden. Dabei muss jeder für sich entscheiden, ob er solche Nachbildungen geschmackvoll findet oder nicht. Es gibt Argumente, die sowohl dafür als auch dagegen sprechen.

Recyclingkunststoff

Aus wieder aufbereiteten Kunststoffabfällen werden seit einigen Jahren nicht nur Kübel, sondern auch andere Bauteile für den Garten- und Landschaftsbau hergestellt. Das ist ökologisch sinnvoll und zudem umweltfreundlich. Diese Produkte sind ihrerseits wieder recycelbar. Es muss dabei zwischen der Wiederverwendung von gemischten oder sortenreinen Kunststoffabfällen unterschieden werden. Pflanzgefäße aus sortenrein recyceltem Kunststoff entsprechen in ihrem Aussehen und in ihren Eigenschaften denen von neu hergestellten Kübeln aus dem entsprechenden Material. Sie sind auch entsprechend zu verwenden.

Kübel, die aus gemischten Kunststoffabfällen hergestellt sind, sehen anders aus. Die Grundfarbe ist grau oder dunkelrot. Durch gezielte Sortierung der Rohstoffe oder eine farbige Beschichtung sind aber auch andere Farben und eine Anpassung an die Umgebung möglich. Manche Hersteller bieten ihre Artikel auch durchgefärbt an. Das Material ist auch ohne zusätzliche Imprägnierung oder Beschichtung witterungsbeständig und robust. Im Gegensatz zur Beschichtung ist der Kunststoff in diesen Fällen mit UV-beständigen Farbpigmenten gefärbt.

Allerdings sind Kübel aus Recyclingkunststoff recht schwer. Ein Kübel mit den Maßen 100 × 100 × 50 cm, Wandstärke 2 cm, wiegt leer bereits 64 kg. Durch die hohe Wärmeisolation ist eine Innenauskleidung mit Styropor entbehrlich. Die Pflanzgefäße werden in verschiedenen schlichten Formen angefertigt. Neben Kübeln, die aus einer Form gegossen werden, sind auch Bausätze erhältlich. Diese werden, ähnlich wie entsprechend konstruierte Holzkübel, aus einzelnen „Leisten" oder „Kanthölzern" zusammengesetzt. Meist handelt es sich um quadratische, rechteckige oder sechseckige Formen. Das Angebot in Bezug auf Formen und Farben ist deutlich kleiner als bei Kübeln aus Neukunststoff.

Die Kübel aus einer Form passen aufgrund ihrer unauffälligen Formgebung (fast) überall hin. Die Bausätze hingegen wirken, nicht zuletzt durch die dickeren Wände, rustikaler und passen eher in den ländlichen Bereich oder in das öffentliche Grün.

Fiberglas

Fiberglas oder GFK ist ein mit Glasfaser (Textilglas) verstärktes Kunstharzlaminat. GFK zeichnet sich durch besonders leichtes Gewicht, hohe Korrosionsbeständigkeit und Dauerhaftigkeit aus. Das Material ist frostfest, d. h., bepflanzte Fiberglaskübel können ganzjährig im Freien stehen bleiben – vorausgesetzt, es ist ein einwandfreier Wasserabzug im Boden vorhanden. Aus Fiberglas lassen sich Kübel in fast jeder Form und Stilrichtung herstellen. Häufig werden aus diesem Material Kübel aus Metall, vor allem Gusseisen, oder auch Holz nachgeahmt. Der Unterschied zum „echten Material" ist aus der Entfernung kaum feststellbar. Durch das geringe Gewicht lassen sie sich deutlich einfacher transportieren. Ebenso vielfältig sind die Möglichkeiten der Oberflächenbeschaffenheit. Sie können strukturiert, glatt oder poliert sein. Das Material lässt sich in jeder RAL-Farbe einfärben. Ein weiterer Vorteil ist, dass sich Beschädigungen mit etwas handwerklichem Geschick verhältnismäßig gut ausbessern lassen (Sicherheitshinweise beachten!).

Faserzement

Kübel, Pflanztröge und besonders Balkonkästen aus Faserzement sind weit verbreitet. Viele kennen diese Gefäße besser unter dem Namen „Eternit". Seit Ende 1990 sind in Deutschland gefertigte Produkte aus Faserzement asbestfrei. Der Faserzement ist ein Baustoff, der im Hochbau häufig für Fassaden- oder Dachplatten sowie Rohre eingesetzt wird. Aufgrund seiner speziellen Eigenschaften eignet er sich aber auch gut zur Herstellung von Pflanzgefäßen. Das Material ist hart, witterungsbeständig und frostsicher sowie wasserdicht, aber dennoch atmungsaktiv. Die Pflege des Materials beschränkt sich auf eine gelegentliche Reinigung. Ein Nachteil besteht allerdings darin, dass Kübel und Tröge aus Faserzement auch relativ schwer und bruchempfindlich sind. Ein Kübel in der Größe 100 × 100 × 40 cm wiegt leer 54 kg. Faserzement ist ein Verbundwerkstoff und besteht aus folgenden Bestandteilen:

- 40 % Portlandzement als Bindemittel,
- 11 % Kalksteinmehl,
- 2 % Armierungsfasern zur Erhöhung der mechanischen Festigkeit,
- 5 % Prozessfasern (hauptsächlich Zellstofffasern), die während der Herstellung als Filterfasern dienen,
- 12 % Eigenfeuchte, die auch im erhärteten Faserzement noch vorhanden ist,
- 30 % Luftporen, die als Expansionsraum für gefrierendes Wasser dienen. Dieser hohe Porenanteil ist verantwortlich für die Atmungsaktivität des Materials.

Diese besondere Mischung erlaubt die Herstellung von Kübeln und Kästen in fast jeder Form. Neben dem breiten Angebot an Standardgrößen und -formen sind jedoch auch Sonderanfertigungen kein Problem. Durch die geringe Wandstärke von 10 bis 15 mm sind Gefäße aus Faserzement deutlich leichter als normale Betonkübel. In der rohen, unbehandelten Form ist Faserzement hellgrau. Durch Strukturierung sowie farbige Beschichtungen der Oberfläche in allen RAL-Farben lassen sich die Pflanzgefäße beliebig „veredeln" und an das Gestaltungskonzept bzw. die Umgebung anpassen. Es ist auch ohne weiteres möglich, die Tröge und Kästen selbst zu streichen. Dafür sollten allerdings nur diffusionsoffene Farben verwendet werden, da sonst die Atmungsaktivität des Materials verloren geht.

In der Regel besitzen die Gefäße Abzugslöcher im Boden und sind nicht beschichtet. Auf Wunsch können sie jedoch auch ohne Abzugslöcher und mit einer wasserdichten, huminsäurebeständigen Beschichtung der Innenwände versehen werden. Das ist immer dann der Fall, wenn die Gefäße mit einer Anstaubewässerung ausgerüstet werden sollen.

Mit ihren schlichten und modernen Formen passen Pflanzgefäße aus Faserzement am besten in eine entsprechend gestaltete Umgebung. Sehr oft werden sie in Form von Balkonkästen und Brüstungströgen eingesetzt. Die Hersteller bieten dafür ein breites Sortiment an unterschiedlichen Formen und Größen an. Dazu gehören selbstverständlich auch die entsprechenden Halterungen zur sturmsicheren Verankerung. Auch für die Dachbegrünung eignen sich Pflanzgefäße aus Faserzement sehr gut. Zur Erleichterung der Pflege werden die Kübel in diesem Fall oft mit einer automatischen Bewässerung ausgerüstet. Falls erforderlich, können die Kübel zusätzlich noch mit Rankgerüsten oder aber mit Geländern zur Absturzsicherung ausgestattet werden. Aber auch frei stehend am Eingang, auf der Terrasse oder aber im öffentlichen Grün sind Kübel aus Faserzement gut verwendbar.

Mit dem Begriff Eternit und Faserzement verbinden viele die Angst vor Asbest. Asbest ist eine natürlich vorkommende Mineralfaser mit außerordentlichen Eigenschaften. Sie ist nicht brennbar, korrosionsbeständig, resistent gegen thermische Beanspruchung und Chemikalien und besitzt eine hohe Elastizität und Zugfestigkeit. In den Hochbauprodukten ist Asbest in der Zementmatrix fest gebunden und damit nicht gesundheitsgefährdend im Sinne der Landesbauordnungen. Kübel oder Blumenkästen aus Faserzement, die vor 1990 hergestellt worden sind, können ohne Bedenken weiter verwendet werden. Sehr gefährlich ist hingegen der Asbestfeinstaub. Er entsteht bei der unsachgemäßen Bearbeitung von Asbestprodukten mit dafür verbotenen Werkzeugen. Beim Umgang mit diesem Werkstoff ist daher jede Staubbildung zu vermeiden. Solche Stäube entstehen bei materialabtragenden Reinigungsvorgängen mit Hoch- oder Niederdruckreinigungsgeräten, beim Schleifen, Bohren, Sägen oder Brechen des Materials. Abbruch-, Sanierungs- und Instandhaltungsarbeiten an eingebauten Asbestzementprodukten sind nach der Technischen Regel für Gefahrstoffe TRGS 519 (Ausgabe 3/95) nur durch sachkundiges Per-

Blumenkasten aus Faserzement, der bereits werkseitig farbig beschichtet wurde.

sonal durchzuführen. Ausgebaute Asbestzementprodukte und Asbestzementstäube sind kein besonders überwachungsbedürftiger Abfall („Sondermüll"). Sie können unter der LAGA-Abfallschlüssel-Nr. 314 123 (LAGA Mitteilungen der Länderarbeitsgemeinschaft Abfall, Nr. 23) – ab 01.01.1999 EWC-Code-Nr. 17 01 054 (EWC Europäischer Abfallkatalog EAK) – entweder gesondert auf Monodeponien (Deponien oder Deponiebereiche) der Klasse I oder II, übergangsweise auf Monobereichen von Altdeponien (z. B. Hausabfalldeponien) abgelagert werden. Die Annahme von Kleinmengen (in der Regel bis 1 Gewichtstonne oder 1 Meter) ist an speziellen Annahmestellen möglich. Teile von Asbestzementabfällen sind in geschlossenen Behältnissen zu transportieren (Verband der Faserzementindustrie e.V.).

Keramik

Keramikgefäße in all ihren Arten und Formen spielen für die Kübelbepflanzung traditionell eine besonders wichtige Rolle. Pflanztöpfe aus Ton werden von den Gärtnern schon seit Jahrhunderten verwendet. Sie sind auch gegenwärtig noch zweckmäßig und beliebt und in ihrer heute noch gebräuchlichen Form das Ergebnis der jahrhundertlangen Erfahrungen vieler Gärtnergenerationen. Die abgestumpfte Kegelform gestattet sowohl ein reibungsloses Austopfen als auch ein platzsparendes Stapeln, ohne dass die Standfestigkeit darunter leidet. Der verstärkte Rand erhöht die Stabilität und verbessert die Handhabung.

Das Angebot von Kübeln aus Keramik, sowohl unglasiert …

... als auch glasiert, ist kaum mehr zu überblicken.

Das Abzugsloch im Boden, der ein leichtes Gefälle zur Öffnung hin besitzt, sorgt für das zuverlässige Ablaufen des überschüssigen Gießwassers. Die natürliche Farbe der Tontöpfe ist an sich so schön, dass sie nicht in einem Übertopf versteckt werden müsste. Sie harmoniert wunderbar mit dem Grün der Blätter und allen Blütenfarben. Diese Vorzüge sowie der Trend zu natürlichen Materialien haben wahrscheinlich dazu beigetragen, dass der Markt für Keramikgefäße gerade auch für den Außenbereich in den vergangenen 10 bis 15 Jahren stark gewachsen ist.

Der einfache und schmucklose Tontopf genügt den ästhetischen Ansprüchen der Gärtner jedoch oft nicht mehr. Deshalb werden heute Keramikgefäße in ganz unterschiedlichen Stilrichtungen angeboten. Die Spannweite reicht vom schlichten Tontopf über Modelle aus der italienischen Renaissance und Kübeln im asiatischen Stil bis hin zu modernen Formen. Das klassische Ursprungsland zur Herstellung von Keramikgefäßen, vor allem von Terrakottagefäßen, ist Italien. Insbesondere die Stadt Impruneta in der Toskana mit dem dort abgebauten Ton, der sich besonders gut zur Herstellung von Töpfen und Dekorartikeln für den Garten eignet, ist zum Inbegriff für die Branche geworden. Aber auch in Frankreich, Spanien, Griechenland und der Türkei werden solche Pflanzgefäße produziert. Nicht zuletzt gibt es auch in Deutschland eine Reihe von traditionsreichen Betrieben. Seit einigen Jahren gewinnen asiatische Länder eine zunehmende Bedeutung. Aus Vietnam, Thailand, China, Malaysia und Pakistan werden in der Saison große Mengen von Keramikgefäßen importiert.

Unter dem Begriff „Keramik" sind in diesem Zusammenhang meist tonkeramische Werkstoffe zu verstehen. Die Unterteilung keramischer Erzeugnisse in Grobkeramik und Feinkeramik ist im Wesentlichen eine Frage des Aufschlussgrades der Tone (geknetet oder aufgeschlämmt).

Ein weiteres Einteilungsprinzip der tonkeramischen Werkstoffe basiert auf den verwendeten Rohstoffen. Wesentliche Unterscheidungsmerkmale innerhalb dieser Gruppe stellen die Farbe des Scherbens sowie die Porosität bzw. der Grad des Dichtbrandes dar. „Dichte" und „poröse" Keramiken lassen sich nicht eindeutig voneinander abgrenzen. Auch die „dichten" Varietäten nehmen bei langem Wässern wenige Gewichtsprozente Wasser auf. Dieser tränkbare Porenraum ist bei Grobkeramik größer als bei Feinkeramik. Irdengut- und Steingutscherben sind saugfähig. Auch eine gute Glasur verhindert nicht das Eindringen von Flüssigkeiten. Die Farbe des gebrannten Scherbens wird vor allem von dem im Ton enthaltenen Eisenoxid bestimmt. Je nach Menge und Dispersitätsgrad färbt es von Beige über Ocker bis zu tiefem Ziegelrot. Zudem hängt der Farbton von der Brenntemperatur und der Ofenatmosphäre (oxidierend/reduzierend) ab. Aus Tonen mit höheren Eisengehalten stellt man Ziegel und andere Irdengutwaren sowie Klinker her. Um helle Produkte herstellen zu können, wählt man eisenarme Rohstoffe aus.

Eine Übersicht über die verschiedenen, für Pflanzgefäße relevanten Arten von Keramiken bietet die folgende Tabelle. Keramikprodukte, die als Pflanzgefäße oder Übertöpfe verwendet werden, kommen in allen genannten Produktgruppen vor, und zwar mit und ohne Glasur.

Die Qualität der keramischen Gefäße ist von einer ganzen Reihe von Faktoren abhängig, die aus der Herstellung resultieren. In diesem Zusammenhang sind zunächst die Güte des Rohstoffes und dessen Aufbereitung zu nennen. Das Ausgangsmaterial für die meisten Tontöpfe ist kalkarmer, eisenhaltiger Töpferton. Im Fall höherwertiger keramischer Erzeugnisse wird ein Versatz aus verschiedenen Rohstofftypen hergestellt. Die Formgebung erfolgt manuell oder maschinell. Die manuell gefertigten Töpfe zeichnen sich oft durch besondere Formen sowie aufwendige Verzierungen aus. Maschinell produzierte Pflanzgefäße hingegen können durch Abnutzung zu lange gebrauchter Gipsformen teilweise unscharfe oder verschmierte Reliefs aufweisen. Nach dem Formen werden die Gefäße bis zu einigen Wochen lang getrocknet. In der industriellen Produktion erfolgt dieser Schritt meist in Trocknern, was zu einer Verkürzung des Vorganges führt. Während dieses Prozesses wird dem Formling das Wasser, das zur Formgebung zugesetzt worden war, wieder entzogen. Im Fall einer unvollständigen Trocknung kann das Gefäß während des Brennens zerstört werden oder es können spätere Qualitätsmängel daraus resultieren. Sowohl die Trocknung als auch der Brand verursachen im keramischen Scherben Poren. Der Brand erfolgt bei Temperaturen zwischen 850 und 1250 °C.

Die sorgfältige Produktion der manuell hergestellten Gefäße macht sich im Preis bemerkbar. Dieser liegt nicht selten um das Zwei- bis Dreifache über dem der maschinell hergestellten Gefäße. Beim Kauf sollte man alle Gefäße sorgfältig auf Schwindungs- und Kühlrisse kontrollieren. Schwindungsrisse treten vor allem am Boden auf, man muss sie mit dem Auge und dem Fingernagel suchen, denn sie geben sich nicht immer akustisch zu erkennen. Die feinen Kühlrisse („Haarrisse") hingegen sind visuell schwieriger zu entdecken. Hier hilft jedoch die Klangprobe. Einen gut gebrannten fehlerfreien Topf erkennt man

Tab. 3. Typen von Bau-, Geschirr- und Zierkeramik*) (Fischer und Marx 2002)

Obergruppe	**Scherbentyp**	**Scherbeneigenschaften**	**Produkte**
Grobkeramik: Bruchfläche mit sichtbaren Inhomogenitäten	Irdengut	ziegelrot bis rotbraun; porös	unglasiert: Mauer-, Dachziegel glasiert: Töpferware, Fayence
	Klinker	gelb, braun, rot, grau; dicht	meist unglasiert: Verblendklinker, Bauzierrat, Pflasterklinker, Bodenplatten
	Grobsteinzeug	beige bis grau; dicht, mit Magerung	unglasiert oder glasiert: Spaltplatten, Kanalisationsrohre, Gefäße
Feinkeramik: Bruchfläche erscheint dem bloßen Auge homogen	Feines Irdengut	ziegelrot bis rotbraun; porös	unglasiert: Blumentöpfe, Bratentöpfe glasiert: Töpferware, Fayence
	Feinsteinzeug	beliebig (naturfarben oder Einfärbung); dicht	unglasiert oder glasiert: Geschirr, Bodenfliesen, Wandfliesen
	Steingut	weiß bis beige; porös	glasiert: Geschirr, Wandfliesen
	Weichporzellan	weiß bis grauweiß; dicht	unglasiert: Ziergegenstände glasiert: Geschirr, Sanitärartikel
	Hartporzellan	weiß; dicht	glasiert: Geschirr, Ziergegenstände

*) Unter Keramik versteht man alle nichtmetallisch-anorganischen Werkstoffe, die nach dem Verfahrensgang *Pulver/Formgebung/Verfestigung durch Hitzebehandlung* hergestellt sind. Die hier aufgeschlüsselte Baukeramik sowie die Geschirr- und Zierkeramik sind Teilgebiete der Silicatkeramik.

beim Anschlagen an seinem hellen und klaren Klang. Weiße oder farbige Flecken an unglasierten Gefäßen sind ebenfalls Qualitätsmängel und werden als Ausblühungen bezeichnet. Sie können sich nur dann bilden, wenn lösliche Salze im Scherben vorhanden sind oder von außen dorthin gelangen. Ausblühungen aus dem Scherben entstammen löslichen Salzen. Diese sind entweder von Anfang an in der Masse und haben wegen zu niedriger Brenntemperatur nicht ausreichend reagiert oder sie haben sich während des Brennens aus Bestandteilen des Rauchgases mit Massebestandteilen neu gebildet. Als Trockenausblühungen werden weiße Beläge bezeichnet, die bei unglasierter Ware schon beim Aussetzen aus dem Ofen vorhanden sind und sich nicht mit Wasser abwaschen lassen. Sie beruhen ebenfalls

Glasierter Steinzeugkübel in starker V-Form

auf dem Transport löslicher Salze, in diesem Fall aber beim Trocknen. Diese Salze reagieren beim Brennen mit dem Material der Scherbenoberflächen und bilden dort Flecken. Ausblühungen können aber auch bei bereits im Gebrauch befindlichen Kübeln auftreten. In diesem Fall handelt es sich um lösliche Salze aus dem Substrat, die mit dem Wasser durch die Wandung nach außen transportiert werden und dort nach dem Verdunsten des Wassers auskristallisieren. Neben den unschönen Flecken können diese Ausblühungen auch zu so genannten Salzsprengungen führen, denn die Lösungs- und Kristallisationsvorgänge in den Poren sind häufig mit Volumenänderungen verbunden, die zu einer mechanischen Zerstörung des Scherbens führen können.

Je nach Keramikart sind die Gefäße glasiert oder unglasiert. Insbesondere Kübel aus den porösen Werkstoffen Irdengut mit farbigem Scherben und Steingut mit weißem Scherben werden sinnvollerweise oft mit einer Glasur überzogen. Die Glasur beeinflusst nicht nur das Aussehen des Gefäßes, sondern sie dient auch der Abdichtung des Scherbens an der Gefäßinnenfläche. Jedoch hat jeder Kübel eine glasurfreie Standfläche, durch die Wasser angesaugt wird, sofern es sich um eine Keramik mit saugfähigem Scherben handelt. In der Regel werden die Pflanzgefäße in einer Farbe glasiert. Es gibt aber auch Keramikkübel, die zweifarbig glasiert oder mit Ornamenten verziert sind. Auf diese Art können zwei Kübel mit gleicher Grundform stilistisch völlig unterschiedlich wirken. Die Farben und Muster der Glasuren wechseln und folgen den mehr oder weniger kurzlebigen Trends. Wichtiger als die Farbe ist die Qualität der Glasur. Da sie den Scherben abdichten soll, muss sie unter Druckspannung aufliegen, sodass sich auch nach langem Gebrauch keine Haarrisse bilden. Die einzige Ausnahme bildet die so genannte Craquelé-Glasur, bei der die Risse gezielt als Gestaltungselement eingesetzt werden. In allen anderen Fällen sind Risse grundsätzlich ein Mangel und, im Gegensatz zu den Angaben in vielen Katalogen, durchaus vermeidbar. Voraussetzung dafür ist eine fachgerechte und sorgfältige Herstellung. Der entscheidende Punkt beim Brennen sind die unterschiedlichen Ausdehnungskoeffizienten der Glasur und des Scherbens. Durch entsprechende Zusätze sowohl zur Glasur als auch zum Scherben lässt sich ein fester Sitz der Glasur erreichen. Glasierte Kübel sind wasserdicht. Sofern sie nicht als Übertopf verwendet werden, muss in den Boden ein Abzugsloch gebohrt werden (Vorsicht!).

Falls eine Glasur aufgetragen wurde, sollte dies allseitig geschehen sein. Gelegentlich werden auch Keramikgefäße angeboten, die nur außen, also einseitig, glasiert sind. Solche einseitig glasierten Kübel sind bei Frost gefährdet. Das poröse Material an der Innenseite nimmt aus dem Substrat Feuchtigkeit auf, die nicht nach außen verdunsten kann. Wenn die Keramik so weit mit Wasser gesättigt ist, dass auch die Grobporen mit Wasser gefüllt sind, kann es bei plötzlich einsetzendem Frost zu Abplatzungen kommen.

Keramikgefäße sind schwer und bruchempfindlich. Das macht die Handhabung schwierig. Durch das Substrat und die Bepflanzung erhöht sich das Gewicht noch zusätzlich. Die Aufstellung von großen Kübeln aus Keramik muss deshalb – ähnlich wie bei Beton- oder Natursteinkübeln – sorgfältig geplant werden. Durch unsachgemäße und unvorsichtige Handhabung können Keramikgefäße leicht beschädigt oder sogar zerstört werden. „Schnelle" Standortwechsel sind umständlich und zeitraubend und setzen entsprechende Hilfsmittel voraus (s. Kap. Transport, Seite 155ff.). Das hohe Gewicht sorgt aber andererseits für eine gute Standfestigkeit. Dennoch sollte man bei der Bepflanzung vorsichtig sein und keine zu hohen Pflanzen verwenden, die dem Wind eine sehr große Angriffsfläche bieten. Bereits ein einziger Windwurf kann zum Bruch des Kübels führen. Kübel, die mit hohen Gehölzen, z. B. kleinen Bäumen bepflanzt sind, müssen windgeschützt aufgestellt oder zusätzlich im Boden verankert werden.

Ein großes Problem bei der Verwendung von Terrakottagefäßen ist deren Frostbeständigkeit. Häufig werden solche Gefäße mit nicht winterharten Kübelpflanzen oder Sommerblumen bepflanzt, die im Winter frostfrei überwintert werden müssen bzw. weggeworfen werden. In diesen Fällen stellt sich die Frage nach der Frostbeständigkeit nicht. Bei der Bepflanzung mit winterharten Gehölzen und Stauden ist jedoch die Frostbeständigkeit der Kübel von ganz entscheidender Bedeutung. Schließlich will man nicht nur an den Pflanzen, sondern auch an den häufig wertvollen Gefäßen lange Jahre seine Freude haben.

In diesem Zusammenhang muss zunächst unterschieden werden zwischen Frostschäden, die durch das Gefrieren des Substrats entstanden sind, und solchen, die durch die speziellen Eigenschaften des

Materials bedingt sind. Frostsprengungen des Kübels treten vor allem bei vernässten Substraten auf. Beim Frieren dehnt sich das Wasser bekanntlich um rund 9 % aus. Da die Poren des Substrats mit Wasser gefüllt sind, fehlt der Ausweichraum, in den sich das Eis ausdehnen kann. Der dadurch entstehende Druck auf die Gefäßwände bringt auch qualitativ hochwertige Gefäße zum Platzen, da keramisches Material nicht dehnbar ist. Solche Schäden lassen sich durch einfache Maßnahmen verhindern. Zunächst muss, nicht zuletzt auch im Interesse der Pflanzen, auf eine ausreichende und funktionsfähige Dränage geachtet werden (s. Kap. Aufbau, Seite 103 und Pflege, Seite 129f.). Eine Innenauskleidung aus ca. 0,5 cm starkem Styropor verringert den Druck auf die Gefäßwände. Auch eine außen angebrachte Isolierung, die das Einfrieren des Ballens verhindert, kann vor solchen Schäden schützen.

Das Problem der Frostbeständigkeit des keramischen Materials an sich ist aufgrund der außerordentlich komplexen Ursachen von Frostschäden sehr vielschichtig. Als wichtigste Parameter für die Frostempfindlichkeit lassen sich angeben: der Wasserhaushalt, d. h. der erreichte Sättigungsgrad der Wassertränkung, der Grad der Unterkühlung des Wassers bis zum Gefrieren sowie die Porenstruktur. Keramisches Material ist immer etwas porös, es kann also immer eine bestimmte Menge Wasser aufnehmen. Beim Gefrieren dehnt sich das Eis im Material aus und es kann zu Abplatzungen am Gefäß kommen. Der entscheidende Faktor für die Frostbeständigkeit ist weniger das Porenvolumen insgesamt, sondern vielmehr das Porengefüge. Dabei kommt es auf das Verhältnis zwischen den saugfähigen Kapillarporen und den nicht saugfähigen Grobporen an. Die Grenze zwischen saugfähigen Kapillaren und nicht saugfähigen Poren liegt bei etwa 0,2 mm. Die Grobporen bieten dem in den feinen Kapillarporen festgehaltenen Wasser den notwendigen Ausweichraum, den es beim Gefrieren braucht. Bei plötzlich eintretendem Frost kann es jedoch mitunter trotz einer günstigen Porenstruktur zu Schäden kommen. Bei einer raschen Abkühlung ist das plastische Fließvermögen des Eises zu gering, als dass es eine ausreichende Druckentlastung bewirken könnte.

Das System der Entlastung durch die Grobporen funktioniert aber nur unter der Voraussetzung, dass diese nicht auch mit Wasser gefüllt sind, wie das bei einem vernässten oder gar staunassen Substrat der Fall sein kann. In diesem Fall kann es bei plötzlich eintretendem Frost zu Abplatzungen kommen, weil der notwendige Ausweichraum fehlt. Eine hohe mechanische Festigkeit des Scherbens kann solche Schäden hinauszögern, da sie dem Druck des gefrierenden Wassers auf die Porenwände länger standhalten kann.

Die Schwierigkeit für den Nutzer von Keramikgefäßen besteht darin, dass er dem fertigen Kübel sein Porengefüge nicht ansehen kann. Es ließe sich nur durch aufwendige Laboruntersuchungen ermitteln. Allerdings existiert kein spezielles Prüfverfahren oder eine Norm, um die Frostbeständigkeit von Pflanzkübeln zu untersuchen, geschweige denn eine Pflicht dazu. Die Einstufung der Kübel in Bezug auf ihre Frostbeständigkeit, die in vielen Katalogen zu finden ist, beruht deshalb nur selten auf Ergebnissen, die in nachvollziehbaren Untersuchungen gewonnen wurden. Einige wenige Hersteller haben ihre Produkte testen lassen. Da spezielle Untersuchungsverfahren für Pflanzgefäße fehlen, wurde hierbei auf zwei Normen aus dem Bereich der Baukeramik zurückgegriffen. Es sind dies die europäische Norm DIN EN ISO 10545–12: 1997 (früher DIN EN ISO 202) „Keramische Fliesen und Platten, Teil 12: Bestimmung der Frostbeständigkeit" sowie die DIN 52252, Teil 1 „Prüfung der Frostwiderstandsfähigkeit von Vormauerziegeln und Klinkern; Allseitige Befrostung von Einzelziegeln". Die Prüfverfahren sind in beiden Normen ähnlich. Die Proben werden mit Wasser getränkt und anschließend mehreren Frost-Tau-Wechseln unterworfen. Nach Abschluss der Prüfung werden die Proben mit bloßem Auge untersucht und alle festgestellten Schäden aufgezeichnet. Dabei zeigt sich, dass eine relativ hohe Wasseraufnahme nicht automatisch zu einer höheren Frostgefährdung führen muss. Die Prüfung nach der DIN EN ISO 10545–12 erfolgt an Proben, die im Vakuum getränkt worden sind. Diese Prüfmethode ist anspruchsvoller als die Prüfung nach DIN 52252, wo die Proben vor den Frost-Tau-Wechseln lediglich in Wasser gelagert werden. Trotz dieser Unterschiede sind beide Prüfmethoden praxisgerecht. Keramikgefäße, die diese Prüfungen ohne Schäden bestanden haben, können guten Gewissens als frostbeständig bezeichnet werden. Eine absolute Sicherheit vor Frostschäden können aber auch diese Verfahren nicht bieten, denn keine Prüfmethode kann das komplexe Wirkungsgefüge, das zu Frostschäden bei Pflanzgefäßen führen kann, simulieren.

Aber auch einfache und nicht frostbeständige Keramikgefäße lassen sich unter Umständen im Freien einsetzen. Die einfachste Möglichkeit ist die Nutzung als Übertopf ohne direkte Bepflanzung. Die Pflanzen stehen in einem witterungsbeständigen Kübel aus einem anderen Material, der in den Keramikkübel eingesetzt wird. Einige Hersteller bieten für ihre Keramikgefäße bereits passende Einsätze mit an. Man spart sich auf diese Weise die mühsame Suche nach einem passenden Innenkübel zur Bepflanzung. Da der Keramikkübel nicht direkt mit dem Substrat in Kontakt kommt, kann er auch von innen kein Wasser aufnehmen. Lediglich die Außenseite kommt durch Regen oder Schnee noch in Kontakt mit Feuchtigkeit. Diese Methode kann helfen, Kübel, die nur bedingt frostbeständig sind, auch im Winter im Freien zu verwenden. Wer ganz sicher gehen will, nimmt vor dem Winter den eigentlichen Pflanzkübel heraus und lagert das Keramikgefäß in der Garage oder dem Keller ein.

Eine andere Möglichkeit ist die Verwendung von Imprägnierlösungen. Solche Imprägnierlösungen werden bereits im Hochbau zur Imprägnierung von Ziegeln, Beton oder Naturstein eingesetzt. Die umweltfreundliche Rezeptur besteht aus mehreren Wirkstoffen mit Wasser als Trägermedium. Die unglasierten und trockenen Keramikgefäße werden vor der ersten Bepflanzung an ihrer Innen- und Außenseite durch Streichen, Spritzen oder Tauchen zweimal satt mit der Lösung getränkt. Die Hersteller empfehlen zwei unmittelbar aufeinander folgende Behandlungen. Die Eindringtiefe hängt neben der Zahl der Behandlungen von der Saugfähigkeit des keramischen Materials ab. Das Trägermedium Wasser verdunstet innerhalb der nächsten 48 Stunden. In dieser Zeit muss der Kübel vor Nässe geschützt werden. Damit ist die Imprägnierung abgeschlossen. Die Oberfläche ist jetzt wasser-, öl- und schmutzabweisend. Versuche zur Wasseraufnahme haben gezeigt, dass nach 24 Stunden die imprägnierte Probe eine um 99,5 % reduzierte Wasseraufnahme im Vergleich zu einer nicht imprägnierten Probe aufwies. Durch diese stark reduzierte Wasseraufnahme verringert sich auch die Gefahr von Frostschäden deutlich. Dennoch bleiben die Wände der Gefäße wasserdampfdurchlässig. Da kein flüssiges Wasser mehr durch die Wandung dringt, können sich auch keine Ausblühungen mehr durch Düngesalze an der Außenseite bilden. Außerdem wird der Schmutz-, Moos- und Algenbesatz deutlich verringert. Eine Reinigung der Kübel sollte nach der Imprägnierung nur noch mit klarem Wasser erfolgen. Kübel, die bereits in Gebrauch sind, müssen vor der Imprägnierung gründlich gereinigt werden.

Terrakotta: Der Begriff Terrakotta (terra cotta, terre cuite) beschreibt unglasierte, ockerfarbene bis ziegelrote Produkte ohne nähere Spezifizierung. Meist bezeichnet man damit künstlerisch gestaltete Ziegel-

Dieser Terrakottakübel hat den Charakter einer Gartenskulptur und benötigt eigentlich gar keine Bepflanzung mehr.

bzw. Klinkerprodukte. Der Begriff Terrakotta schließt sowohl die grob- als auch die feinkeramische Ausprägungsform ein. Auch der Dichtbrenngrad kann unterschiedlich sein. Somit gibt es, bedingt durch die unterschiedlichen Rohstoffe und Herstellungsverfahren, große Qualitäts- und Preisunterschiede. Einen besonders guten Ruf genießen traditionell die Kübel aus dem Ort Impruneta in der Toskana. Das heißt aber nicht, dass Terrakottagefäße aus anderen Regionen oder Ländern schlecht sind. Einige Hersteller teilen ihr Sortiment in unterschiedliche Qualitätsstufen auf. Ohne diese Einteilung ist es schwer, die Qualität einzuschätzen. Dabei geht es vor allem um die Frostsicherheit. Hier muss man sich notgedrungen auf die Angaben des Herstellers oder des Verkaufspersonals verlassen. Wer besonders vorsichtig ist, lässt sich die Frostsicherheit noch auf der Rechnung bestätigen. Sollte es dann trotz sachgemäßer Handhabung zu Schäden kommen, hat man im Sinne einer „zugesicherten Eigenschaft" bessere Möglichkeiten bei der Reklamation.

Die klassischen Formen und das natürliche Material machen die Terrakottagefäße so beliebt. Das Material und seine charakteristische Farbe passen sowohl zum Grün der Blätter als auch zu jeder Blütenfarbe. Bereits ohne Pflanzen verbreiten sie eine südländische Stimmung. Durch eine entsprechende Bepflanzung lässt sich diese Wirkung noch erhöhen. Am besten passen Terrakottagefäße natürlich in eine entsprechend gestaltete Umgebung. Andererseits gibt es eine Fülle von unterschiedlichen Formen, sodass sie sich fast überall einsetzen lassen. Die Spannweite reicht von der klassisch-schlichten Blumentopfform bis hin zu Gefäßen nach Vorbildern aus der italienischen Renaissance. Neue Gefäße sollten vor dem Bepflanzen ein bis zwei Tage in Wasser gelegt werden. Sie saugen sich dann voll und entziehen später dem Substrat nicht so viel Wasser.

Majolika und Fayence: Die beiden Bezeichnungen haben nur kunsthistorische Bedeutung in Bezug auf ihre Herkunft. Majolika stammt aus Mallorca und Fayence aus Faenza in Italien. Bei Majolika bzw. Fayence handelt es sich um glasiertes Irdengut, dessen dunkler Scherben mit einer deckenden, zinnoxidreichen Glasur überzogen ist. Vor dem Auftrag der Glasur erfolgt ein Vorbrand bei 940 bis 1000 °C. In die getrocknete, noch nicht eingebrannte Glasur wird ein Dekor gemalt. Der Glattbrand erfolgt dann bei 970 bis 1070 °C.

Klinkerware: Hierbei handelt es sich um ein hoch gebranntes (1050 bis 1100 °C), grobkeramisches Produkt von roter, rotbrauner oder violettbrauner Farbe. Klinkerware wird aus dicht brennfähigem, eisenreichem Ton hergestellt und bleibt meist unglasiert.

Steinzeug: Ein dichtes keramisches Produkt mit beigefarbenem oder hellgrauem Scherben wird als Steinzeug bezeichnet. Als Rohstoff dienen kalk- und eisenarme Tone, die auf grob- oder feinkeramischem Weg aufbereitet werden können. Der Brand erfolgt bei Temperaturen zwischen 1100 und 1250 °C. Typische feinkeramische Steinzeugprodukte sind moderne Bodenfliesen. Steinzeug wird wegen der wenig attraktiven Scherbenfarbe meist glasiert.

Der grün glasierte Steinzeugkübel steht in wirkungsvollem Kontrast zu den weißen Blüten der Eichenblättrigen Hortensie (Hydrangea quercifolia).

Steingut: Steingut ist ein poröses feinkeramisches Produkt mit hellem Scherben. Im Gegensatz zu Steinzeug ist Steingut eine „Rezepturkeramik", d. h., es müssen Hartstoffe, wie Quarz oder Kalkspat, mit einem hell brennenden, gut bindefähigen Ton zusammen gemahlen werden. Der Scherben erfordert Brenntemperaturen zwischen 1120 und 1160 °C. Steingut wird glasiert; man kann wählen zwischen dem Einmalbrand und einem zweiten Glasurbrand, der bei Temperaturen um 1000 °C erfolgt und eine größere Farbpalette zulässt.

Porzellan: Als Porzellan bezeichnet man dichte feinkeramische Produkte mit einem weißen durchscheinenden Scherben. Bei Porzellanen wird ein völliger Dichtbrand gefordert. Dieser Dichtbrand erfordert hohe Brenntemperaturen zwischen 1350 und 1420 °C. Die Glasur wird nach einem Vorbrand bei ca. 900 °C aufgebracht und mit dem Scherben zusammen eingebrannt. Das Material ist somit für Gase und Flüssigkeiten vollkommen undurchlässig und auch entsprechend frostbeständig. Porzellankübel werden nur selten angeboten und verwendet – höchstens gelegentlich in der Innenraumbegrünung. Das ist nur schwer nachzuvollziehen, denn das Material eignet sich auch hervorragend für Pflanzkübel im Außenbereich. Porzellangefäße wirken sehr elegant und edel. Sie gehören deshalb in eine entsprechend „edel" ausgestattete Umgebung.

Beton

Beton wird häufig zur Herstellung von Trögen verwendet. Da er sich praktisch in jede Form bringen lässt, reicht die Spannweite der Möglichkeiten von kleinen Schalen für den Garten bis hin zu großen Trögen, die im öffentlichen Grün aufgestellt werden. Das hohe spezifische Gewicht in Verbindung mit den konstruktiv bedingt dicken Wänden macht Betongefäße allerdings sehr schwer. Ein runder Betonkübel mit einem Außendurchmesser von 57 cm und 43 cm Höhe wiegt beispielsweise leer bereits 112 kg.

Pflanzgefäße aus Beton gibt es inzwischen in einer ganzen Reihe von ansprechenden Formen. Durch eine nachträgliche Bearbeitung der Sichtflächen, z. B. durch Sandstrahlen oder Stocken, wird der Beton „veredelt". Eine andere Möglichkeit besteht in der Wahl der Zuschlagstoffe bei der Herstellung des Betons. Durch den Einsatz von Natursteinsplitt erhält die Oberfläche Natursteincharakter. Häufig werden auch beide Methoden kombiniert. Weil Betonkübel in Serie hergestellt werden, sind sie deutlich kostengünstiger als vergleichbare Gefäße aus Naturstein. Aber auch Sonderanfertigungen sind zu vernünftigen Preisen herstellbar. Beton ist ein sehr dauerhaftes Material. Im Gegensatz zu Naturstein jedoch, der mit den Jahren Patina ansetzt, altern Betongefäße und werden nach längerer Standdauer mitunter unansehnlich. Die Geschwindigkeit, mit der diese Veränderungen ablaufen, hängt sowohl von der Betonbeschaffenheit als auch von den Bedingungen am Aufstellort ab. Oft lässt sich jedoch mit Hilfe eines Hochdruckreinigers oder durch Sandstrahlen die Oberfläche wieder auffrischen.

Das hohe Gewicht der Kübel erschwert das Umstellen. Der Standplatz von Betonkübeln sollte aus diesem Grund sorgfältig gewählt werden, denn große Kübel lassen sich praktisch nur mit Hilfe von Maschinen versetzen. Die Kübel verfügen deshalb oft von Haus aus über Transportösen. Aufgrund dieser Eigenschaft werden sie meist an Stellen eingesetzt, wo über die rein dekorative Funktion hinaus noch eine Abtrennung gewünscht wird, z. B. zur Trennung von Fußgänger- und Fahrverkehr, als Hindernis in verkehrsberuhigten Zonen usw. Das hohe Gewicht sorgt außerdem für eine gute Standfestigkeit. So können selbst in verhältnismäßig kleine Gefäße große Sträucher oder sogar Bäume gepflanzt werden.

Frischer Beton reagiert anfangs noch stark alkalisch. Das kann den pH-Wert des Substrates erhöhen und dadurch zu Schäden an den Pflanzen führen. Neue Gefäße sollten deshalb erst einige Wochen der Witterung ausgesetzt werden.

Kalksandstein

Kalksandstein ist ein bekannter und bewährter Baustoff, der aber nur selten zur Produktion von Pflanzkübeln eingesetzt wird. Zur Herstellung von Beton werden Kalk und Sand nach Gewicht im Verhältnis

Verschiedene Kübel aus Kalksandstein, die historischen Formen nachempfunden sind.

1:12 gemischt und dann in einen Reaktionsbehälter geleitet. Dort löscht der Branntkalk zu Kalkhydrat ab. In Pressen werden die Steinrohlinge geformt und anschließend unter Sattdampfdruck bei Temperaturen zwischen 160 und 220 °C für vier bis acht Stunden gehärtet. Für die Herstellung der Pflanzgefäße hat ein englischer Hersteller diese übliche Rezeptur abgewandelt. Der Mischung werden noch Zement, ein geheim gehaltenes Bindemittel, Natursteinmehle sowie Farbstoffe zugesetzt. Diese Mischung wird mit Holzschlegeln in die Formen gepresst. Die auf diese Weise hergestellten Pflanzgefäße sind von solchen aus Naturstein erst auf den zweiten Blick zu unterscheiden. Da das Material offenporig ist, setzen sie schnell Patina an. Dennoch sind sie frost- und witterungsbeständig.

Die Modelle der Pflanzgefäße orientieren sich fast ausschließlich an historischen Vorbildern, die in alten englischen Gärten zu finden sind. Der Einsatz solcher Kübel beschränkt sich deshalb auf ein entsprechendes Umfeld. Im normalen Reihenhausgarten wirken diese Pflanzgefäße mithin deplatziert – es sei denn, sowohl das Haus als auch der Garten sind stilgemäß „dekoriert". Sie passen aber hervorragend in ein entsprechendes historisches Umfeld, z. B. in die Gärten von Schlössern und Herrenhäusern, historischen Wohnhäusern, in Altstädte usw., und sind dort ein akzeptabler Ersatz für die deutlich teureren Natursteingefäße.

Naturstein

Kübel aus Naturstein gelten zu Recht als etwas Besonderes. Jedes Stück ist individuell hergestellt und damit ein Unikat, auch wenn heute Maschinen die schwere Arbeit der Steimetze erleichtern. Selbst in Serie hergestellte Tröge der gleichen Form und mit den gleichen Maßen, wie sie in den Katalogen der Hersteller und Händler angeboten werden, weisen immer geringfügige Unterschiede auf. Neben den Standardformen und -größen sind auch Sonderanfertigungen möglich. Das gilt nicht nur für die Form des Pflanzgefäßes, sondern auch für die Farbe des Steins. Naturstein ist kein einheitliches Material. Die einzelnen Natursteinarten gibt es in den verschiedensten Farben und Körnungen. Granit ist also z. B. nicht gleich Granit. Doch nicht alle Steinarten oder Herkünfte einer Steinart sind frostfest. Die Eigenschaften (Farbe, Körnung usw.) können von Steinbruch zu Steinbruch verschieden sein. Selbst die Steine aus **einem** Steinbruch besitzen eine gewisse Variationsbreite. Diese Variationsbreite sollte man kennen, ehe man Tröge aus dem Katalog bestellt, denn solche geringen Farbabweichungen berechtigen nicht zur Reklamation. Wer sicher gehen will, bestellt sich vorab kleine Mustersteine oder sucht sich seine Tröge vor Ort selber aus. Damit sind die Variationsmöglichkeiten aber noch nicht erschöpft. Nicht nur die Größe, Form und Gesteinsart spielen für das Aussehen eine Rolle, sondern auch die Form der Oberflächenbearbeitung. Die Außenseite kann gesprengt, geflammt, gespitzt, gestockt oder poliert sein. Je gröber die Oberfläche, desto urwüchsiger ist der Charakter eines Troges. Umgekehrt wirkt er umso eleganter, je feiner die Oberflächenbearbeitung ausgeführt ist. Neben einer mehr oder weniger glatten Wandung können die Außenwände auch durch herausgearbeitete Verzierungen geschmückt werden.

Urwüchsiger Kübel aus Muschelkalk mit Zwerg-Hemlocktanne (Tsuga canadensis 'Nana').

Das teure Ausgangsmaterial, der aufwendige Herstellungsprozess sowie das erhebliche Gewicht erklären den hohen Preis, der für Natursteintröge bezahlt werden muss. Seit einiger Zeit werden neben anderen Artikeln aus Naturstein auch Tröge angeboten, die aus Übersee (China, Indien, Vietnam usw.) stammen. Aufgrund der geringen Arbeitskosten sind sie trotz des langen Transportweges deutlich billiger als die Artikel der deutschen Produzenten. Sie machen den einheimischen Produzenten damit zunehmend das Leben schwer. Neben den Standardartikeln, die ab Lager geliefert werden, sind auch Sonderanfertigungen möglich. Ihre Lieferung dauert aufgrund der großen Entfernung allerdings in der Regel drei Monate. Ob in den überseeischen Ländern bei der Herstellung immer die einschlägigen Vorschriften in Bezug auf Arbeitsschutz, Umweltschutz usw. eingehalten werden, kann der Verbraucher hier kaum kontrollieren. Wer sicher gehen will, fordert vom Lieferanten eine schriftliche Erklärung, in der dieser versichert, dass sowohl bei der Gewinnung als auch bei der Verarbeitung und dem Transport der Steine keine Kinder beschäftigt worden sind. Solche Erklärungen sind z. B. im Straßenbau bei der Ausschreibung und Bestellung von Pflaster schon gebräuchlich.

Natursteintröge werden in der Regel entweder aus magmatischen Gesteinen, z. B. Granit oder Basalt, oder aus sedimentären Gesteinen wie Sandstein hergestellt. Darüber hinaus können weitere Gesteinsarten, wie Quarzit oder kalkige Gesteine, für die Herstellung von Natur-

Gestalterische Einheit aus Granittrog mit Bepflanzung und Granitpflaster.

steintrögen verwendet werden. Sie sind sehr schwer. Ein Trog aus Granit mit den Maßen 50 × 50 × 40 cm wiegt leer bereits 150 kg. Sandsteintröge sind etwas leichter, da sie materialbedingt mit dünneren Wandstärken hergestellt werden können. Neben den neu hergestellten Trögen gibt es auch gebrauchte. Wenn von alten Kübeln die Rede ist, dann handelt es sich nur selten um wirkliche Pflanzkübel. Vielmehr sind damit meistens Gefäße gemeint, die – ihrer ursprünglichen Nutzung beraubt – zu Pflanzgefäßen umfunktioniert wurden. Solche alten Futtertröge oder Schöpfbecken etwa sind bei Liebhabern sehr begehrt und werden entsprechend teuer bezahlt. Die Gründe für den hohen Preis sind nicht nur die Einzigartigkeit jedes Stückes und die Gebrauchsspuren und natürliche Patina, sondern auch ihre Seltenheit. Es gibt sie aus den unterschiedlichsten Natursteinarten. Häufig variieren gerade bei älteren Natursteintrögen die verwendeten Materialien in Abhängigkeit von den geologischen Voraussetzungen und sind damit typisch für die entsprechende Region. Die Formen und Maße sind sehr unterschiedlich, da jedes Stück im Prinzip eine Sonderanfertigung für einen speziellen Zweck ist. Da es praktisch kein Gefäß doppelt gibt, eignen sie sich am besten zur Aufstellung als Einzelgefäß. Das kommt auch ihrem besonderen Charakter als „Edelsteine" entgegen. Unter Umständen lassen sich aus stilistisch ähnlichen Trögen auch kleine Gruppen zusammenstellen. Durch ihr rustikales Aussehen passen sie am besten in ein ländliches Umfeld, aus dem sie auch üblicherweise stammen, oder in einen landschaftlich gestalteten Garten. Als „naturnaher" Trog sind sie besonders beliebt zur Gestaltung von kleinen Landschaften aus Pflanzen, Steinen und Holz.

Bei der Bepflanzung von Natursteintrögen sollte man darauf achten, dass die vorgesehenen Pflanzen in ihren Ansprüchen an den pH-Wert zu dem Trogmaterial passen. Pflanzenarten, die alkalische Böden lieben, pflanzt man am besten in Tröge aus alkalisch reagierendem Gestein wie Muschelkalk. Umgekehrt, fühlen sich Arten, die sauren Boden lieben, in Trögen aus sauer reagierendem Gestein wie Granit besonders wohl.

Metall

Verschiedene Metalle eignen sich ebenfalls sehr gut zur Herstellung von Kübeln, Trögen und anderen Pflanzgefäßen. Im Handel werden Kübel aus Stahl und Edelstahl, Gusseisen, Aluminium und Blei angeboten. Kübel aus Metall sind – mit Ausnahme von Aluminium – jedoch ziemlich schwer. Sie benötigen alle eine Innenauskleidung aus Folie, eine Beschichtung oder einen Inneneinsatz, damit keine Metallionen in das Substrat übergehen und damit eventuell zu Schäden an den Pflanzen führen. Lediglich Edelstahlgefäße können direkt bepflanzt werden. Da die Metalle nicht gegen Kälte isolieren, sollten solche Gefäße innen unbedingt eine Isolierung aus Styropor erhalten (s. Kap. Aufbau, Seite 103ff.). Als Sonderausstattung bieten viele Hersteller für ihre Gefäße sowohl Inneneinsätze – auch mit Wasserspeicherung – als auch werkseitig montierte Rollen oder Rankgitter an.

Neben neuen Gefäßen können auch Gebrauchsgegenstände des täglichen Lebens aus Metall zweckentfremdet werden. Die ausgediente Badewanne oder der Waschzuber aus Zinkblech sind nur zwei bekannte Beispiele dafür. Der Phantasie des Kübelpflanzengärtners sind in dieser Hinsicht kaum Grenzen gesetzt. Wo der gute Ge-

Metallkübel mit einer Oberfläche aus Edelstahl.

schmack aufhört und der Kitsch beginnt, muss in diesem Rahmen jeder für sich selbst entscheiden.

Stahl ist zur Herstellung von Kübeln gut geeignet, da er sich leicht in jede gewünschte Form bringen lässt. Bei einer entsprechenden Materialstärke und vor Rost geschützt, sind solche Kübel langlebig und unempfindlich. Die meisten Gefäße aus Stahl werden in schlichten, klaren und modernen Formen produziert. Neben quadratischen gibt es auch rechteckige, sechseckige und runde Formen. Die Oberflächen, die ganz wesentlich das Erscheinungsbild mit prägen, können glänzend, matt, glatt oder strukturiert, lackiert oder auch emailliert sein. Aufgrund des modernen und mitunter kühl wirkenden Designs passen sie am besten in eine entsprechend moderne Umgebung. Sie können aber auch – im bewussten Kontrast – in einem historischen Umfeld aufgestellt werden. Das verlangt aber vom Planer ein sicheres Stilgefühl.

Im Gegensatz dazu wirken Pflanzgefäße mit einer Oberfläche aus Edelrost, die zurzeit oft angeboten werden, auffallender. Diese künstlich gealterte Oberfläche wird durch die Behandlung mit einer Lauge erzeugt. Der so genannte Edelrost darf nicht mit normaler Korrosion verwechselt werden. Die Pflanzgefäße erhalten durch diese Behandlung ein künstlich gealtertes Aussehen. Die Oberfläche ändert mit der Witterung auch ihre Farbe.

Kübel aus Gusseisen sind stabil, standfest, langlebig und erfordern nur wenig Pflege. Sie sind in der Regel in dunklen Grau- oder Grüntönen gestrichen. Kleinere Gefäße sind nach historischen Vorbildern in einem Stück gefertigt. Die größeren Kübel müssen aus einzelnen Platten zusammengeschraubt werden. Die Seitenflächen zieren häufig Wappen, Ziffern, Schriften usw. Bepflanzt werden sie nicht direkt, sondern mit eingestellten Kulturgefäßen oder speziellen Einsätzen, die einen schnellen Wechsel der Bepflanzung erlauben. Durch das hohe Gewicht sind größere Kübel zur Aufstellung im Privatgarten kaum geeignet. Beide Kübelarten wirken „antik" und gehören aus diesem Grund in ein historisches Umfeld, z. B. in eine Altstadt oder in einen entsprechend gestalteten Garten an einem historischen Gebäude.

Aluminiumkübel sind eine seltene Ausnahme, obwohl sich auch dieses Metall zur Herstellung von Pflanzgefäßen eignet. Auch diese Gefäße wirken, ähnlich wie solche aus Stahl, sehr modern und mitunter sogar kühl. Neben diesen Großkübeln werden auch kleine Töpfe und Schalen angeboten. Im Gegensatz zu den großen Kübeln sind die Formen der kleinen Gefäße sowohl zeitgemäß als auch, ähnlich wie bei Gusseisen, historischen Vorbildern nachempfunden. Neben dem blanken Aluminium lässt sich die Oberfläche durch Riffelung, Lackierung oder Eloxierung gestalten. Der Vorteil gegenüber Stahl und Gusseisen liegt in dem geringen Eigengewicht der Kübel. Das erleichtert nicht nur den Transport, sondern kann auch bei der Aufstellung auf Dächern, wo die Auflast oft begrenzt ist, von Vorteil sein.

Ganz anders wirken Gefäße aus Bleiguss. Sie sind, vergleichbar dem Gusseisen, schwer, frostfest und langlebig. Sie werden in verschiedenen Formen angeboten, z. B. rund, halbrund, quadratisch oder rechteckig. Die Außenseiten sind mit erhabenen Ornamenten nach historischem Vorbild geschmückt. Mit den Jahren setzen die Bleigefäße Patina an, die den altertümlichen Charakter noch verstärkt. Sie passen aus diesem Grund auch am besten in ein entsprechendes Umfeld. Der Platz zur Aufstellung von Kübeln aus Blei sollte gut gewählt werden, denn sie sind schon leer „bleischwer". Nur sehr kleine Töpfe eignen sich für mobile Kübelgärten. Andererseits sind solche schweren Kübel auch besonders standfest. Sie können deshalb gut mit hohen Pflanzen, z. B. Stämmchen, die in leichteren Gefäßen vom Wind schnell umgeworfen werden würden, bepflanzt werden.

Bau von Kübeln

Das Angebot an Kübeln in den Fachgeschäften ist unüberschaubar groß. Es ist aber mitunter trotz der großen Auswahl gar nicht so einfach, einen Kübel zu finden, der völlig den eigenen Vorstellungen entspricht. In diesen Fällen bleibt nur die Möglichkeit, sich seinen Wunschkübel selbst herzustellen. Die Freude über den Erfolg der eigenen Arbeit verbindet sich dann mit der Befriedigung über den Kübel, der bis ins Detail den eigenen Wünschen und Vorstellungen entspricht. In den folgenden Kapiteln werden für verschiedene Materialien jeweils ein oder zwei Anleitungen zum Bau von Kübeln oder Trögen gegeben. Die Auswahl beschränkt sich auf Materialien, die von einem geübten Heimwerker mit handelsüblichen Werkzeugen verarbeitet werden können. Die Bauanleitungen sind bewusst nicht als „Kochrezepte" mit genauen Maßangaben und Stücklisten konzipiert. Sie sollen vielmehr das Prinzip zeigen und Anregungen geben, die jeder schöpferisch weiterentwickeln kann. Die genauen Maße und Stücklisten muss sich jeder Heimwerker nach seinen eigenen Bedürfnissen selbst zusammenstellen.

Holz

Holz ist ein vielseitig verwendbares und leicht zu bearbeitendes Material. Aus diesem Grund wird es von Heimwerkern gern verarbeitet. Der Rohstoff Holz, der natürlichen Ursprungs ist, passt besonders gut zu Pflanzen, die später in diesem Kübel wachsen sollen. In Bezug auf die Wahl der Holzart und den oft notwendigen Holzschutz wird, bis auf den folgenden Tipp, auf die im Kapitel „Holz" (Seite 65ff.) gemachten Ausführungen verwiesen. Wer zur Herstellung von Holzkübeln imprägniertes Holz verwenden will, sollte erst alle Teile aus nicht imprägniertem Holz zuschneiden, sie probeweise zusammenfügen und wieder zerlegen. Danach lässt man sie im Kesseldruckverfahren imprägnieren. Auf diese Art sind auch die Stirnflächen imprägniert. Schneidet man hingegen die Einzelteile aus bereits imprägnierten Hölzern zu, sind die Schnittflächen ungeschützt.

Kübel aus gehobelten Kanthölzern.

Aufgrund der Bedeutung des Werkstoffes Holz sollen an dieser Stelle zwei leicht auszuführende Bauanleitungen für Kübel vorgestellt werden.

Holzkübel aus Kanthölzern: Holzkübel aus Kanthölzern werden in Bau- und Gartenmärkten häufig angeboten. In der Regel sind sie rechteckig, quadratisch oder vieleckig. Vom Bauprinzip her sind es einfache Rahmen aus Kanthölzern, die in mehreren Lagen übereinander gelegt und miteinander verbunden werden. Die Dimensionierung der Kanthölzer richtet sich nach der geplanten Größe des Troges. Grundsätzlich kann man sagen, dass die Querschnitte der Kanthölzer umso stärker gewählt werden müssen, je größer der Trog werden soll. Tröge aus Kanthölzern mit stärkeren Querschnitten wirken jedoch immer massiver und nicht so elegant wie solche aus Hölzern mit geringeren Querschnitten. Es sollten generell nur gehobelte Hölzer verwendet werden. Tröge, die aus scharfkantigen Kanthölzern hergestellt

a)

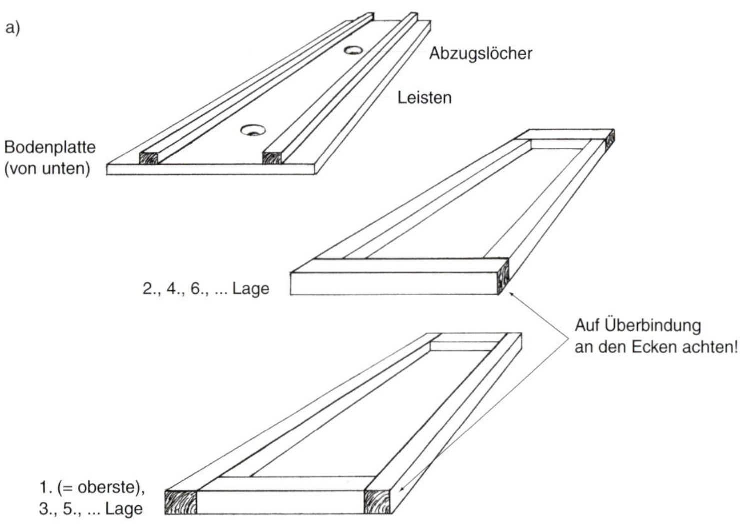

b)

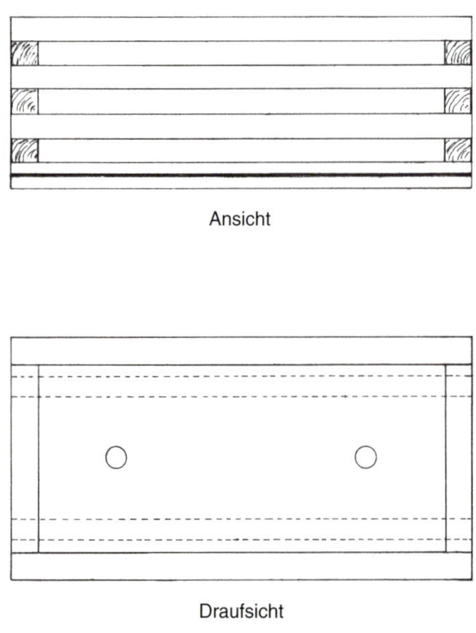

Abb. 27.
Holzkübel aus Kanthölzern.
- *a) Auf das Bodenbrett werden die einzelnen Lagen aus Kanthölzern mit versetzter Eckausbildung befestigt. Das Bodenbrett ist hier mit der Unterseite nach oben dargestellt, um die Bodenleisten zu zeigen.*
- *b) So sieht der fertige Kübel aus. Die Zahl der Lagen aus Kanthölzern richtet sich nach der gewünschten Höhe.*

werden, besitzen eine glatte Wandung. Die Fugen zwischen den einzelnen Lagen treten fast nicht in Erscheinung. Mit gefasten Kanthölzern hingegen ergibt sich ein lebhafteres Fugenbild.

Für das weitere Vorgehen stehen zwei Möglichkeiten zur Wahl. Die zugeschnittenen Kanthölzer für die langen und für die schmalen Seiten werden zu Rahmen zusammengesetzt. Das kann z. B. durch die Verschraubung mit Metallwinkeln in den Innenecken geschehen. Handwerklich eleganter und in der Wirkung schöner ist die Verbindung durch Überplattung oder Verzapfung. Der Zusammenbau beginnt dann nicht, ausgehend von der Bodenplatte, mit der untersten Lage, sondern mit der obersten Lage Kanthölzer. Diese wird mit der späteren Oberseite nach unten auf eine feste Unterlage gelegt. Danach wird die zweite Lage aufgelegt, genau ausgerichtet und mit der ersten Lage verschraubt. Jetzt wird die dritte Lage angefügt und mit der zweiten verschraubt. Die Positionen der Schrauben müssen von Lage zu Lage leicht versetzt werden, damit nicht die Schrauben der einzelnen Lagen aufeinander treffen. Auf diese Weise werden weitere Lagen befestigt, bis die gewünschte Höhe erreicht ist. Den Abschluss bildet die Bodenplatte aus einer wasserfest verleimten Platte mit den Füßchen, Leisten oder Rollen. Wer der Verbindung durch die Schrauben allein nicht vertraut, kann die Kanthölzer selbstverständlich noch zusätzlich untereinander wasserfest verleimen.

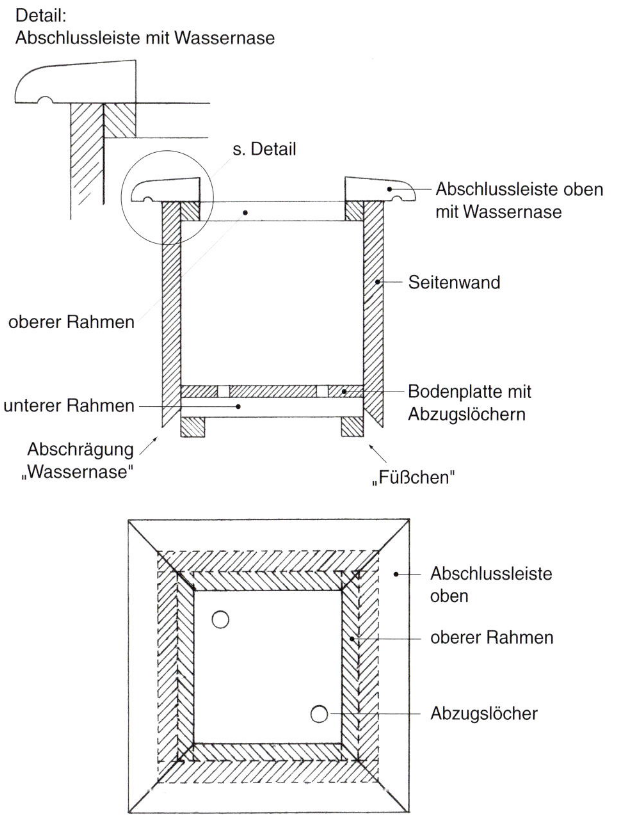

Abb. 28.
Holzkübel mit Innenrahmen. Zwei Rahmen werden mit den Seitenwänden zu einem Kübel verbunden. Die Abschlussleiste dient nicht nur dem besseren Aussehen, sondern vor allem dem konstruktiven Holzschutz.

Statt der vorgefertigten Rahmen kann man auch die einzelnen Teile nacheinander verbinden. In diesem Fall müssen nur die Teile für die erste bzw. oberste Lage zu einem Rahmen verbunden werden. Auf diesen Rahmen werden dann die einzelnen Teile der folgenden Lagen aufgeschraubt.

Anstelle der Verschraubung der einzelnen Lagen nacheinander kann die Verbindung auch durch Gewindestäbe erfolgen. Die einzelnen Kanthölzer werden dazu auf die richtige Länge zugeschnitten. Die Lage der Bohrung wird festgelegt und eine Lehre gebaut. Diese Lehre ist notwendig, damit später alle Bohrungen exakt übereinstimmen und der Gewindestab durchgeschoben werden kann. Jetzt werden alle vorgefertigten Einzelteile sowie die Bodenplatte mit Hilfe der Lehre gebohrt und zunächst lose aufeinander gelegt und ausgerichtet. Wenn exakt gearbeitet wurde, können die Gewindestäbe (verzinkt oder besser aus Edelstahl) durchgeschoben werden. Im einfachsten Fall werden die Gewindestäbe mit Unterlegscheiben und Muttern gesichert. Es ist jedoch eleganter, vor allem für die Oberseite, wenn dort eine Hutmutter aufgeschraubt wird. Ganz unsichtbar wird die Verbindung, wenn die Bohrung erweitert wird, sodass die Mutter versenkt werden kann. Das Loch wird anschließend mit einer Kunststoffkappe oder besser noch mit einer eingeklebten Plombe aus Holz verschlossen.

Holzkübel mit Innenrahmen: Die Grundlage für dieses Kübelmodell sind zwei gleich große Holzrahmen. Einer der beiden Rahmen bildet die Auflagefläche für den Boden. An dessen Unterseite werden wieder die Füßchen, zwei Latten oder Rollen befestigt. Der zweite Rahmen dient als oberer Rand des Kübels. Die Bretter oder Platten, die die eigentliche Wandung darstellen, bilden die Verbindung zwischen diesen beiden Rahmen. Die Wände können aus Nut- und Federbrettern oder aus witterungsbeständigen Holzplatten hergestellt werden. An den Ecken ist ein Gehrungsschnitt erforderlich. Die Unterkante sollte abgeschrägt sein, damit das Regenwasser leichter abtropfen kann. Den Abschluss nach oben bildet ein Brett. Die Breite sollte so gewählt sein, dass es innen mit dem Rahmen abschließt und nach außen ca. 2 bis 3 cm übersteht. Dieses Brett dient nicht nur dazu, einen solchen ansonsten recht schlichten Kübel optisch aufzuwerten, sondern es schützt auch die Stirnseiten der Verkleidung vor eindringendem Wasser und verlängert damit die Lebensdauer des Kübels.

Wie im Kapitel „Holz" (Seite 65ff.) bereits beschrieben, benötigen auch die selbst gebauten Kübel eine Innenauskleidung, die die Lebensdauer des Holzes erheblich verlängert. Es sei denn, man bepflanzt sie nicht direkt, sondern benutzt sie lediglich als Übertopf, um z. B. einen billigen und wenig dekorativen Kulturtopf zu verstecken.

Torfbeton

Tröge aus Torfbeton ähneln in ihrem Aussehen mehr den Natursteinträgen als denen aus Beton.

Die Betonkübel entsprechen oft nicht den ästhetischen Vorstellungen. Eine preiswerte und optisch ansprechende Alternative dazu bietet der Torfbeton.

Der erste Arbeitsschritt ist das Herstellen einer Schalung aus Holz. Die Schalung muss genau gearbeitet und ausreichend stabil sein. Ungenauigkeiten beim Bau der Schalung führen zwangsläufig zu einem Werkstück, das nicht den Vorstellungen entspricht. Bei den Vorbereitungen ist zu beachten, dass schon manche zu schwach dimensionierte Schalung nach dem Einfüllen des Betons auseinander gebrochen ist. Aus diesem Grund ist es besser, die Schalung eher etwas stabiler als zu schwach zu bauen. Für die Außenschalung verwendet man am besten Holz. Die Innenschalung kann ebenfalls aus Holz hergestellt werden. Als Alternative wäre auch Styropor geeignet. Es lässt sich sehr leicht in die entsprechende Form bringen und ist außerdem beim Ausschalen auch wieder einfach zu entfernen. Dies gilt vor allem dann, wenn die Innenform nicht aus einem Block, sondern aus mehreren Blöcken besteht, die man nacheinander einzeln entnehmen kann. Der Boden sollte bei Pflanzgefäßen aus Torfbeton ca. 8 bis 10 cm und die Wände sollten 5 bis 7 cm stark sein. Ist die Schalung vorbereitet, kann die Mischung hergestellt werden.

Die Grundstoffe müssen im Mischer oder per Hand sorgfältig gemischt werden. Im nächsten Arbeitsschritt wird langsam so viel Wasser zugegeben, bis die Mischung „betonnass" ist. Die Wasserzugabe erfordert Erfahrung und Fingerspitzengefühl. Eine zu trockene Mischung ist genauso ungünstig wie eine „überwässerte". Die Holzschalungen müssen vor dem Einfüllen des Betons mit Schalöl eingestrichen werden, damit sich der Trog später wieder aus der Schalung lösen lässt. Für das weitere Vorgehen gibt es zwei Möglichkeiten: Die erste Möglichkeit besteht darin, den Trog in der Lage zu gießen, in der er später aufgestellt wird. In diesem Fall wird in der Schalung zunächst der Boden gegossen. Eingelegte Rundholz- oder Rohrabschnitte sorgen für die notwendigen Abzugslöcher. Nachdem der Boden hergestellt ist, wird die Innenschalung eingebaut und die Wände werden gegossen.

Bei der zweiten Möglichkeit wird genau umgekehrt verfahren. Der Trog wird beim Gießen praktisch auf den Kopf gestellt. Die Innenschalung wird in die Außenschalung eingesetzt. Es werden zuerst die Wände gegossen, wobei der Boden den oberen Abschluss bildet. Bei größeren Trögen ist es sinnvoll, zur Verstärkung ein Drahtgitter als Armierung mit einzulegen. Es muss aber so eingelegt werden, dass der Draht allseitig mindestens 2 cm von Beton überdeckt wird.

Im Sommer muss darauf geachtet werden, den frischen Beton nicht der direkten Sonnenbestrahlung auszusetzen. Er bindet unter diesen Bedingungen nicht richtig ab, da er schnell austrocknet, anstatt langsam abzubinden. Als Arbeitsplatz bietet sich daher eine schattige Fläche an. Eine lose übergelegte Folie verhindert eine zu schnelle Austrocknung bei geringer Luftfeuchte. Ohne Abdeckung kann man den frischen Beton durch leichtes Übersprühen mit Wasser feucht halten. Nach zwei Tagen kann in der Regel ausgeschalt werden, sofern der Beton schon genügend ausgehärtet ist. Zu hart soll er noch nicht sein, da er sonst nicht mehr nachbearbeitet werden kann. Mit einem Meißel und/oder einer Drahtbürste werden die Kanten gebrochen und die Seitenwände möglichst ungleichmäßig bearbeitet, damit es „natürlich" aussieht. Bis zur vollständigen Aushärtung nach ca. 28 Tagen sollte man den Trog noch stehen lassen. Der zunächst noch recht neu wirkende Trog setzt bald Patina an. Das Einstreichen mit Buttermilch beschleunigt die Besiedlung mit Mikroorganismen. Fertig bepflanzt, ist ein Trog aus Torfbeton dann nur noch schwer von einem echten Natursteintrog zu unterscheiden.

Betonfertigteile

Die so genannten L- und U-Steine sind Fertigteile aus Beton, die üblicherweise zum Abstützen von

Unansehnliche Tontöpfe oder -schalen lassen sich als verlorene Schalung einsetzen. Sie werden zunächst gründlich gewässert und auf den Kopf gestellt. Anschließend wird die fertige Torfbeton-Mischung 5 bis 7 cm stark auf den Topf aufgetragen.

Rezept:
2 Teile Weißtorf
3 Teile gewaschener Kiessand
2 Teile Zement

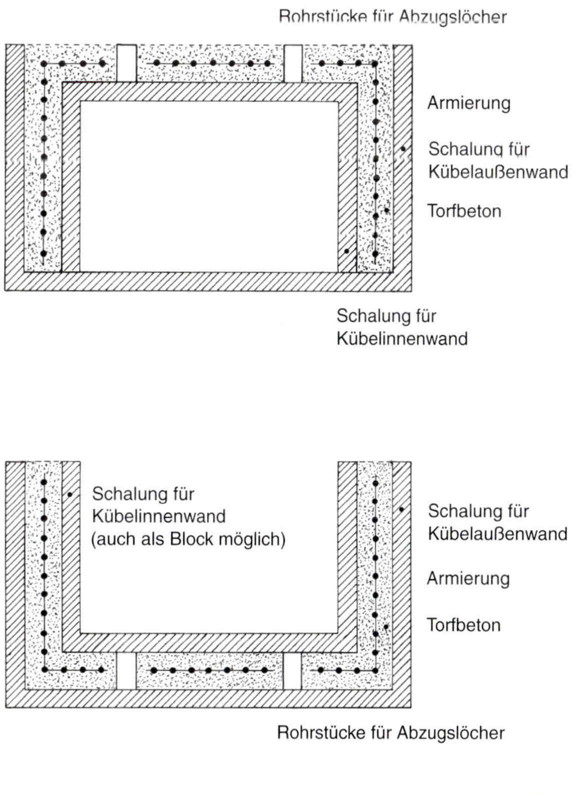

Abb. 29.
Herstellung eines Kübels aus Torfbeton.
Oben: „Auf dem Kopf stehend" mit Armierung aus Drahtgeflecht. Als Platzhalter für die Abzugslöcher dienen zwei passend zugeschnittene Rohrstücke.
Unten: In aufrechter Stellung.

Kübel aus Torfbeton setzen mit der Zeit Patina an und sind dann kaum mehr von echten Natursteintrögen zu unterscheiden.

Höhenunterschieden eingesetzt werden. Auf ebenen Flächen lassen sich aus diesen Fertigteilen Kübel bauen. Es handelt sich dabei streng genommen nicht mehr um Kübel, sondern Hochbeete, denn solche Konstruktionen sind nicht mehr im Ganzen mobil. Für den Transport müssen sie komplett abgebaut und am neuen Standort wieder aufgebaut werden. Da die Bedingungen für die Pflanzen aber denen in einem „richtigen" Kübel ähnlich sind, wird diese Konstruktion hier mit besprochen.

Der Einsatz solcher Betonfertigteile bietet sich immer dort an, wo die Anlage einer normalen Pflanzfläche im Boden nicht möglich ist, weil dort z. B. Leitungen verlegt sind. Sie können aber auch anstelle von fertigen Pflanzkästen auf entsprechend breite Mauern aufgesetzt werden, oder sie dienen als dauerhaft aufgestellte Barriere, um Flächen mit unterschiedlicher Nutzung zu trennen.

Die einzelnen Elemente (Grundelement und Ecken) lassen sich wie ein Baukastensystem aneinander reihen. Auf einer glatten und tragfähigen Unterlage (Pflaster, Asphalt oder Beton) werden die Einzelelemente in der gewünschten Form aufgestellt. Der kurze Schenkel (Fuß) zeigt bei den L-Steinen dabei nach innen.

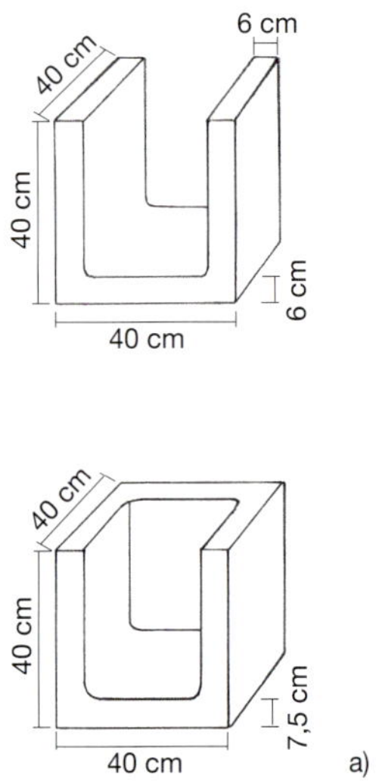

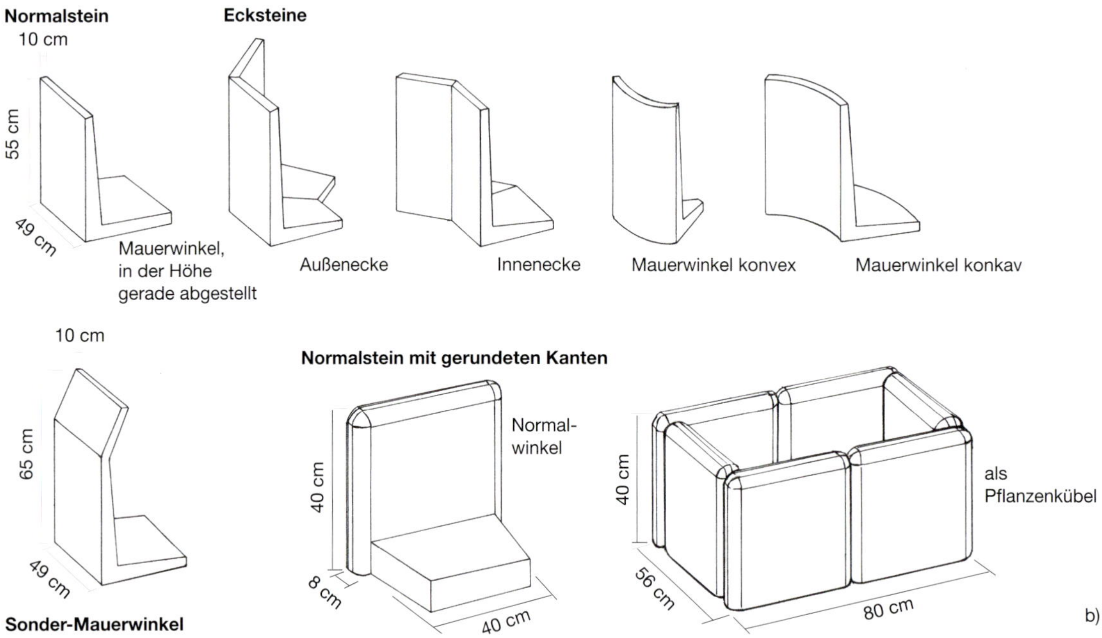

Abb. 30.
Kübel aus Betonfertigteilen. Neben den U-Steinen (a) gibt es die Winkelsteine (b) in verschiedenen Formen und Farben.

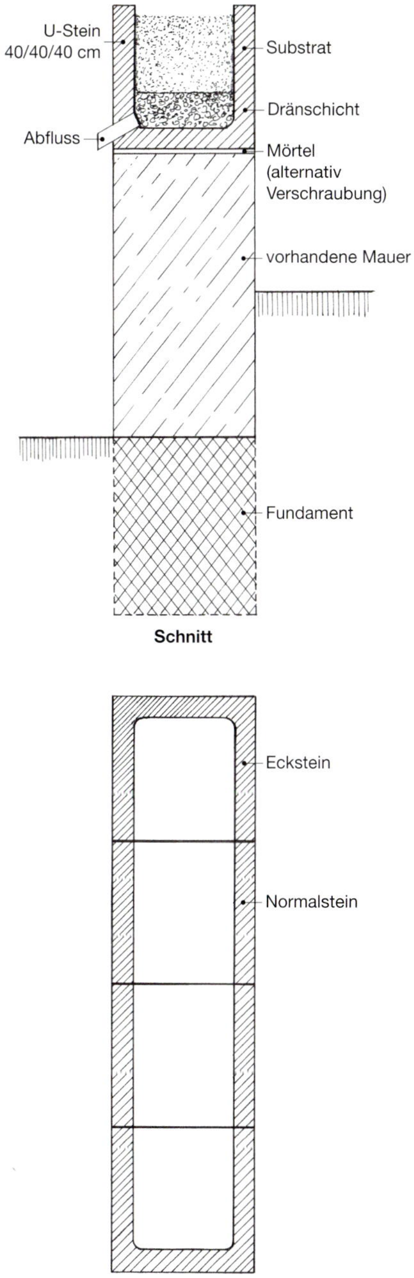

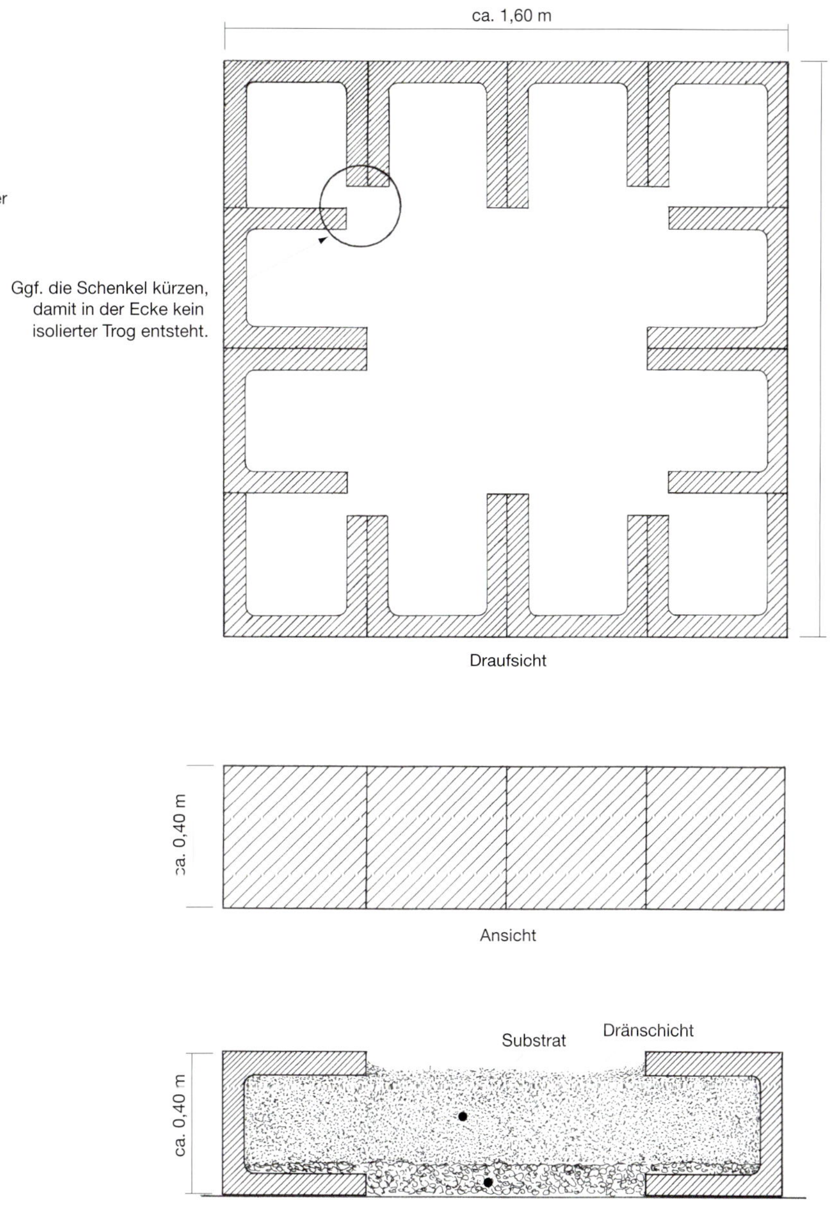

Für den Auf- und Abbau innerhalb eines kurzen Zeitraumes genügt es, sie einfach auf einen festen und tragfähigen Untergrund zu stellen. Ist hingegen eine dauerhafte Aufstellung geplant, so müssen die Teile auf ein durchgängiges Mörtelbett der Mörtelgruppe MG III gesetzt oder die Füße durch einen durchgehenden, 15 bis 20 cm starken Aufbeton (C 16/20) verbunden werden.

Es ist unbedingt erforderlich, für einen ausreichenden Wasserabzug zu sorgen. Die L-Steine haben häufig am Fuß unten eine kleine Aussparung zur Entwässerung. Sie darf durch den Aufbeton oder das

Abb. 31 (links).
Aus Normalsteinen und Ecksteinen lässt sich ein Trog auf einer vorhandenen Mauer bauen.

Abb. 32 (rechts).
Aus U-Steinen lassen sich auf befestigten Flächen ohne großen Aufwand Hochbeete herstellen.

Mörtelbett nicht verschlossen oder verstopft werden. Fehlt diese Aussparung, muss sie nachträglich hergestellt werden. Die Stöße zwischen den einzelnen Fertigteilen sind nie ganz dicht. Sie müssen an der Rückseite verschlossen werden, damit kein Substrat oder Gießwasser durch diese Fugen austritt. Für diesen Zweck sind Streifen aus Vlies oder Wurzelschutzfolie gut geeignet. Es besteht außerdem die Möglichkeit, Dichtmasse zu verwenden.

Die so genannten U-Steine mit einer Kantenlänge von 40 cm eröffnen dem kreativen Verwender zahllose Gestaltungsmöglichkeiten, die in den Abbildungen 31 und 32 dargestellt sind. Dabei sind quadratische oder rechteckige Formen im vorgegebenen 40-cm-Raster kein Problem. Bögen sind allerdings nur bei großen Radien möglich.

Die L-Steine lassen sich im Gegensatz zu den U-Steinen nur in einer Richtung aufstellen. Sie sind in verschiedenen Höhen erhältlich. Die Auswahl in Bezug auf Größen und Formen ist umfangreich. Neben den Grundelementen gibt es Innen- und Außenecken sowie konkave und konvexe Elemente. Die Kanten können scharfkantig oder gerundet sein. Außerdem hat man in der Regel die Auswahl unter verschiedenen Farben und Oberflächen, die zu den entsprechenden Pflastersteinen passen.

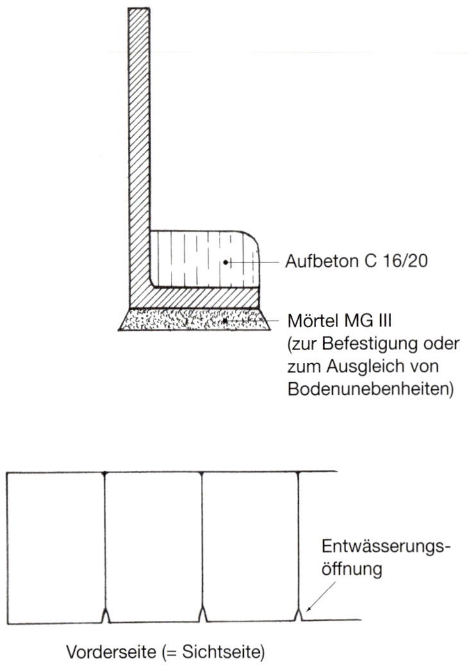

Abb. 33.
U- und L-Steine müssen auch auf befestigtem Untergrund auf einer ca. 5 cm starken Mörtelschicht versetzt werden. Diese Mörtelschicht dient dem Ausgleich von Bodenunebenheiten und der Befestigung. Die serienmäßig vorhandenen Entwässerungsöffnungen müssen offen bleiben.

Naturstein

Grundsätzlich ist es sicher möglich, aus einem Rohblock einen Kübel herauszuarbeiten. Das setzt einerseits viel Erfahrung mit Natursteinbearbeitung und andererseits Spezialwerkzeuge voraus. Viel einfacher dagegen ist die Herstellung von Natursteintrögen aus Platten. Leider werden von den Natursteinbetrieben keine vorgefertigten Bausätze mehr angeboten. Diese Art von Trögen ist offenbar aus der Mode gekommen. Allerdings schneiden Natursteinbetriebe Platten in jedem gewünschten Maß zu, sodass solche Tröge auch heute noch herstellbar sind.

Alle Natursteinarten, die witterungsbeständig sind und sich in entsprechende Platten spalten oder schneiden lassen, wie Quarzit, Granit und Muschelkalk, sind für diesen Zweck geeignet. Die Form der Tröge kann quadratisch, rechteckig oder auch sechseckig sein. Das spätere Aussehen des Troges wird wesentlich von der Oberflächenbearbeitung der Platten bestimmt (s. Kap. Kübelmaterialien, Naturstein, Seite 88). Die Gesamtgröße wird eigentlich nur durch die Maximalgröße der Natursteinplatten und das Gewicht des Troges bestimmt. Die eben genannten Natursteinarten haben ein spezifisches Gewicht von ca. 2,4 bis 2,8 t/m^3. Man sollte das Gewicht des geplanten Troges im Voraus überschlägig berechnen, um zu wissen, ob er sich mit den eigenen Mitteln später überhaupt noch bewegen lässt (s. Kap. Transport, Seite 155f.).

Den Boden bildet eine ca. 8 cm dicke Platte aus armiertem Beton. Diese kann man sich in einer selbst hergestellten Form gießen. Für kleine Kübel eignet sich auch einfach eine Garten- oder Pflasterplatte aus Beton. Den umlaufenden Einschnitt an der oberen Kante schneidet man dann mit einer Steinsäge aus und bohrt mindestens ein Abzugsloch (s. Kap. Aufbau, Seite 103ff.). Auf diesen Einschnitt werden anschließend die vorbereiteten Natursteinplatten gesetzt. Sie sollten ca. 6 cm stark und an den Köpfen mit Winkelschnitten versehen sein. Die Verbindung der Einzelteile untereinander kann mit Winkeln und Schrauben oder Steinkleber erfolgen. Der Steinkleber wird nach Herstellervorschrift auf die Kontaktflächen aufgetragen und der Kübel dann zusammengesetzt und mit einer Schnur oder einem Zurrgurt fixiert. Bei der Verwendung von Schrauben und Winkeln schraubt man stärkere Platten am besten von innen unsichtbar mit verzinkten Stahlwinkeln, Schrauben und Metalldübeln zusammen. Dünnere Platten werden durchbohrt und mit nicht rostenden Schlossschrauben oder Gewindestäben und einer außen angebrachten Hutmutter verbunden. Bei dieser Methode muss besonders genau gearbeitet werden, da die Schraubenköpfe außen sichtbar sind. Die Fugen zwischen den Platten werden von innen mit Dichtmasse verschlossen, damit dort später kein Gießwasser austritt oder Substrat ausgespült wird.

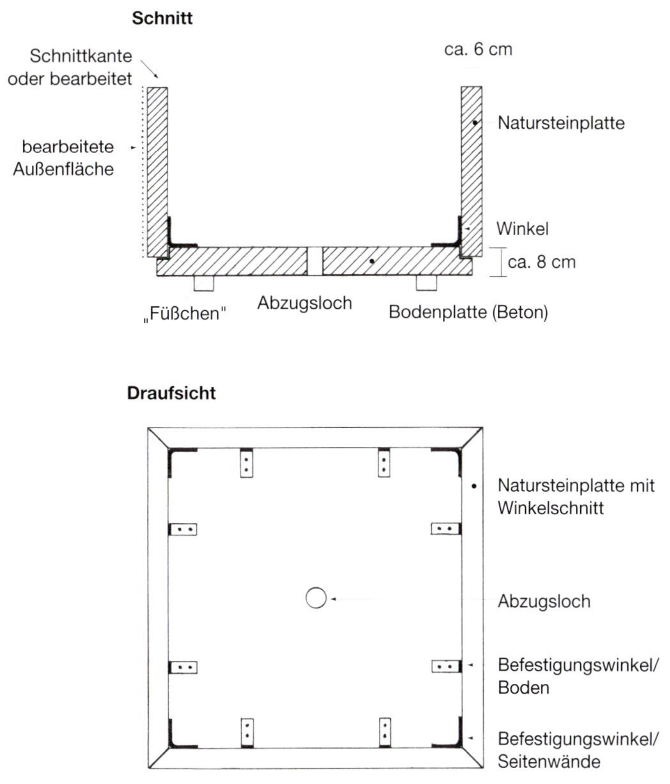

Abb. 31.
Der Bau eines Pflanztrogs aus Natursteinplatten ist eine gute Alternative zu den aus einem Stück gearbeiteten Trögen.

Reparatur von Natursteinkübeln

Es kann immer wieder vorkommen, dass Kübel z. B. durch unsachgemäße Handhabung beschädigt werden. Natursteinkübel sind aber zu kostbar, um sie einfach wegzuwerfen. Das gilt besonders für wertvolle alte Futtertröge, Schöpfbecken und andere Unikate. Der Aufwand zur Reparatur lohnt sich aber auch für moderne Natursteintröge. Anhand eines in zwei Teile zerbrochenen Sandsteinkübels sollen die notwendigen Arbeitsschritte gezeigt werden (siehe Seite 102). Zunächst müssen die Pflanzen und das Substrat entfernt und der Kübel muss gereinigt werden. Zur Wiederverwendung vorgesehene Pflanzen werden in der Zwischenzeit eingeschlagen. Die Bruchflächen säubert man mit einer Drahtbürste. Der Staub muss sorgfältig entfernt werden. Jetzt können die Bruchflächen mit Steinkleber bestrichen und zusammengefügt werden. Die Zeit bis zum Aushärten dieser Zwei-Komponenten-Kleber hängt vom Mischungsverhältnis und der Tem-

1

4

2

5

6

3

3 Nun werden die Teile passgenau zusammengefügt und mit Schraubzwingen fixiert.

4 Der Klebstoff muss anschließend aushärten.

5 Die Bruchstellen werden mit Klebstoff nachbehandelt.

6 Der neu bepflanzte Kübel.

Reparieren eines defekten Natursteintroges.

1 Das in zwei Teile zerbrochene Becken aus Sandstein.

2 Die Bruchstellen werden gereinigt und mit Klebstoff bestrichen.

peratur ab. Genaue Angaben hierzu finden sich in der Beschreibung der Hersteller. Da der Kleber sichtbare Spuren auf dem Stein hinterlässt, sollten später sichtbare Stellen nicht mit dem Kleber in Berührung kommen. Schraubzwingen oder Zurrgurte halten die Teile bis zum Aushärten in der richtigen Position. Eventuell vorhandene Ritzen oder Fugen können nach dem Aushärten noch mit Kleber ausgegossen werden. Nach dem Aushärten kann der Trog wieder bepflanzt und aufgestellt werden.

Stahl

Metallkübel sind zwar derzeit recht ungewöhnlich, aber nicht schwierig in der Herstellung. Aus Stahlblech, z. B. 1,5 mm stark, und Winkeln, z. B. 20 × 3 cm, die mit Nieten verbunden werden, lässt sich leicht ein Kübel herstellen.

Die Seitenwände lässt man sich am besten in der gewünschten Größe zuschneiden. Die Winkel werden wenige Zentimeter länger abgeschnitten als die Höhe der Seitenwände. Der Überstand dient als Fuß. Es ist stattdessen aber auch denkbar, Füße aus Metallkugeln oder Rollen zu montieren. Seitenteile und Winkel werden mit Nieten verbunden. Wer über ein Schweißgerät verfügt, kann die Teile auch an der Innenseite verschweißen. Der Boden kann ebenfalls aus Blech hergestellt werden. Für eine Verbindung mit Nieten müssten allerdings die Seiten abgekantet werden. Einfacher ist in diesem Fall die Verwendung einer wasserfest verleimten Platte, die von außen durch die Wandung verschraubt wird. Dieser an sich recht nüchterne Kübel kann je nach Geschmack noch zusätzlich dekoriert werden. Bei größeren Kübeln ist es sinnvoll, gleich Griffe mit anzubringen. Sie erleichtern bei den doch recht schweren Kübeln die Handhabung. Bei geschickter Gestaltung können diese gleichzeitig als Dekoration dienen.

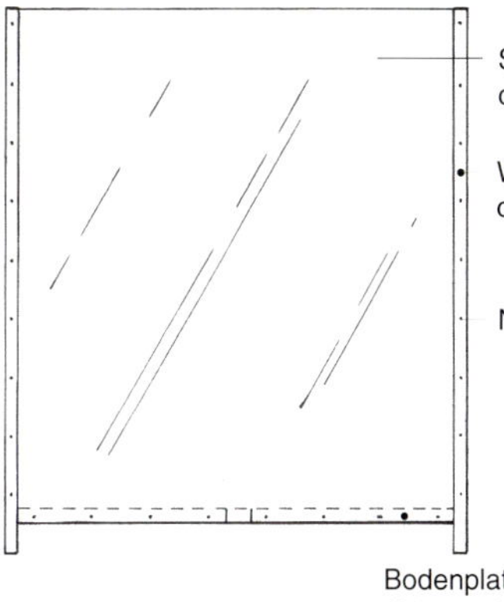

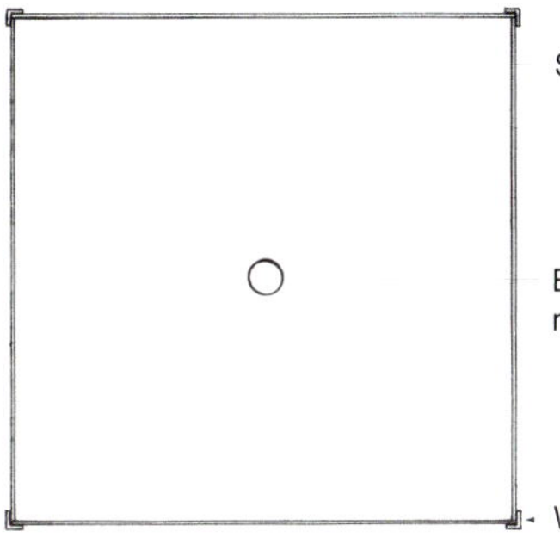

Abb. 35.
Solche einfachen Tröge aus Stahlblech sind leicht herzustellen. Allerdings ist Stahlblech bisher ein selten verwendetes Material.

Bleibt der Kübel ungeschützt im Freien stehen, wird er sofort anfangen zu rosten. Wer diese zurzeit ganz aktuelle Mode von Gartenartikeln mit „Edelrost-Oberfläche" nicht mitmachen will, muss das Material schützen. Das kann durch mehrmaliges Lackieren mit Rostschutzfarbe oder durch Verzinken geschehen. Verzinkte Kübel müssen ungefähr ein halbes Jahr der Witterung ausgesetzt gewesen sein, bevor sie lackiert werden können. Innen müssen Metallkübel einen Schutzanstrich oder eine Auskleidung mit Teichfolie (Abzugsloch nicht vergessen) erhalten, damit keine Metallionen von der Wandung in das Substrat wandern können. Nur Metallkübel aus Edelstahl können direkt bepflanzt werden.

Aufbau

Für eine auf längere Zeit ausgerichtete Pflanzung in Trögen und Containern genügt es nicht, einfach eine Tonscherbe über das Abzugsloch zu legen und dann das Substrat einzufüllen. Vielmehr müssen die Pflanzgefäße im Inneren einen bestimmten Aufbau aus mehreren Schichten aufweisen. In Abhängigkeit vom gewählten Gefäß, den Pflanzen und der Pflege gibt es dafür verschiedene Möglichkeiten.

1

2

3

4

5

6

Musterhafte Bepflanzung eines Troges aus Beton.

1 Der Trog aus Beton. Im Vordergrund sind die schwarze Dränmatte, das Vlies und das Kübelpflanzensubstrat zu erkennen.

2 Isolierung aus 1 cm starken Styroporplatten zuschneiden und einsetzen.

3 Dränmatte und Vlies einlegen. Anschließend das Substrat einfüllen.

4 Gehölze pflanzen.

5 Danach die Stauden ergänzen.

6 Angießen.

Grundaufbau

1. Grundaufbau

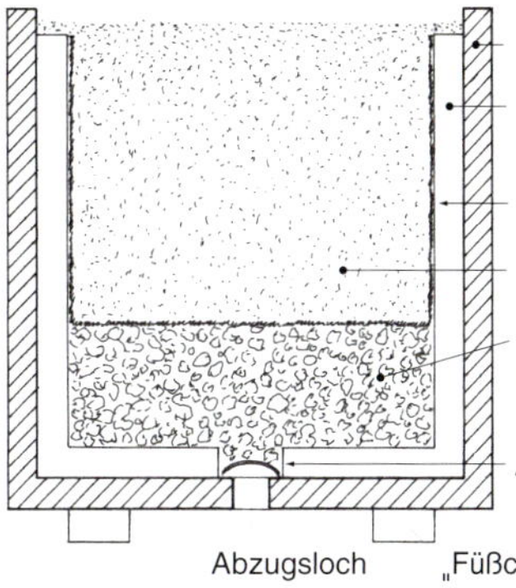

Abb. 36.
Der normale Grundaufbau in einem Trog besteht aus Dränschicht, Filterschicht (Vlies) und Substrat.

Jedes Pflanzgefäß benötigt ein Abzugsloch, durch das überschüssiges Regen- oder Gießwasser abgeleitet wird. Die einzige Ausnahme von dieser Regel sind Mini-Wassergärten im Topf. Die meisten Tröge und Container haben bereits ein oder mehrere Abzugslöcher im Boden. Andernfalls muss ein Loch gebohrt werden. Größere Gefäße benötigen mehrere, gleichmäßig verteilte Öffnungen. Im Zweifelsfall sollte besser ein Loch mehr gebohrt werden. Damit es sich nicht zusetzen kann, wird es mit einer Tonscherbe oder einem Stück Trennvlies abgedeckt.

Im Winter friert bei Frost der Boden von der Oberfläche her langsam zu. Tief in den Boden eindringender Frost kommt in unserem Klima selten vor. Somit friert in der Regel nur ein Teil des Wurzelballens der Pflanzen ein. Im Gegensatz dazu, kann der Frost bei Kübelpflanzen von allen Seiten angreifen. So friert der gesamte Ballen schon bei geringen Minusgraden durch und die Pflanzen können kein Wasser mehr aufnehmen. Das ist vor allem für immergrüne Laub- und Nadelgehölze gefährlich, denn diese verdunsten auch im Winter Wasser, das sie aus dem gefrorenen Boden nicht ersetzen können. Die im folgenden Frühjahr auftretenden Schäden werden dann fälschlich oft als Frostschäden bezeichnet. In Wirklichkeit handelt es sich aber um Trockenschäden. Um dieses Durchfrieren des Ballens zu verzögern, müssen vor allem dünnwandige Kübel und Container isoliert werden. Diese Isolierung führt gleichzeitig zu einer geringeren Aufheizung des Substrats im Sommer. Deshalb werden Wand und Boden (Abzugsloch offen lassen!) innen mit einer Isolierung ausgekleidet. Gut geeignet sind z. B. 0,5 bis 2,0 cm dicke Styroporplatten. Da sich diese Platten nicht biegen lassen, verwendet man bei runden Töpfen stattdessen dünne Thermopeten (0,3 bis 0,5 cm), die in mehreren Schichten übereinander gelegt werden, bis die erforderliche Stärke der Isolierung erreicht ist. Auf die Isolierung des Bodens kann bei ganz flachen Schalen oder Kübeln verzichtet werden, da sonst nicht genug Raum für das Substrat bleibt.

Dränmatte aus Recyclingkunststoff. Die Oberseite ist bereits werksseitig mit einem Vlies kaschiert worden.

Eine Vernässung des Substrats ist genauso schädlich wie eine zu starke Austrocknung. Für eine sichere Ableitung des überschüssigen Wassers sorgt die Dränschicht.

Als Material eignen sich alle sehr durchlässigen mineralischen Stoffe, wie Kies, Splitt, Blähton, Tonscherben und Lava. Auch Dränplatten, die normalerweise für die Bauwerksdränung eingesetzt werden, eignen sich als Dränschicht für Kübel. Sie haben den Vorteil, dass sie meist einseitig mit einem Kunstfaservlies kaschiert sind.

> Die Stärke der Dränschicht beträgt ungefähr ein Drittel bis ein Fünftel der Gesamthöhe des Pflanzgefäßes.

Das Vlies (Stärke 80 bis 150 g/m²) aus Kunstfaser dient als Filter und hat die Aufgabe, die Dränschicht vor dem Verschlämmen zu schützen. Ohne diese Filterschicht würden mit dem Gießwasser Feinteile aus dem Substrat in die Dränschicht eingespült. Die Dränwirkung

Kübel aus Muschelkalk mit Isolierung und Dränschicht aus Blähton.

würde dadurch stark verringert werden und im schlimmsten Fall ganz aufgehoben werden. Damit auch seitlich kein Substrat in die Dränschicht eindringen kann, muss das Vlies nicht nur die Dränschicht bedecken, sondern bis zum Rand hochgezogen werden. Am besten wird das Vlies zunächst so zugeschnitten, dass die Enden über den Rand des Gefäßes nach außen umgelegt werden können. Erst nach dem Einfüllen des Substrats wird es knapp unter dem Rand abgeschnitten. Damit es am Rand gut anliegt und nicht nachrutscht, kann man das Vlies am Rand des Kübels mit doppelseitigem Klebeband befestigen.

Der letzte Arbeitsschritt vor dem Pflanzen ist das Einfüllen des entsprechenden Substrats.

Alle Pflanzgefäße, die über ein Abzugsloch im Boden verfügen, müssen auf kleine „Füßchen" gestellt werden, damit das überschüssige Wasser ungehindert abfließen kann. Für die Perfektionisten unter den Kübelpflanzengärtnern gibt es inzwischen bei farbig glasierten Keramikgefäßen farblich passende Füße zum Unterlegen.

Aufbau mit Wasseranstau

Durch einen Aufbau mit Wasseranstau bzw. Wasservorrat können die Gießintervalle deutlich verlängert werden. Dazu wird das Abzugsloch im Boden verschlossen und stattdessen ein neues Loch in der Seitenwand gebohrt. Es dient als Überlauf. Beim Einfüllen der Dränschicht ist zu beachten, dass diese ca. 2 cm über die Oberkante des Überlaufs hinausreicht. Dieser Abstand garantiert, dass es zu keinem direkten Kontakt des Substrats mit dem Wasservorrat kommt und verhindert die Vernässung. Nach der Pflanzung wird so lange gegossen, bis das Wasser an der Überlauföffnung austritt. Die Pflanzen wachsen mit

Abb. 37 (links).
Das Abzugsloch in einem Trog mit Wasseranstau befindet sich in der Seitenwand, sodass sich in der Dränschicht Wasser stauen kann. Damit das Substrat nicht vernässt, muss die Oberkante der Dränschicht ca. 2 cm über der maximalen Wasserhöhe liegen.

Abb. 38 (rechts).
Das zusätzliche Abzugsloch direkt am Boden wird im Sommer zum Wasseranstau mit einem Stopfen verschlossen. Im Winter bleibt es jedoch offen.

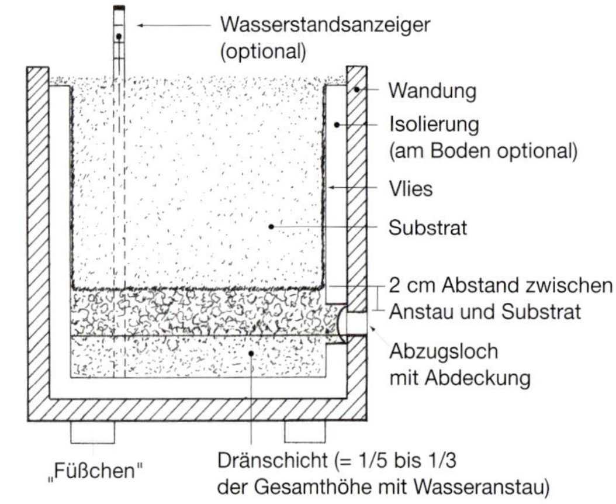

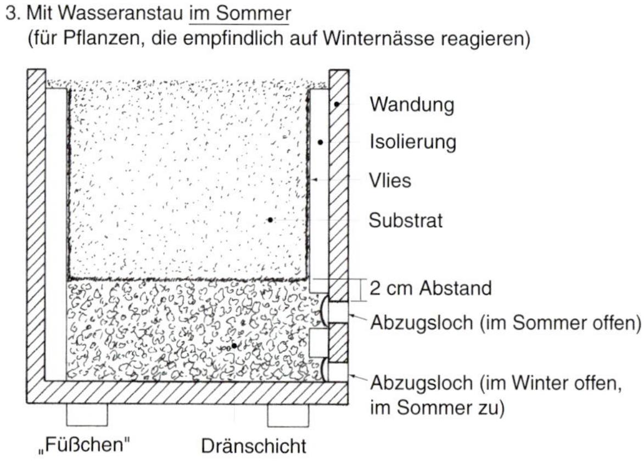

ihren Wurzeln durch das Vlies hindurch in die Anstauzone. Ein Wasserstandsanzeiger erleichtert die Kontrolle des Wasserspiegels. Da kein direkter Kontakt zwischen dem Substrat und dem Wasservorrat besteht, kann es passieren, dass das Substrat austrocknet, obwohl sich noch Wasser im Vorrat befindet. In diesen Fällen muss auch zwischendurch gegossen werden.

Für Pflanzen, die auf Winternässe empfindlich reagieren, kann der eben beschriebene Aufbau abgewandelt werden. Dazu wird in die Seitenwand direkt über dem Boden ein zweites Loch gebohrt. Dieses Loch wird während der Wachstumsperiode verschlossen, um einen Wasseranstau zu ermöglichen. In der Wachstumsruhe hingegen bleibt das untere Loch geöffnet, damit sich kein Wasser stauen kann.

Eine Weiterentwicklung des eben beschriebenen Systems mit Dochten stellt die halbautomatische Bewässerung mit Hilfe von Kapillarmatten dar, die von der Fa. Plantener angeboten wird. In einer Wasserwanne oder einem wasserdichten Gefäß wird ein Gitterkorb eingesetzt. Im unteren Drittel ist ein gelochter Zwischenboden eingebaut, der den Wasservorrat vom Substrat trennt. Der Gitterkorb wird mit Kapillarmatten ausgekleidet, die bis in die Wasserwanne reichen. Diese Matten saugen aus dem Vorratsbehälter Wasser auf und geben es bedarfsgerecht an das Substrat ab. Durch den Einfüllstutzen kann Wasser nachgefüllt werden. Dieses System findet häufig bei Großkübeln im öffentlichen Bereich Verwendung.

Im Handel werden Systeme mit Wasseranstau auch vorgefertigt angeboten. In der Regel handelt es sich um Kunststoffgefäße. Statt des Vlieses trennt ein fester Zwischenboden den Wasservorrat vom Substrat. In den Zwischenboden eingebaute Dochte leiten das Wasser aus dem Vorratsbehälter in das Substrat. Ein kleines, seitlich angebrachtes Sichtfenster ermöglicht die Kontrolle des Wasserstandes. Durch einen Einfüllstutzen kann der Wasservorrat aufgefüllt werden.

Wasserstandsanzeiger zur Kontrolle des Wasservorrats.

Substrate

Pflanzen, die in Töpfen, Trögen und Containern wachsen, müssen im Vergleich zu Freilandpflanzen mit einem extrem verkleinerten Wurzelraum auskommen. Bei dieser Situation kann man ohne Übertreibung von einem Extremstandort sprechen. Darüber hinaus muss in dem engen Wurzelraum die Versorgung der Pflanzenwurzeln mit Wasser,

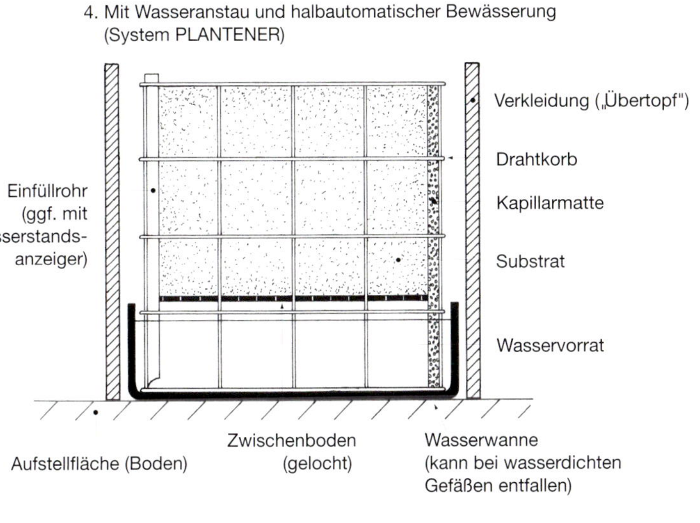

Abb. 39.
Trog mit Wasseranstau und halbautomatischer Bewässerung, System PLANTENER. Der Wasservorrat befindet sich in einer Wanne und kann über ein Einfüllrohr ergänzt werden. Der Zwischenboden verhindert den direkten Kontakt zwischen dem Substrat und dem Wasservorrat. Die Kapillarmatten saugen das Wasser auf und transportieren es in das Substrat.

> Die unterschiedlich großen Poren sollten so verteilt sein, dass auch bei voller Wassersättigung noch mindestens 10 % luftgefüllte Poren vorhanden sind (Luftkapazität). Besonders gute Substrate erreichen sogar Werte in Höhe von 30 %. Die Wasserkapazität, d. h. die maximale Haftwassermenge, sollte 20 bis 30 % betragen.

Nährstoffen und Sauerstoff gesichert sein. Dem Substrat kommt in dieser Situation für das gesunde Wachstum der Kübelpflanzen die entscheidende Rolle zu. Es ist im wahrsten Sinn des Wortes die Grundlage für das erfolgreiche Wachsen und Gedeihen der Pflanzen.

Mit der Einführung von Standardsubstraten (ab etwa 1950) verlagerte sich die Herstellung von der Gärtnerei hin zu industriellen Erdewerken (Industriesubstrate). Dort werden die Substrate aus Ausgangsstoffen mit definierten und gleich bleibenden Eigenschaften gemischt. Die Kontrolle der Rohstoffe sowie die ständigen Qualitätskontrollen im Verlauf der Produktion gewährleisten eine gleich bleibende Qualität.

Das Substrat soll den Pflanzen einerseits sicheren Halt geben, andererseits Wasser und Nährstoffe speichern und bei Bedarf wieder abgeben können. Die Einhaltung bestimmter physikalischer und chemischer Eigenschaften des Substrats ist die Voraussetzung, um diese Funktionen erfüllen zu können. Die gewünschten Eigenschaften müssen durch die richtige Mischung der einzelnen Substratkomponenten eingestellt werden, denn sie lassen sich, von ganz wenigen Ausnahmen abgesehen, später nicht mehr wesentlich verändern. Im Vergleich zu einem normalen Gartenboden muss ein Substrat eine deutlich höhere Speicherfähigkeit für Luft und Wasser aufweisen, da, wie bereits erwähnt, der Wurzelraum in einem Trog stark eingeschränkt ist. Außerdem soll es sich durch ein hohes Nährstoffspeicherungsvermögen auszeichnen, den pH-Wert puffern und strukturstabil sein.

Zu den physikalischen Bodeneigenschaften zählen: Porenvolumen, Luftkapazität sowie Wasserspeicherfähigkeit und -abgabe. Beim Volumen eines Substrates unterscheidet man das Substanzvolumen und das Porenvolumen. Das Substanzvolumen umfasst das Volumen der organischen und mineralischen Substanz. Das Porenvolumen bezeichnet das Volumen der luft- oder wassergefüllten Poren. Je nach Größe unterscheidet man zwischen Grob-, Mittel- und Feinporen. Die meist luftgefüllten Grobporen sind wichtig für die zuverlässige Luftversorgung der Wurzeln. Die Mittelporen hingegen enthalten das für die Pflanzen verfügbare Haftwasser. Bei fortschreitender Austrocknung des Bodens füllen sich diese Poren zunehmend mit Luft. Die Feinporen schließlich enthalten das für die Pflanzen nicht verfügbare so genannte „Totwasser“. Das richtige Verhältnis der einzelnen Porenarten sowie deren dauerhafte und nachhaltige Strukturstabilität ist entscheidend für die Wasser- und Luftversorgung der Wurzeln.

Zu den chemischen Bodeneigenschaften zählen: Verfügbarer Nährstoffgehalt, pH-Wert, Pufferkapazität und Salzgehalt. Die im Substrat enthaltenen Nährstoffe müssen einerseits so fest gebunden sein, dass sie nicht ausgewaschen werden, andererseits sollen sie der Pflanze in leicht aufnehmbarer Form zur Verfügung stehen. Substrate mit Tonanteilen erfüllen diese Forderungen am besten, denn Tonminerale, vor allem Untergrundtone, adsorbieren die wichtigsten Nährstoffe besonders gut. Der pH-Wert ist eine Maßzahl für die Wasserstoff-Ionen-Ak-

tivität im Boden. Er kennzeichnet die saure, neutrale oder alkalische Reaktion des Bodens. Die Spannweite der Werte reicht von 1 bis 14, wobei ein pH-Wert von 7 eine neutrale Reaktion bezeichnet. Böden mit pH-Werten unter 7 werden als sauer und solche mit Werten über 7 als alkalisch bezeichnet.
In industriell hergestellten Substraten liegt er in der Regel im schwach sauren Bereich um pH 6. Dieser Wert bietet für den größten Teil der Kulturpflanzen gute Wachstumsbedingungen. Sonderkulturen verlangen deutlich tiefere oder aber auch höhere pH-Werte (zwischen 4,5 und 7,5). Stärkere Schwankungen des pH-Wertes im Substrat sind für die Pflanzen schädlicher als ein nicht ganz optimaler pH-Wert.

Die Pufferung eines Substrats bezeichnet dessen Fähigkeit, solchen Schwankungen, verursacht durch Einflüsse von außen, Widerstand entgegenzusetzen. Ton und huminstoffreiche Torfe besitzen eine gute Pufferkapazität. Der pH-Wert beeinflusst die Beweglichkeit und Aufnahmefähigkeit der Nährstoffionen. Es ist deshalb wichtig, die Ansprüche der verwendeten Pflanzen an den pH-Wert zu kennen, da es sonst zu Mangelerscheinungen durch eine gestörte Nährstoffaufnahme kommen kann.

Neben den vorher aufgezählten physikalischen und chemischen Eigenschaften dürfen alle Substrate keine wachstumshemmenden Stoffe, z. B. Schwermetalle, enthalten. Außerdem müssen sie frei sein von Unkräutern, Schädlingen und Krankheiten. Selbstverständlich dürfen sie auch keine Reste von Metall, Kunststoff, Glasscherben usw. enthalten.

Der pH-Wert muss bereits beim Mischen des Substrates richtig eingestellt werden. Durch Zugabe von kohlensaurem Kalk kann der pH-Wert eines Substrats erhöht und durch die Zugabe von Torf erniedrigt werden.

Substratkomponenten

Die wichtigsten Komponenten für Substrate werden nachfolgend beschrieben. Vor allem für diejenigen, die Substrate selber mischen wollen, ist es wichtig, die Eigenschaften der einzelnen Komponenten zu kennen. Dieses Wissen hilft aber auch, fertige Substrate hinsichtlich ihrer Verwendung einzuschätzen.

Weißtorf ist wenig zersetzter Hochmoortorf. Er ist nährstoffarm und besitzt einen pH-Wert um 3. Durch sein hohes Porenvolumen hat er ein hohes Wasserhaltevermögen bei guter Durchlüftung und gleichzeitig hoher Sorptionskapazität für Nährstoffionen. Die Strukturstabilität lässt bereits im zweiten Jahr stark nach, da Torf dem mikrobiellen Abbau unterliegt. Aufgrund seiner guten Eigenschaften ist Torf immer noch der wichtigste Grundstoff für Substrate. Die Torfvorräte sind allerdings begrenzt. Neue Abbaugenehmigungen werden aus Gründen des Naturschutzes (BNatSchG § 20 ff.) nicht mehr erteilt, da beim Abbau wertvolle Feuchtgebiete mit einer hoch spezialisierten Tier- und Pflanzenwelt vernichtet werden. Die bisher entwickelten Ersatzstoffe können den Hochmoortorf allerdings gegenwärtig noch nicht vollständig ersetzen.

Schwarztorf ist nicht so strukturstabil wie Weißtorf und neigt zur Verschlämmung. In ungünstigen Fällen kann es zu Staunässe und

Wurzelschäden durch Sauerstoffmangel kommen. Allerdings hat er eine höhere Austauschkapazität für Nährstoffionen. Er verbessert deshalb die Nährstoffbevorratung und vermeidet gleichzeitig die Nährstoffauswaschung.

Kompost ist als Substratbestandteil grundsätzlich geeignet. Er besitzt eine gute Wasser- und Sorptionskapazität sowie eine befriedigende Luftkapazität. In Abhängigkeit von den Ausgangsstoffen und dem Rotteprozess schwankt seine Qualität allerdings stark. Da an die Qualität von Substratkomposten besonders hohe Anforderungen gestellt werden, hat die Bundesgütegemeinschaft Kompost Qualitätskriterien und Güterichtlinien für Substratkomposte erarbeitet (Gütezeichen RAL „Kompost"). Der Kompost muss vollkommen durchgerottet (Rottegrad V) und die Fremdstoff- und Steinanteile müssen besonders niedrig sein. Die geforderten Nährstoff- und Salzgehalte für einen Mischkomponentenanteil von 20 % und 40 % sind in der folgenden Tabelle zusammengestellt.

Bei einer Verwendung von Kompost als Substratbestandteil sollte man sich vorher vergewissern, dass die in der Tabelle genannten Werte eingehalten werden.

Rindenhumus ist zerkleinerte und fermentierte (kompostierte) Rinde mit oder ohne Nährstoffzusatz. Meistens handelt es sich um Fichten- oder Kiefernrinde. Auch Rindenhumus ist durch die Gütegemeinschaft Substrate für Pflanzenbau gütegesichert (Gütezeichen RAL „Rinde für Pflanzenbau"). Am besten eignet sich die Absiebung 0 bis 15 mm. Sie bietet hohe Kultursicherheit. Rindenhumus eignet sich gut zum teilweisen Ersatz von Torf. Dabei muss beachtet werden, dass der Rindenhumus zwar eine gute Luftkapazität besitzt, aber sein Wasserhaltevermögen geringer ist als das von Torf. Dafür ist jedoch das Puffervermögen gegenüber pH-Wert-Schwankungen sehr gut. Außerdem besitzt er eine höhere Sorptionskapazität als Torf.

Ton, z. B. Bentonit (Tonmehl), hat ein hohes Nährstoffadsorptionsvermögen. Er verbessert somit den Nährstofffluss und vermindert die Gefahr von Salzschäden durch Überdüngung. Außerdem wirkt Ton regulierend auf den Wasserhaushalt und verringert den Benetzungs-

Tab. 4. Grenzwerte für gütegesicherte Substratkomposte (Fischer 2000)

Gehalte (Extraktion)	Anteil in der Mischung	
	bei 20 Vol.-% Kompost	bei 40 Vol.-% Kompost
wasserlösliche Salze (g/l)	< 5,0	< 2,5
N ($CaCl_2$) (mg/l)	< 600	< 300
P_2O_5 (CAL) (mg/l)	< 2400	< 1200
K_2O (CAL) (mg/l)	< 4000	< 2000
Na (H_2O) (mg/l)	< 500	< 250
Cl (H_2O) (mg/l)	< 1000	< 500

widerstand des Substrats nach dem Austrocknen. Um die optimale Wirkung zu erzielen, muss der Ton im Substrat sehr fein verteilt sein. Bei selbst hergestellten Mischungen gelingt das am besten mit Tongranulat oder Bentonit.

Sand als Substratbestandteil verbessert in bindigen Mineralböden die Dränage. In Kombination mit organischem Material verdichtet der Sand und senkt die Luftkapazität. Wegen seiner pH-erhöhenden Wirkung darf er keinen freien Kalk (Calciumcarbonat) enthalten. Das hohe Schüttgewicht des Sandes erhöht das Raumgewicht des Substrats und verbessert damit die Standfestigkeit der Kübel.

Lehm ist ein Gemisch aus Sand, Schluff und Ton. Auf dieser Kombination beruhen auch seine günstigen Eigenschaften. Lehmzugaben erhöhen die Wasserkapazität und verringern die Luftdurchlässigkeit des Substrats. Gleichzeitig erhöhen sie das Raumgewicht des Substrats.

Blähton und Blähschiefer werden aus blähfähigem Ton, der bei 1150 °C gebrannt wird und sich durch die explosionsartige Wasserverdunstung aufbläht, hergestellt. Durch die Beimengung von Blähton erhöht sich der Grobporenanteil und damit auch der Lufthaushalt. So können günstige physikalische Substrateigenschaften über Jahre erhalten werden. Das Wasseraufnahmevermögen ist nur gering. Gebrochener Blähton weist eine etwas höhere Luft- und Wasserkapazität auf. Da der Ton beim Blähen seine Austauschkapazität verliert, verringert ein hoher Anteil von Blähton im Substrat dessen Nährstoffhaltevermögen. Von den verschiedenen Korngrößenklassen werden am häufigsten die Größenklassen 2 bis 4 mm und 4 bis 8 mm verwendet. Man sollte in jedem Fall nur geprüfte Qualitäten verwenden (keine Baustoffware, die als Zuschlagstoff für Beton und andere Baustoffe vorgesehen ist!).

Perlite werden aus vulkanischem Gestein durch schockartiges Erhitzen auf 1000 bis 1200 °C hergestellt. Beim Erhitzen vergrößert sich das Volumen auf das 10- bis 20fache des Ausgangsvolumens. Es ist ein sehr leichtes, poröses, weißes bis grauweißes Granulat mit sehr hohem Porenvolumen. Perlite sind physiologisch neutral und verrotten nicht. Allerdings sind sie empfindlich gegen mechanische Beanspruchung. Sie verbessern den Lufthaushalt des Substrats. Durch frei werdende Aluminiumionen kann es in Substraten mit einem pH-Wert unter 5 zu Pflanzenschäden kommen. Perlit wird in verschiedenen Standardkörnungen gehandelt. Empfehlenswert ist die Körnung 2 bis 4 mm.

Styromull ist ein aufgeschäumter Polystyrolkunststoff. Der hohe Porenanteil in Höhe von 95 % führt allerdings zu keiner Erhöhung der Luft- und Wasserkapazität, denn diese Poren sind weitestgehend geschlossen. Das Material ist chemisch inaktiv. Es gibt weder Nährstoffe ab, noch absorbiert es welche. Eine Beimischung von Styromull erhöht zwar die Wasserdurchlässigkeit des Substrats, verringert aber die Wasserkapazität. Da es nicht verrottet und relativ druckunempfindlich ist, kann es die Durchlüftung dauerhaft verbessern.

Industrieerden

Der bereits beschriebene Trend zu Einheitserden kehrt sich seit etwa zehn Jahren wieder um. Die Substrathersteller bieten nicht nur dem Profigärtner, sondern auch im Hobbybereich eine ganze Reihe von Spezialsubstraten an. Erfreulicherweise gibt es inzwischen auch Kübelpflanzenerden, die speziell auf die Bedürfnisse sowohl winterharter als auch nicht winterharter Stauden und Gehölze in Kübeln abgestimmt sind. Normale Blumenerden, wie sie üblicherweise für Sommerblumen verwendet werden, sind für diesen Zweck nicht geeignet. Der Hauptbestandteil ist Torf, der mikrobiell abgebaut wird. Damit verschlechtert sich jedoch die Porenraumgliederung, was zu Verdichtungen im Substrat führt. Neben den allgemeinen Anforderungen an ein Substrat muss eine Kübelpflanzenerde vor allem noch über eine langfristige Strukturstabilität verfügen. Das wird erreicht, indem ein Teil der organischen Substanz durch mineralische und poröse Zuschlagstoffe ersetzt wird, z. B. Lava, Ziegelsplitt oder Bims. Je nach Rezeptur der verschiedenen Hersteller beträgt der Anteil dieser Zuschlagstoffe zwischen 10 und 40 %. Es besteht auch die Möglichkeit, sich aus 80 Vol.-% normaler Blumenerde und 20 Vol.-% eines mineralischen Zuschlagstoffes (z. B. Blähton, Blähschiefer, Perlite, Lava) selbst ein Substrat zur Trogbepflanzung zu mischen.

Gütesicherung

Gütezeichen.

Die RAL-Gütesicherung für Blumenerden ist im Juni 2000 erschienen (RAL-GZ 255). Blumenerden im Sinn dieser Güte- und Prüfbestimmungen sind „... definiert aufgekalkte und/oder aufgedüngte Mischungen aus substratfähigen Materialien. ... Die Anwendung erfolgt ausschließlich durch den privaten Endverbraucher (Hobbybereich)".

Erden und Substrate, die das Gütezeichen führen dürfen, müssen den in den „Güte- und Prüfbestimmungen" festgelegten Kriterien entsprechen. Prüfmerkmale sind sowohl physikalische als auch chemische und biologische Eigenschaften des Substrats. Die Einhaltung der Bestimmungen wird durch monatliche Fremduntersuchungen in neutralen, von der Gütegemeinschaft akkreditierten Laboratorien überprüft.

Die gütegesicherten Erden bieten dem Verbraucher die Gewähr, dass das Substrat den besonderen Qualitätsanforderungen auch entspricht. Man kauft also nicht die sprichwörtliche „Katze im Sack", sondern ein Produkt mit festgelegten Eigenschaften. Somit wird die Anwendersicherheit durch die Gütesicherung erhöht. Die Mitgliedschaft in der Gütegemeinschaft ist für die Hersteller freiwillig. Daher werden nicht alle Hersteller das Gütezeichen für ihre Erden beantragen. Die dafür genannten Gründe sind unterschiedlich. Einige wollen wohl weiter Erden für Sonderangebotsaktionen des Handels produzieren. Diese Erden, die z. B. für 0,79 Euro je 20-Liter-Beutel angeboten werden, können jedoch keine hohen Qualitätsanforderungen erfüllen.

Das sollte jedem Gärtner, der derartige Sonderangebote kauft, bewusst sein. Andere Hersteller verweisen im Gegensatz dazu auf ihre eigenen strengen Qualitätsanforderungen, die ihrer Meinung nach strenger und besser sind als diejenigen der Gütegemeinschaft.

Die Gütesicherung bietet eine Orientierungshilfe für denjenigen, der unter Umständen ratlos vor der Fülle von Substraten der unterschiedlichen Hersteller steht, die in Gärtnereien, Baumärkten usw. angeboten werden. Auf der anderen Seite sind nicht alle Substrate ohne Gütezeichen schlecht. Wer über Jahre mit dem Substrat „seines" Herstellers gute Erfahrungen gemacht hat, kann dieses auch weiterhin beruhigt verwenden – selbst wenn es kein Gütezeichen trägt.

Im Jahr 2000 trat die neue europäische „Norm zur Volumenbestimmung von Bodenverbesserungsmitteln und Substraten" (EN 12580) in Kraft. Aus den deklarierten 80 Litern je Kunststoffsack nach der alten Norm werden jetzt 70 Liter nach der neuen Norm. Für den Anwender bleibt dabei das maßgebliche Gebrauchsvolumen gleich. Die Bundesvereinigung der Torf- und Humuswirtschaft empfiehlt als Reaktion auf die neue Norm für den Hobbybereich folgende Verpackungsgrößen: 10, 20, 45 und 70 Liter.

Rezepte für Eigenmischungen

Wer den Industrieerden trotz Gütesicherung nicht vertraut und über die entsprechenden Ausgangsstoffe verfügt, kann seine Substrate natürlich auch selber mischen. Das ist dann sinnvoll, wenn Pflanzen mit besonderen Ansprüchen kultiviert werden sollen, z. B. anspruchsvolle Steingartenstauden. Es ist wichtig, dass alle Komponenten gut und gründlich miteinander gemischt werden. Das ist am besten mit einem Zwangsmischer zu erreichen. Wer nicht über einen Mischer verfügt, muss – nach alter Gärtnersitte – die Ausgangsstoffe durch dreimaliges Umsetzen mischen. KAWOLLEK (1995) führt die nebenstehenden vier Praxismischungen für selbst hergestellte Substrate an, die sich bei ihm in der Kultur von nicht winterharten Kübelpflanzen bewährt haben. Diese Mischungen entsprechen aber auch den Bedürfnissen von winterharten Kübelpflanzen.

Nach dem Mischvorgang muss eine Nährstoffanalyse durchgeführt und der pH-Wert bestimmt werden. Beim Nährstoffgehalt kann man sich an den Werten orientieren, die für Industrieerden gelten. Fehlende Nährstoffe müssen zugegeben werden. Danach ist noch einmal gründlich zu mischen, um die Nährstoffe gleichmäßig zu verteilen.

Falls es sich bei der vorgesehenen Bepflanzung um stark zehrende Arten handelt, sollte man sich an den hohen Werten orientieren. In allen anderen Fällen reichen die niedrigen Werte aus. Die Pflanzen in Trögen und Containern sollen einerseits zwar gut ernährt sein, andererseits aber auch nicht zu einem zu starken Wachstum angeregt werden. Sie müssen sonst nur in kurzen Abständen umgetopft werden, weil sie zu schnell aus ihren Trögen „herauswachsen".

Der pH-Wert muss nach den Bedürfnissen der Pflanzen eingestellt

Mischung 1:
40 Vol.-% Lehm
40 Vol.-% Weißtorf
20 Vol.-% Sand

Mischung 2:
40 Vol.-% Kompost
20 Vol.-% Lehm
30 Vol.-% Weißtorf
10 Vol.-% Perlite oder Blähton

Mischung 3:
60 Vol.-% Lehm
20 Vol.-% Kompost
20 Vol.-% Weißtorf

Mischung 4:
50 Vol.-% Weißtorf
25 Vol.-% Kompost
15 Vol.-% Lehm
10 Vol.-% Sand

Tab. 5. Richtwerte für die Gehalte an Hauptnährstoffen und löslichen Salzen in torfreichen Substraten (Hoffmann 1997)

Aufdüngung	Salze (g/l)	Stickstoff N (mg/l)	Phosphor P_2O_5 (mg/l)	Kalium K_2O (mg/l)	Magnesium (mg/l)
niedrig	< 2,0	50–250	50–120	50–240	30–110
hoch	< 3,0	250–450	80–240	150–340	100–200

werden. Das sollte bereits bei der Zusammenstellung der verschiedenen Ausgangsstoffe berücksichtigt werden. Durch eine gezielte Auswahl lässt sich der pH-Wert bereits beim Mischen in die gewünschte Richtung lenken, sodass in der fertig gemischten Erde u. U. nur noch kleine Korrekturen nötig sind. In Substraten auf Torfbasis ist der pH-Wert oft zu niedrig. Durch die Zugabe von fein vermahlenem kohlensauren Kalk lässt er sich auf den gewünschten Wert erhöhen. Fein vermahlener Kalk hat den Vorteil, dass sich der gewünschte pH-Wert schon sehr schnell nach dem Einmischen einstellt. Der Kalkbedarf hängt vom Zersetzungsgrad des verwendeten Torfs ab. Schwach zersetzter Weißtorf benötigt meist nur 3 bis 4 kg Kalk je m^3. Stark zersetzte Schwarztorfe hingegen erfordern häufig 8 bis 10 kg je m^3.

Mischung für Alpen- und Gebirgspflanzen:
4 Teile Torfkultursubstrat I (TKS I)
1 Teil gewaschener Sand (Betonsand)
0,5 Teile Bentonit-Tonmehl

Mischung für Felspflanzen:
4 Teile TKS I
2 Teile gewaschener Sand (Betonsand)
1 Teil Gesteinsmehl (Gesteinsgrus)

Mischung für Moorbeetpflanzen:
2 Teile „Mischung für Alpen- und Gebirgspflanzen"
3 Teile Rhodohum

Die vier genannten Mischungen sind für so genannte „Allerweltspflanzen" geeignet, die keine besonderen Ansprüche besitzen. Einige Pflanzengruppen haben aber spezielle Ansprüche an das Substrat. Dazu gehören die Alpen- und Gebirgspflanzen sowie die Moorbeetpflanzen (z. B. Rhododendron, *Kalmia*, *Pieris* usw.). Für diese Spezialisten sind nebenstehend noch drei Mischungsrezepte genannt, die sich im Alpengarten Pforzheim bewährt haben.

Die hochalpinen Pflanzen sind besonders gegen Winternässe empfindlich. Am Naturstandort fließt das Wasser in Felsritzen schnell ab. Das Substrat muss also noch durchlässiger sein und vor allem an der Oberfläche schnell abtrocknen. Hierfür hat sich die Mischung für Felspflanzen bewährt.

Diese Mischung kann durch weitere Zuschläge, wie gebrochenen Blähton, gewaschenen Bimskies, Lava usw., den speziellen Bedürfnissen der vorgesehenen Pflanzenarten noch besser angepasst werden.

Für Moorbeetpflanzen, die einen stark humosen und sauren Boden verlangen, ist die im unteren Kasten aufgeführte Mischung geeignet. Rhodohum ist ein seit Jahren bewährtes Substrat zur Bodenvorbereitung für Moorbeetpflanzungen. Es darf allerdings nicht in reiner Form verwendet werden, da es zu stark gedüngt ist. Es muss immer zu etwa gleichen Teilen mit Torf, anderen Substraten oder Pflanzlochaushub gemischt werden.

Mineralische Substrate

Neben der Verwendung „normaler" Erden gibt es noch die Möglichkeit, Pflanzen in rein mineralischen Substraten zu kultivieren. Sowohl

Blähton, der aus der Hydrokultur bekannt ist, als auch Seramis werden aus gebranntem Ton hergestellt. Sie unterscheiden sich in ihren Eigenschaften ganz erheblich von Substraten auf Torfbasis. Sie sind:

- anorganisch, rein mineralisch,
- biologisch und chemisch neutral,
- strukturstabil,
- geruchlos,
- unempfindlich gegen Fäulnis und Zersetzung,
- frei von Krankheitserregern,
- wasserspeichernd und -führend,
- deutlich leichter als normale Substrate, ca. 400 bis 500 g/m^3,
- pH-Wert-neutral (ca. pH 7) und sie sorgen für eine gute Durchlüftung.

Durch den Brennprozess verliert der Ton allerdings seine chemische Pufferkapazität. Das bedeutet, dass in der Wachstumsphase ständig Nährstoffe zugeführt werden müssen. Am einfachsten geschieht das über eine Bewässerungsdüngung oder durch die Verwendung eines Langzeitdüngers (s. Kap. Pflege, Seite 136ff.). Der Aufbau im Pflanzgefäß ist in Abbildung 41 dargestellt.

Er entspricht im Wesentlichen dem bereits beschriebenen Aufbau 2 mit Wasseranstau (s. Seite 106, Trog mit Wasseranstau). Da das ganze Gefäß mit einem Substrat gefüllt wird, entfallen das Vlies als Trennschicht sowie der Abstand zwischen dem Wasseranstau und dem Substrat. Das Pflanzgefäß muss selbstverständlich wasserdicht sein oder einen wasserdichten Inneneinsatz besitzen. Normale Töpfe mit einem Abzugsloch im Boden eignen sich ebenso, sofern das Abzugsloch abgedichtet wird. Als Überlauf wird seitlich in etwa 1/5 der Höhe des Gefäßes eine Überlauföffnung gebohrt. Zur Pflanzung wird das Gefäß mindestens zu 2/5 der Gefäßhöhe mit dem mineralischen Substrat gefüllt. Auf jeden Fall muss das Substrat 5 bis 25 cm über Anstauhöhe eingefüllt werden, damit die Wurzelballen nicht direkt mit dem Wasseranstau in Berührung kommen. Die Pflanzen werden mit den Erdballen eingesetzt und die Zwischenräume mit Substrat gefüllt. Jetzt wird das Wasserreservoir aufgefüllt.
Nach 24 Stunden muss noch einmal nachgefüllt werden, da der Wasserstand durch den kapillaren Aufstieg abgesunken ist. In den folgenden vier bis sechs Wochen, bis die Pflanzen mit ihren Wurzeln das Reservoir erreicht haben, sind die Ballen ausreichend feucht zu halten. Der Wasserverbrauch in der Folgezeit ist abhängig von der Behältergröße, dem Klima und den Pflanzenarten. Ein Wasserstandsanzeiger erleichtert die Kontrolle.

Die mineralischen Substrate werden in zwei Formen im Handel angeboten. Beim ersten Substrat handelt es sich um Blähton, der bereits bei den Substratkomponenten beschrieben worden ist. Soll

Abb. 41.
Bei der Verwendung von mineralischen Substraten muss immer der Aufbau mit Wasseranstau gewählt werden. Auf ein Vlies als Trennung kann verzichtet werden, da für das Substrat und die Dränschicht dasselbe Material verwendet wird.

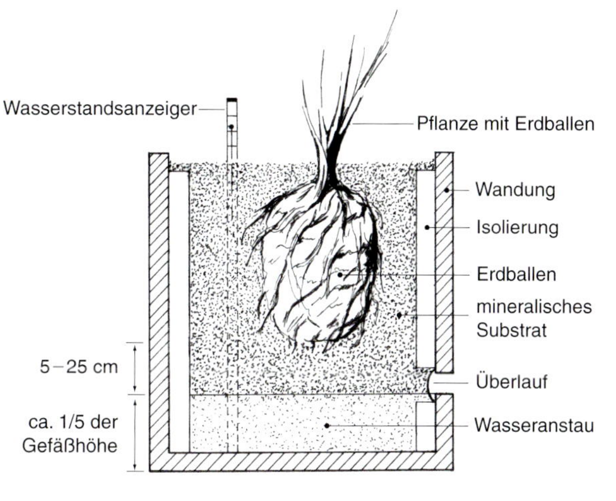

reiner Blähton als Substrat verwendet werden, so müssen die Kugeln vorher gebrochen werden. Dabei wird das poröse „Innenleben" der Körner sichtbar. Diese gebrochenen Blähtonkörner werden unter dem Handelsnamen „MultiSubstrat" im Fachhandel angeboten. Die Standardkörnung für die Außenbegrünung ist 2 bis 8 mm. Sonderkörnungen für spezielle Anwendungen sind möglich.

Das andere Substrat wird unter dem Namen „Seramis" verkauft. Es handelt sich dabei ebenfalls um gebrannten Ton. Im Gegensatz zu Blähton ist er ohne Nachbearbeitung offenporig. Er besitzt eine höhere Wasserkapazität als Blähton und eine gute Kapillarität. Die Wasserverteilung im Pflanzgefäß ist deshalb auch bei punktuellem Gießen sehr gut. Leider ist dieses Substrat verhältnismäßig teuer.

Seit November 2002 gibt es auch eine RAL-Gütesicherung für Blähton. Diese Gütesicherung gibt dem Anwender eine größere Sicherheit bei der Verwendung. Die Produkte der einzelnen Hersteller durchlaufen derzeit die Phase der Zertifizierung. Die ersten zertifizierten Blähtone werden Mitte 2003 in den Handel kommen.

Rankhilfen

Installationen am Haus, z. B. Blitzableiter oder Regenfallrohre, dürfen nicht als Kletterhilfen verwendet werden. Sie könnten durch die Pflanzen beschädigt werden.

Kletterpflanzen lassen sich in Verbindung mit Kübeln und Containern vielseitig verwenden. Sie benötigen für eine artgerechte Entwicklung allerdings ausreichend Wurzelraum sowie eine Kletterhilfe, die an ihre Klettertechnik angepasst ist (s. Seite 44). Man sollte darauf achten, dass das Material der Rankhilfe nicht nur zur Klettertechnik der vorgesehenen Pflanze, sondern auch zum Kübel passt. Zu Holzkübeln passen vom Stil her sicher Holzspaliere am besten, während für einen schlichten Kübel aus Faserzement eher ein Rankgitter aus Metall in Betracht kommt. Einige Hersteller von Holz-, Faserzement- und Metallkübeln bieten diese bereits mit fertig montierten Rankgittern an.

Eine Fassadenbegrünung mit Kübelpflanzen ist recht einfach: Der „normale" Kübel steht vor der Wand und die Rankhilfen sind direkt an der Wand befestigt. Schwieriger ist es, wenn die Rankhilfen am Kübel selbst angebracht sein sollen. In diesen Fällen ist es wichtig, dass die Rankhilfen gut am oder im Kübel befestigt werden, damit sie beim Umstellen nicht umfallen und die Pflanzen beschädigen. Außerdem besitzen gut entwickelte Kletterpflanzen ein beachtliches Gewicht, das oft unterschätzt wird. Zudem bietet ein dicht bewachsenes Spalier dem Wind eine große Angriffsfläche. Die Rankhilfen sollten also mit der Wand oder dem Boden des Pflanzgefäßes fest verbunden sein. Eine Befestigung an der Oberkante allein reicht nicht aus. Die Rankhilfe sollte bis zum Boden des Gefäßes reichen. Auf diese Art kann sie sich an der Gefäßwand „anlehnen". Rankhilfen, die mittig im Kübel stehen sollen, werden entsprechend am Boden befestigt.

Am einfachsten ist bei nachträglich angebrachten Rankhilfen sicher die Befestigung in Holzkübeln. Auch in dickwandigen Naturstein- und Betonkübeln lassen sie sich mit Hilfe von Dübeln noch verhältnis-

Der Jasmin (Jasminum nudiflorum) klettert in einem Zylinder aus verzinktem Baustahlgewebe.

mäßig einfach montieren. Notfalls kann man auch die Wandung durchbohren und Gewindeschrauben verwenden. Schwierig wird es bei Keramik- und Kunststoffgefäßen, wenn der Hersteller keine Rankhilfen mit Befestigungsmaterial anbietet. Hier werden von einigen Herstellern Rankgerüste angeboten, die einfach auf die Oberseite der Seitenwände gestellt werden. Das ist allerdings im wahrsten Sinn des Wortes eine „wackelige" Angelegenheit. Eine sicherere Alternative ist es, wenn eine Platte (mit Abzugslöchern!) auf den Boden des Gefäßes gelegt wird, die genau der Größe des Bodens entspricht. Statt der Platte wäre auch ein Rahmen aus Winkelprofilen denkbar. An dieser Platte oder diesem Rahmen wird dann die eigentliche Rankhilfe befestigt. Die Stabilität resultiert aus der Beschwerung der Platte durch das Substrat sowie deren genauer Passform, die nur wenig Bewegung zulässt.

Die gestalterischen Möglichkeiten sind damit aber noch nicht erschöpft. Es muss nicht immer nur ein einzelner Kübel mit einer einzel-

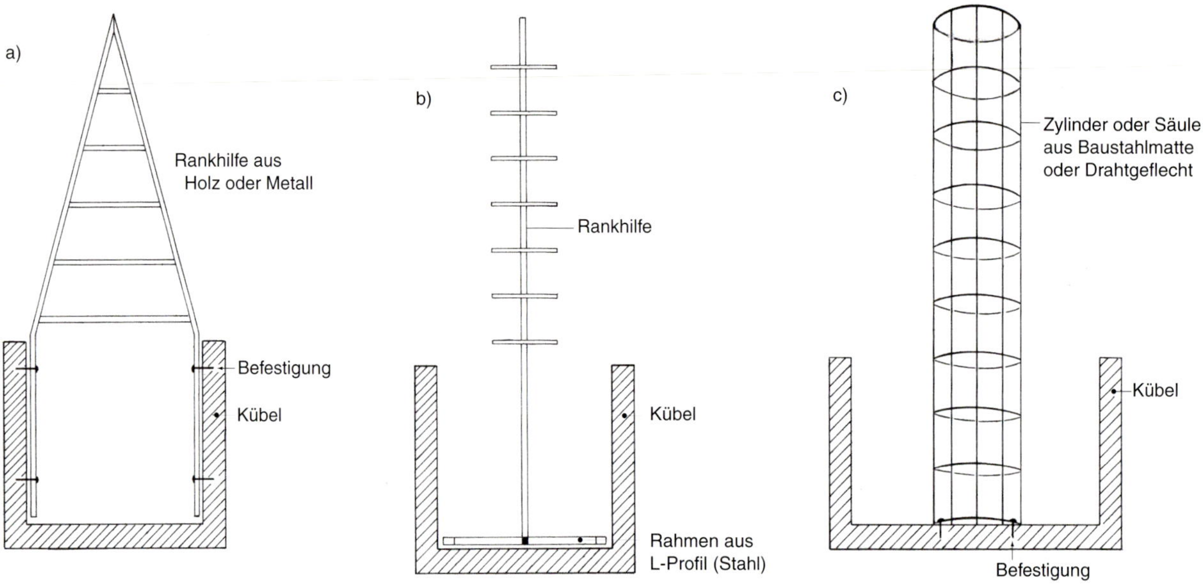

Abb. 42.
Kübel mit Rankhilfe.
a) Die Rankpyramide wird an der Innenseite des Kübels verschraubt.
b) Die Rankhilfe ist mit einem Rahmen verbunden, der genau in den Kübel passt. Diese Befestigungsart eignet sich für alle Kübel, in deren Wandung keine Schrauben zur Befestigung möglich sind.
c) Der Zylinder aus einer Baustahlmatte oder stabilem Drahtgeflecht wird am Boden des Kübels befestigt. Er kann sowohl an der Innen- als auch an der Außenseite bepflanzt werden.
d) Das Rankgitter wird an der Rückseite des Kübels verschraubt.
e) Mehrere Kübel sind über Rankbögen miteinander verbunden.

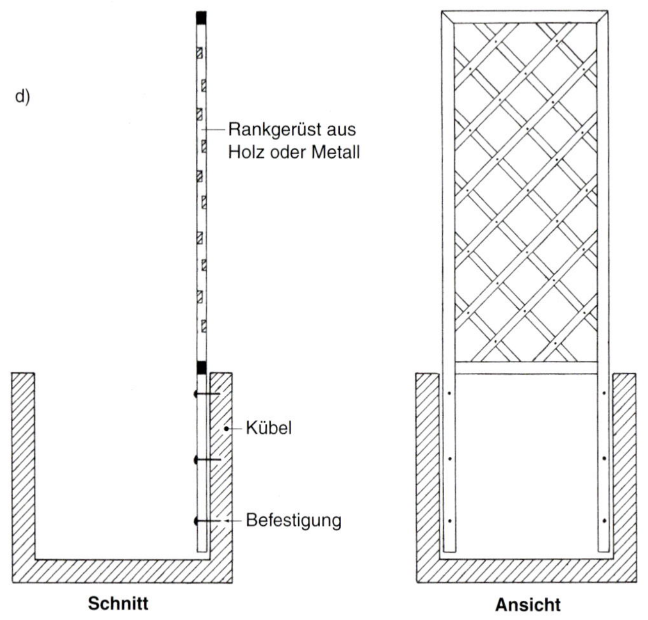

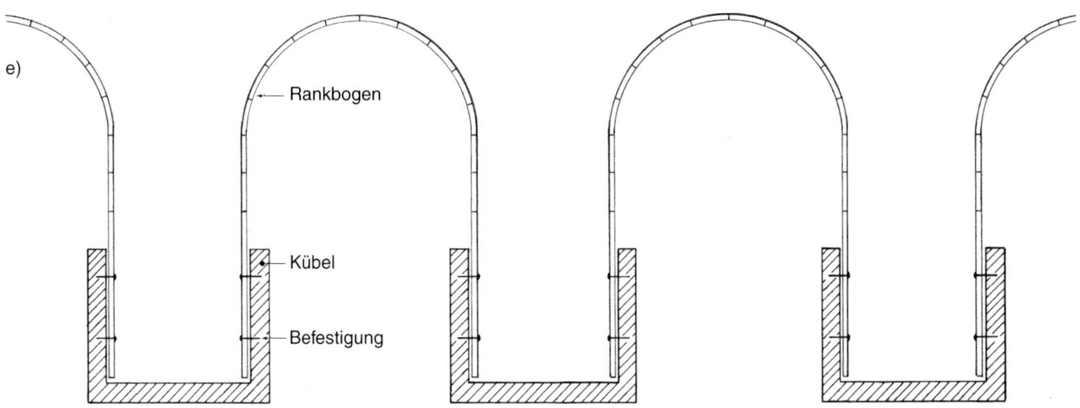

nen Rankhilfe sein. Es ist ebenso gut möglich, zwei oder mehrere Kübel durch einen oder mehrere Rankbögen zu verbinden. Dadurch können dann auch Abgrenzungen in den verschiedensten Formen und Strukturen entstehen.

Pflanzen

Die Pflanzenqualität spielt für den Erfolg einer Kübelbepflanzung eine ganz entscheidende Rolle. Kranke, schwache oder durch die Konkurrenz von Unkraut bedrängte Pflanzen können den Erfolg der gesamten Bepflanzung zunichte machen. Für die Gestaltung eines Kübels werden in aller Regel Pflanzen nur in geringen Stückzahlen und kleinen Größen benötigt. Damit fällt der Mehrpreis für qualitativ hochwertige Pflanzen nicht groß ins Gewicht. Das wird vor allem dann deutlich, wenn man den Preis für die Pflanzen den Kosten für das Pflanzgefäß und das Substrat gegenüberstellt.

Der Kauf von Pflanzen ist Vertrauenssache. Auch dem Fachmann fällt es oft schwer, die Qualität einer Pflanze richtig zu beurteilen. Beim Einkauf in einer Baumschule oder Gartenbaumschule, die Mitglied im Bund deutscher Baumschulen (BdB) ist, kann man darauf vertrauen, dass die dort gekauften Gehölze den Qualitätskriterien entsprechen. Gleiches gilt sinngemäß für Stauden, die bei einem Mitgliedsbetrieb des Bundes deutscher Staudengärtner (BdS) gekauft werden. Diese Verbände haben für die Pflanzenproduktion ihrer Mitglieder Richtlinien aufgestellt, die regelmäßig überprüft werden. Das heißt aber nicht, dass automatisch alle anderen Betriebe, die Pflanzen verkaufen, schlechte Qualität anbieten.

Pflanzenqualität

Die Schwierigkeit der Festlegung von Qualitätskriterien bei Pflanzen beruht auf dem Umstand, dass deren Produktion durch natürliche Standortfaktoren, wie Klima oder Bodenverhältnisse, wesentlich beeinflusst wird. Diese Standortfaktoren sind nur bis zu einem gewissen Grad steuerbar, sodass die Eigenschaften des Produkts „Pflanze" immer eine unvermeidliche Streubreite aufweisen werden. Die Gütebestimmungen für Baumschulpflanzen und für Stauden der Forschungsgesellschaft Landschaftsentwicklung/Landschaftsbau e.V. (FLL), Ausgaben 1994 und 1995, legen aus diesem Grund nur Mindestqualitäten fest.

Zusätzlich erschwert wird die Frage der Qualität durch die Tatsache, dass neben der äußeren Qualität auch die innere Qualität eine entscheidende Rolle spielt. Zu den äußeren Qualitätsmerkmalen zählen z. B. die Trieblänge oder der Stammumfang. Solche Merkmale lassen sich leicht überprüfen. Die inneren Qualitätsmerkmale hingegen, z. B. die Widerstandsfähigkeit gegenüber Krankheiten und Schädlingen, sind an Stoffwechselleistungen gekoppelt und nur sehr schwer messbar. Sie haben aber für die weitere Entwicklung der Pflanze eine größere Bedeutung als die äußeren Qualitätsmerkmale. Bis heute gibt es leider keine praxistauglichen Messverfahren zur Messung dieser inneren Qualitätsmerkmale.

Es würde den Rahmen dieses Buches sprengen, die FLL-Gütebestimmungen hier ausführlich darzustellen. Deshalb sollen nur die wesentlichen Gütebestimmungen für die zur Kübelbepflanzung wichtigen Pflanzengruppen genannt werden. Auch wenn viele der folgenden Qualitätskriterien nicht immer einfach zu beurteilen sind, so sollen sie doch wenigstens helfen, den Blick für gute Qualität zu schärfen.

Allgemeine Gütebestimmungen für Gehölze

Bäume und Sträucher werden unter dem Begriff „Gehölze" zusammengefasst. Sie unterscheiden sich von den Stauden durch die Ausbildung eines dauerhaften sowohl oberirdischen als auch unterirdischen Pflanzenkörpers. Die Allgemeinen Gütebestimmungen legen fest, welche Anforderungen alle Gehölze erfüllen müssen, unabhängig davon, ob es sich um eine Jungpflanze oder ein mehrere Meter hohes Solitärgehölz handelt. Die Bestimmungen sind deshalb notgedrungen recht allgemein:

- Alle Pflanzen müssen mit einem dauerhaften Etikett versehen sein. Aus der Beschriftung sollten zweifelsfrei hervorgehen: Pflanzenname, Anzuchtform (z. B. Hochstamm), Verpflanzungsmerkmale (z. B. dreimal verpflanzt), Sortierung (z. B. Höhe oder Stammumfang).
- Pflanzenaufbau, Belaubung/Benadelung müssen dem jeweiligen Alter entsprechen und ausgewogen sein. (Anm.: Für eine Beurteilung werden gute Pflanzenkenntnisse vorausgesetzt.)
- Die festgelegten Maße sind Mindestmaße. Sie gelten ab Oberkante Boden. Die Sortierung ist korrekt, wenn alle Pflanzen einer Sortiereinheit das entsprechende Mindestmaß aufweisen. (Anm.: Gute Baumschulen sortieren eher nach dem höheren Maß. Die Sträucher z. B. in der Größenstufe „Höhe 60 bis 100 cm" sind in der Regel alle 100 cm hoch.)
- Die Bewurzelung muss der Art entsprechend gut ausgebildet sein und einen ausreichenden Anteil an Feinwurzeln aufweisen. (Anm.: Dieser Punkt ist von Ungeübten besonders schwer zu beurteilen. Die Ausbildung des Wurzelwerks ist nicht nur artspezifisch, sondern auch noch abhängig von Bodenart bzw. Bodentyp, auf dem die Pflanzen kultiviert wurden.)
- Erdballen müssen mit einem verrottbaren Ballentuch aus Jutegewebe umgeben und fest durchwurzelt sein.
- Die Pflanzen müssen gesund, ausgereift und abgehärtet sein. (Anm.: Eine völlige Freiheit von Schädlingen ist nicht mehr gefordert. Ein geringer Schädlingsbesatz ist vom Käufer hinzunehmen, wenn dadurch der Wert oder die Tauglichkeit der Pflanze nicht be-

Zwerg Schlangenhautkiefer (*Pinus leucodermis* 'Compact Gem') als Solitär im Container in hervorragender Qualität.

Auch das Wurzelsystem ist vorbildlich entwickelt.

einträchtigt wird. Hinzu kommt, dass nur schwer feststellbar ist, ob die gekauften Pflanzen ausgereift und abgehärtet sind. In der Regel merkt man es erst, wenn es zu spät ist und die Pflanze im Winter, z. B. wegen mangelnder Abhärtung, erfroren ist.)

- Die Pflanzen müssen sortenecht sein. (Anm.: Es sollte eigentlich eine Selbstverständlichkeit sein, dass der Käufer auch die Art oder Sorte erhält, die er bestellt hat. Die Praxis sieht leider oft anders aus.)
- Veredelungen müssen gut verwachsen sein. (Anm.: Viele Gehölze werden als Veredelungen angeboten, z. B. Rosen, Nadelgehölzsorten, Obstgehölze. Hier lohnt sich beim Kauf ein kritischer Blick auf die Veredelungsstelle.)
- Die so genannten Solitärgehölze sind in der Baumschule mindestens dreimal verpflanzt worden. Sie haben immer einen Erdballen oder Container und sollen charakteristisch gewachsen und artspezifisch garniert sein.
- Für Containergehölze (Rauminhalt des Containers mindestens 2 Liter) und solche mit Topfballen (Rauminhalt unter 2 Liter) gelten die o. a. Bestimmungen sinngemäß. Der Behälterinhalt muss gut durchwurzelt sein und in einem angemessenem Verhältnis zur Pflanzengröße stehen. Der Container- oder Topfinhalt muss bei Angeboten, Lieferscheinen und Rechnungen angegeben sein. (Anm.: Das erlaubt einen guten Preisvergleich zwischen verschiedenen Angeboten. Aus Gründen der „Sparsamkeit" werden Containergehölze leider oft zu lange in zu kleinen Containern kultiviert.)

Containergehölze haben bei der Bepflanzung von Trögen sicher die größte Bedeutung. Deshalb soll an dieser Stelle etwas ausführlicher auf deren Qualitätsmerkmale eingegangen werden. Es empfiehlt sich, Containergehölze vor dem Kauf kritisch zu prüfen. Sind die Wurzeln schon am Boden des Containers durch die Abzugslöcher herausgewachsen und haben dort einen Wurzelfilz gebildet, so ist die Pflanze überständig. Meistens haben sich solche Pflanzen auch schon nach oben aus dem Container herausgedrückt. Zieht man den Container vom Ballen ab, so wird man einen sehr festen und intensiv durchwurzelten Ballen finden. Diese Gehölze standen in der Baumschule zu lange im gleichen Container. Die Baumschulen sparen sich oft das an sich notwendige aber teure Umtopfen. Durch vermehrte Wasser- und Düngergaben werden die Gehölze trotz des stark eingeengten Wurzelraumes am Wachsen gehalten. Nach dem Auspflanzen fällt es solchen Pflanzen schwer, aus diesem verfilzten Ballen heraus mit neuen Wurzeln in das umgebende Substrat zu wachsen. Das führt in der Anwachsphase dann zu Startschwierigkeiten. Der umgekehrte Fall, also wenn Gehölze zu früh nach dem Umtopfen angeboten werden, ist ebenso ungünstig. Der Ballen ist erst zum Teil durchwurzelt. Beim Austopfen zerfällt er und die noch zarten, neuen Wurzeln reißen dabei oft ab. Auch solche Pflanzen wachsen nur mit Verzögerung an.

Spezielle Gütebestimmungen für Gehölze

Die speziellen Gütebestimmungen regeln die zusätzlichen Anforderungen, die die einzelnen „Produkte", z. B. Sträucher, Hochstämme, Rosen usw., erfüllen müssen.

Sträucher
Sträucher sind nicht baumartig wachsende Gehölze. Sie werden nach Triebzahl und Höhe sortiert. Es zählen nur die Triebe, die die angegebene Länge erreicht haben. Beispiel: verpflanzter Strauch, 3 Triebe, Höhe 60 bis 100 cm. Im Schriftverkehr werden Abkürzungen verwendet. Für dieses Beispiel steht dann auf dem Etikett: v.Str. 3 Tr. 60–100. (Anm.: Solche wurzelnackten Sträucher werden üblicherweise in größeren Stückzahlen für die Bepflanzung in Parks, großen Gärten und in der freien Landschaft verwendet. Sie dürften für die Kübelbepflanzung nur eine geringe Bedeutung besitzen.) Wichtiger sind Sträucher im Container oder mit Topfballen. Containerpflanzen müssen mindestens drei Triebe aufweisen. Solitärsträucher sind in der Baumschule mit extra weitem Abstand gepflanzt worden. Sie werden nach Höhe sortiert. Bei großen Exemplaren kann zusätzlich noch die Breite und/oder Triebzahl angegeben werden. Beispiel: Solitär, dreimal verpflanzt, mit Ballen, Höhe 125 bis 150 cm (Sol. 3× v. mB. 125–150).

Heister, Stammbüsche, Solitärstammbüsche
Heister sind baumartig wachsende Gehölze mit seitlicher Beastung

ohne Krone. Heister werden nach Höhe sortiert. Ab einer Höhe von 250 cm und einem Stammumfang von 14 cm werden sie als Stammbüsche bezeichnet. Solitärstammbüsche müssen darüber hinaus noch besonders ausdrucksvoll gewachsen sein. Heister besitzen nur einen Stamm, der bis zum Boden beastet ist. Im Gegensatz dazu entwickelt ein Strauch aus der Basis mehrere, gleichrangige Triebe. (Anm.: Heister von klein bleibenden und schwach wachsenden Baumarten sind in großen Kübeln gut verwendbar. Sie sind aus gestalterischer Hinsicht besser geeignet als Hochstämme.)

Verpflanzter Strauch mit artgemäß entwickeltem Wurzelsystem.

Hochstämme

Hochstämme sind baumartig wachsende Gehölze, die in Stamm und Krone gegliedert sind. Sie werden nach Stammumfang, gemessen in 100 cm Höhe, sortiert. Der Stamm muss gerade und frei von Beschädigungen sein. Die Mindesthöhe beträgt 180 cm. Er muss sich in der Krone in Form der so genannten Stammverlängerung fortsetzen. Das gilt natürlich nicht für Baumarten mit kugelförmiger oder überhängender Kronenform. Der Kronenaufbau soll arttypisch und regelmäßig sein. Je nach Größe und Baumart werden Hochstämme mit oder ohne Ballen geliefert. (Anm.: Hochstämme verlangen aufgrund ihrer Größe sowohl aus gestalterischen als auch kulturtechnischen Gründen besonders große Kübel; ab ca. 1 m^3 Inhalt. Besser geeignet sind so genannte Halbstämme mit 80, 100 oder 125 cm Stammhöhe. Eine Reihe von besonders kleinkronigen Baumarten und Sorten wird in dieser Form angeboten, z. B. Kugel-Feld-Ahorn (*Acer campestre* 'Nanum'), Kornelkirsche (*Cornus mas*), Kugel-Steppen-Kirsche (*Prunus ×eminens* 'Globosa') oder auch Fliedersorten (*Syringa vulgaris*). Diese Halbstämme dürfen aber nicht mit den „Pseudostämmen", die zurzeit von vielen nicht baumartig wachsenden Sträuchern angeboten werden, verwechselt werden.)

Rosen

Veredelte Rosen werden nach den Güteklassen A und B sortiert. Rosen der Güteklasse A müssen mindestens drei normal entwickelte und gut ausgereifte Triebe haben, von denen mindestens zwei aus der Veredelungsstelle kommen müssen. Der dritte Trieb darf bis 5 cm darüber entspringen. Rosen der Güteklasse B brauchen nur zwei entsprechende, aus der Veredelungsstelle entspringende Triebe aufweisen. Stammrosen müssen einen kräftig und gerade gewachsenen Stamm besitzen. Der Stammdurchmesser unmittelbar unter der Veredelungsstelle darf 9 mm nicht unterschreiten. Die Stammhöhen sind in den Gütebestimmungen festgelegt: 40, 60, 90 oder 140 cm. Wurzelecht vermehrte Rosen, die also nicht veredelt sind, müssen mindestens zwei Triebe besitzen und ein- oder zweijährig sein. Häufig werden sie in 11er Töpfen (11×11×12 cm) angeboten. Für Wildrosen, die aus Samen gezogen wurden, gelten die Anforderungen an Sträucher. (Anm.: Die größte Bedeutung für die Kübelbepflanzung haben die veredelten Rosen in niedrig wachsenden Sorten aus den Klassen der

Beet-, Kleinstrauch- und Zwergrosen. Wurzelecht vermehrte Rosen im Topf müssen den ersten Winter geschützt vor starken Frösten in der Baumschule verbringen. Vorsicht vor verdächtig billigen Sonderangeboten in diesem Bereich. Hier handelt es sich oft um zu junge Pflanzen, die im Frühjahr vermehrt wurden und dann im Herbst als vermeintlich fertige und abgehärtete Rosen angeboten werden.)

Rhododendron
Rhododendren müssen wüchsig, gedrungen, der Höhe entsprechend breit und von unten an verzweigt sein und Blütenknospen haben. Sie sind immer mit Ballen, Topf oder Container zu liefern. Die Sortierung erfolgt entsprechend dem Wuchscharakter nach Höhe oder Breite. (Anm.: Wichtig ist die Bestimmung, dass die Pflanzen Blütenknospen aufweisen müssen.)

Nadelgehölze
Nadelgehölze müssen vom Boden an voll bezweigt sein. Die Benadelung muss die sortentypische Färbung aufweisen. Sie sind mit Ballen, Container oder Topf zu liefern. Die Sortierung erfolgt nach Höhe und/oder Breite. (Anm.: Für die Kübelbepflanzung kommen vor allem Zwergnadelgehölze in Frage. Hier sollte man darauf achten, dass sie einen festen Ballen besitzen und dicht verzweigt und gedrungen wachsen. Die sortentypische Nadelfarbe ist im Winter mitunter schlecht zu beurteilen, da manche Arten in dieser Jahreszeit die Färbung wechseln. Ein Beispiel dafür ist die Teppich-Thuja, *Microbiota decussata*, deren frischgrüne Nadelfarbe im Winter in einen kupfrigbraunen Ton umschlägt.)

Gütebestimmungen für Stauden

Stauden sind mehrjährige krautartige Pflanzen mit ausdauernden Wurzeln. Die sommergrünen Arten sterben im Winter oberirdisch ab und treiben im Frühjahr wieder aus. Die immergrünen Arten behalten

Blutroter Storchschnabel (Geranium sanguineum ‘Max Frei’) im 9-cm-Topf in vorbildlicher Qualität.

Qualitätsvergleich am Beispiel des Pfeifengrases (Molinia). Links: Überständige Pflanze, die sich bereits aus dem Topf schiebt. Rechts: Verkaufsfähige Pflanze, die den FLL-Gütebestimmungen entspricht.

über den Winter zumindest einen Teil der Blätter. Zu den Stauden zählen auch mehrjährige Kräuter, Ziergräser, Bambus, Farne und Wasserpflanzen sowie verholzende Halbsträucher, wie Sonnenröschen (*Helianthemum*) oder Immergrün (*Vinca*). Die Blumenzwiebeln zählen nicht zu den Stauden.

Die Gütebestimmungen für Stauden entsprechen sinngemäß den „Allgemeinen Gütebestimmungen für Gehölze". Stauden werden fast ausschließlich mit Topfballen gehandelt. Die Mindesttopfgrößen sind entsprechend dem Wuchscharakter festgelegt. Sie liegen zwischen 7 × 7 × 8 cm mit 250 cm^3 Inhalt und 11 × 11 × 12 cm mit 1000 cm^3 Inhalt. Gelegentlich werden Stauden auch in größeren Töpfen angeboten. Diese sind dann, abweichend von den Bestimmungen für Gehölze, als Container zu bezeichnen. Stauden werden selten als so genannte Freilandware mit oder auch ohne Erdballen gehandelt. Während Topfballen-Stauden praktisch ganzjährig verkauft und gepflanzt werden können, darf der Verkauf von Freilandware in der Regel nur während der Ruhezeit (z. B. Winterruhe) erfolgen.

Pflanzung

Der Kauf von hochwertigen Pflanzen ist nur ein Aspekt unter vielen für eine erfolgreiche Entwicklung der Pflanzen. Grobe Fehler beim Transport und der Pflanzung kann auch die gesündeste und kräftigste Pflanze u. U. nicht mehr ausgleichen. Die größte Gefahr beim Transport ist die Austrocknung. Das gilt sowohl für belaubte als auch unbelaubte Pflanzen. Bereits beim Kauf sollte man darauf achten, dass der Ballen bzw. die Wurzeln bei ballenlosen Pflanzen feucht sind. Stauden oder Gehölze mit trockenen Ballen oder Wurzeln lässt man besser stehen, da vor allem bei unbelaubten Pflanzen nicht zu beurteilen ist, ob sie durch die Trockenheit eventuell schon Schaden genommen haben. Auch während des Transports sind die Pflanzen vor Schäden durch Austrocknen, Überhitzung und Frost sowie unsachgemäßes Laden zu schützen. Pflanzen dürfen deshalb nie in einem offenen Fahrzeug transportiert werden, da sie sonst durch den Fahrtwind austrocknen würden. Die Wurzeln von ballenlosen Pflanzen müssen auch beim Transport in einem geschlossenen Fahrzeug vor Trockenschäden geschützt werden, weshalb man sie in feuchtes Papier, Vlies oder Stoff wickelt. Sperrige Gehölze bindet man vorsichtig mit einer weichen Schnur nach oben zusammen, um Bruchschäden während des Transports zu vermeiden. Bei Gehölzen mit empfindlichem Mittel- oder Gipfeltrieb bindet man diesen an einem Stab fest, der das Triebende überragt und ein Stück am Stamm herabreicht. Vor allem größere Gehölze sind auf dem Fahrzeug festzubinden, damit sie während des Transports nicht auf der Ladefläche herumrollen oder gar herabfallen. Nach dem Transport sollte unverzüglich gepflanzt werden. Ballenlose Pflanzen stellt man vor der Pflanzung noch für einige Stunden bis maximal einen Tag zumindest mit den Wurzeln ins Wasser. Container-

Pflanzen dürfen nie mit trockenen Wurzeln oder Ballen gepflanzt werden!

und Ballenpflanzen werden so lange getaucht, bis aus den Ballen keine Luftblasen mehr aufsteigen.
Gehölze und Stauden, die per Post geliefert werden, müssen sofort ausgepackt werden. Dabei ist der Inhalt auf Qualität und Vollständigkeit zu überprüfen. Festgestellte Beanstandungen müssen dem Lieferbetrieb unverzüglich schriftlich mitgeteilt werden. Wurde eine Sendung unterwegs vom Frost überrascht, dann bringt man die Pflanzen zunächst in einen frostfreien, kühlen Raum, damit sie langsam auftauen können. Erst nach dem Auftauen der Ballen kann ausgepackt und überbraust werden. Anschließend sollte sofort gepflanzt werden. Eine eventuelle Zwischenlagerung erfolgt am besten im so genannten „Einschlag". Unter dem „Einschlagen" von Pflanzen versteht man eine vorläufige Pflanzung. Im Einschlag sollen die Pflanzen nicht festwurzeln, sondern nur ihre Frische behalten. An einem kühlen, schattigen und windgeschützten Platz lassen sich die Pflanzen so für längere Zeit ohne Qualitätsverlust lagern. Bei Trockenheit muss der Einschlag – wie eine normale Pflanzfläche auch – gewässert werden.

Laub abwerfende Gehölze werden in der Vegetationsruhe zwischen Mitte Oktober und Ende April gepflanzt. Immergrüne Gehölze mit Ballen können ganzjährig gepflanzt werden, mit Ausnahme der Zeit des Austriebs. In der Praxis werden aber auch sie nur in der Vegetationsruhe gepflanzt. Sowohl vom Arbeitsablauf in der Baumschule als auch auf der Baustelle macht es wenig Sinn, erst alle Immergrünen zu roden bzw. zu pflanzen und wenige Wochen später dann die Sommergrünen. Topf- und Containerpflanzen (nicht Ballenpflanzen!) können bei frostfreiem Boden ganzjährig gepflanzt werden.

Pflanzschnitt:
- Die Triebe werden bei Sträuchern, Heistern und Heckengehölzen um ein Drittel bis zur Hälfte zurückgeschnitten.
- Rosentriebe kürzt man bis auf drei bis fünf Augen (Knospen) ein.
- Kletterrosen werden auf acht bis zehn Augen zurückgeschnitten.

Vor dem Einpflanzen müssen die Pflanzen noch pflanzfertig geschnitten werden. Der Pflanzschnitt soll wieder ein Gleichgewicht zwischen dem beim Roden in der Baumschule verringerten Wurzelvolumen und dem oberirdischen Teil der Pflanze herstellen. Das betrifft im Wesentlichen ballenlose Gehölze, da diese beim Roden unweigerlich einen Teil ihrer Wurzeln einbüßen. Mit den verbleibenden Wurzeln können sie nicht alle oberirdischen Teile ausreichend versorgen. Geschnitten wird immer knapp über einer nach außen zeigenden Knospe. Die Schnittfläche soll immer schräg sein, damit das Wasser abfließen kann. Gehölze mit festem Wurzelballen erhalten nur einen „Ordnungsschnitt". Dabei werden lediglich einzelne zu dicht stehende und einander störende Triebe entfernt. Diese Gehölze sollen nach dem Schnitt noch einen arttypischen und lockeren Aufbau aufweisen. Nadelgehölze sowie immergrüne Laubgehölze werden nicht geschnitten. Eine Ausnahme bilden lediglich die beim Transport eventuell beschädigten Triebe. Stauden werden nicht zurückgeschnitten. Nur beim Transport beschädigte Triebe und Blätter sowie welkes Laub schneidet man ab.

Jetzt ist noch ein kritischer Blick auf die Wurzeln notwendig. Geknickte und abgerissene Wurzeln werden knapp oberhalb der Schadstelle mit einem scharfen Messer oder einer Schere glatt abgeschnitten. Überlange Wurzeln werden gekürzt, da man sonst unverhältnismäßig große Pflanzgruben ausheben müsste, um sie in ihrer natürlichen Lage ins Pflanzloch einbringen zu können. Bei Containerpflanzen müssen Spiral- und Würgewurzeln durchschnitten und eventueller Wurzelfilz muss aufgerissen werden. Spiralwurzeln bilden sich am Containerboden, wenn die Pflanzen zu lange im selben Container standen. Würgewurzeln winden sich um den Wurzelhals und die Pflanze stranguliert sich damit selbst. Diese Würgewurzeln stellen einen eindeutigen Mangel dar. Da sie am Wurzelhals auftreten und leicht zu erkennen sind, lässt man solche Gehölze am besten stehen bzw. weist sie bei der Lieferung zurück.

Die Pflanzlöcher sind in einer Breite auszuheben, die dem 1,5fachen Durchmesser des Wurzelwerks oder Ballen entspricht. Diese Vorschrift aus der DIN 18916 „Pflanzen und Pflanzarbeiten" gilt für die Pflanzung in normalen Boden. Bei der Pflanzung in Tröge oder Container, die mit lockerem Substrat gefüllt sind, ist ein kleineres Pflanzloch sicher auch ausreichend. Auf jeden Fall sollte das Pflanzloch so groß sein, dass der Ballen bequem darin Platz hat und die Pflanzen nicht hineingepresst werden müssen. Bei wurzelnackten Pflanzen reicht ein Pflanzloch, das dem Wurzelumfang entspricht. Vor der Pflanzung sind nicht verrottbare Container, Töpfe oder Folienbeutel zu entfernen. Die Pflanztiefe ist der Art anzupassen. In der Regel sind die Pflanzen so tief zu pflanzen, wie sie vorher in der Baumschule oder Staudengärtnerei gestanden haben. Im Zweifelsfall ist es besser, sie etwas zu hoch als zu tief einzupflanzen, denn häufig setzt sich das Substrat in der nächsten Zeit noch etwas. Eine Ausnahme bilden nur die veredelten Rosen (außer Hochstammrosen). Sie müssen so tief gepflanzt werden, dass die Veredelungsstelle ca. 4 cm oder zwei Finger breit mit Boden bedeckt ist. Das schützt die Veredelungsstelle besser vor Frost. Pflanzen mit verrottbaren Töpfen oder Containern müssen so tief gepflanzt werden, dass der Rand des Containers ca. 1 cm mit Boden bedeckt ist. Andernfalls würde der herausragende Rand das Wasser wie ein Docht aus dem Ballen aufsaugen und verdunsten. Im Notfall kann auch der Rand des Topfes entfernt werden. Bei Ballenpflanzen wird das Ballentuch am Wurzelhals aufgeschnitten oder aufgeknotet und zur Seite umgelegt. Jetzt werden die Wurzeln oder der Ballen allseitig mit lockerem Substrat angefüllt und gleichmäßig angedrückt. Das anschließende gründliche Wässern dient dazu, Hohlräume innerhalb des Wurzelsystems und im eingefüllten Substrat zu schließen. Dadurch werden die feinen Bodenteilchen zwischen die zarten Feinwurzeln geschwemmt und die Pflanze bekommt den notwendigen „Stand".

Größere Gehölze benötigen auch im Kübel für etwa zwei bis drei Jahre eine Verankerung. Besonders gefährdet sind alle Pflanzenformen, die dem Wind Angriffsfläche bieten, z. B. Hoch- und Halbstämme sowie Rosenstämme. Diese müssen immer verankert werden. Bei immergrünen Laub- und Nadelgehölzen, Heistern sowie großen Solitärsträuchern kommt es neben der Pflanzenhöhe auch auf den Standort und die Kübelgröße an. Eine genaue Pflanzenhöhe, ab der

In letzter Zeit werden Pflanzen zunehmend mit verrottbaren Töpfen verkauft. Solche Töpfe bestehen meist aus Papier oder Pflanzenfasern (Jute, Kokos) und müssen nicht entfernt werden. Sie lösen sich nach einiger Zeit im Boden von selbst auf. Papiertöpfe sind mitunter sehr hart und behindern das Auswurzeln. Deshalb schneidet man vor der Pflanzung die Topfwand mit dem Messer mehrfach ein.

Klassische Bindung mit Kokos-Flechtband in Form einer Acht, die verhindert, dass die empfindliche Rinde am Pfahl scheuert.

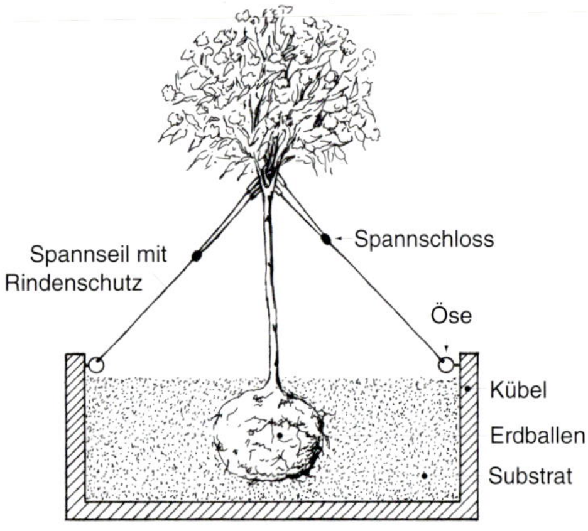

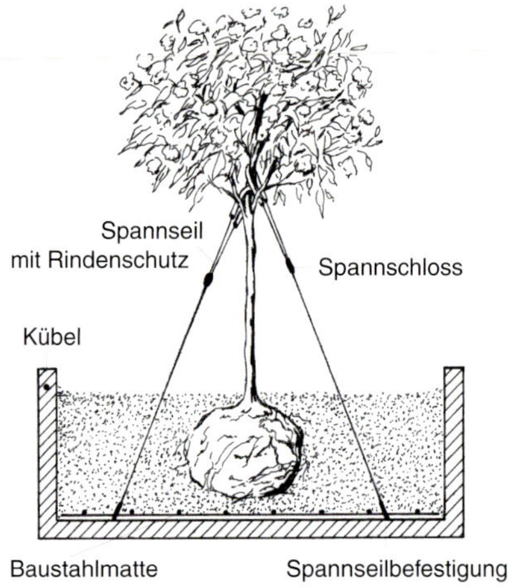

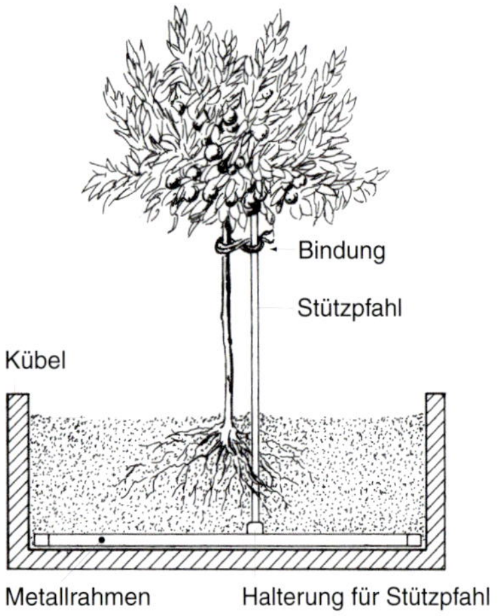

Abb. 43 (oben links).
Der frisch gepflanzte Baum wird mit Spannseilen verankert. Die Ösen zur Befestigung sind optisch unauffällig an der Innenseite des Kübels angebracht.

Abb. 44 (oben rechts).
Eine Baustahlmatte auf dem Boden des Kübels dient zur Befestigung der Spannseile.

Abb. 45 (unten links).
Der Stützpfahl ist mit einem Metallrahmen verbunden, der genau in den Kübel passt.

eine Verankerung zwingend notwendig ist, kann deshalb nicht angegeben werden. Hier muss dem Einzelfall entsprechend entschieden werden. Fertige Verankerungssysteme gibt es für Kübel nicht. Der Kübelpflanzengärtner ist hier auf eigene Konstruktionen angewiesen.

Eine Verankerung mit Pflöcken, wie sie bei Pflanzungen auf bodengebundenen Standorten üblich ist, scheidet bei Kübelbepflanzungen aus. In dem lockeren Substrat finden Pflöcke oder Stäbe keinen Halt. Die Verankerung muss in diesem Fall direkt am Kübel erfolgen. Am einfachsten ist es, am oberen Rand des Containers mindestens drei gleichmäßig verteilte Löcher zu bohren. Wer seine Kübel nicht auf diese Weise beschädigen will, kann auch an der Innenseite drei Schraubösen eindrehen. Diese Möglichkeit ist vor allem für Holz- und Betonkübel gut geeignet. Durch die Ösen oder Bohrungen werden weiche Schnüre oder dünne Drahtseile gezogen und zur Pflanze geführt. Der günstigste Punkt zur Befestigung ist bei Hochstämmen der Kronenansatz. Die Seile werden über den untersten Ästen der Krone um den Stamm geführt und mit einem Spannschloss verbunden. Bei Sträuchern befestigt man sie im oberen Drittel der Pflanze an stabilen Ästen. Bei der Verwendung von Drahtseilen erhalten diese zum Schutz der Rinde vor Verletzungen einen Überzug aus einem Stück Kunststoffschlauch. Nach der Montage aller drei Seile wird der Baum ausgerichtet und die Seile werden vorsichtig gespannt. Das Spannen verlangt Fingerspitzengefühl. Ein zu lockeres Seil gibt der Pflanze keinen Halt, während eine zu hohe Spannung zu Schäden führen kann. Da sich die Seile im Laufe der Zeit lockern können, muss nachgespannt werden. Im Fachhandel werden Komplettsets für Seilverankerungen angeboten. Sie dienen auf bodengebundenen Standorten zur Verankerung von Bäumen in Zusammenhang mit Erdankern. Ohne diese Erdanker lassen sich diese Sets gut zur Verankerung von großen Kübelpflanzen verwenden.

Für wertvolle Pflanzgefäße, die durch Bohrungen nicht beschädigt werden sollen, ist die o.a. Methode nicht geeignet. Das Gleiche gilt für Tröge, deren Material zu schwach ist, um die Last der Verankerung zu halten. In diesen Fällen kann die Verankerung über eine stabile Matte aus Drahtgewebe erfolgen. Gut geeignet sind Baustahlmatten (so genannte Q-Matten), wie sie zur Armierung von Betonwänden und Decken verwendet werden. Die Baustahlmatte wird genau auf das Innenmaß des Pflanzgefäßes zugeschnitten und auf den Boden gelegt. Jetzt werden wieder mindestens drei Seile an der Matte befestigt und nach außen über den Rand des Kübels gelegt. Der Abstand der Befestigungspunkte sollte so bemessen sein, dass der Erdballen bequem dazwischenpasst. Nach dem Einfüllen des Substrats und der Pflanzung werden die Seile wie oben beschrieben an dem Gehölz befestigt und gespannt. Die Verankerungswirkung dieser Methode beruht auf dem Eigengewicht der Matte sowie des Substrats und der Pflanze, die die Matte beschweren. Nach zwei bis drei Jahren können die Seile knapp unter der Bodenoberfläche abgeschnitten werden. Der Rest der Konstruktion bleibt im Kübel.

Die dritte Möglichkeit besteht darin, einen stabilen Metallrahmen aus L- oder Vierkantprofilen herzustellen, der genau den Innenmaßen des Kübels entspricht. An einem Quersteg wird eine Hülse zum Einstecken des Stützpfahls oder -stabes befestigt. Anstelle des Rahmens kann auch eine Metallplatte verwendet werden. Die Hülse und der Stab müssen so aufeinander abgestimmt sein, dass der Stab zwar fest sitzt, aber nach dem Einwurzeln wieder herausgezogen werden kann. Der Metallrahmen bzw. die Platte wird auf den Boden des Kübels gestellt, dann wird der Stab eingesteckt. Jetzt kann das Substrat eingefüllt und bepflanzt werden. Der Abstand zwischen dem Stab und der Pflanze sollte ca. eine Handbreit betragen. Mit Ballenpflanzen ist das schwer zu erreichen, da der Stab dem Ballen „im Weg steht". Deshalb eignet sich diese Art der Verankerung besonders für ballenlose Gehölze, deren Wurzeln man ohne Beschädigung um den Stab herum anordnen kann. Jetzt kann das Gehölz mit weicher Schnur oder Kokosstrick am Stab angebunden werden. Der Strick muss in Form einer Acht zwischen dem Stamm und dem Stab geführt werden. Ein direkter Kontakt zwischen dem Ast oder Stamm und dem Stab würde zu Scheuerstellen an der empfindlichen Rinde führen. Das richtige Binden verlangt, wie das Spannen der Halteseile auch, etwas Fingerspitzengefühl. Einerseits darf nicht zu fest gebunden werden, da es sonst schnell zu Einschnürungen kommen kann. Andererseits gibt eine zu lockere Bindung der Pflanze nicht genügend Halt.

Es ist wichtig, im Rahmen der Pflege alle Verankerungen regelmäßig zu überprüfen. Durch das Dickenwachstum kann es sonst unbemerkt zu Einschnürungen kommen. Um das zu verhindern, muss die Bindung vorher rechtzeitig gelöst und erneuert werden.

Pflege

Tröge und Container stellen für die Pflanzen einen besonders schwierigen Standort dar. Aus diesem Grunde, benötigen sie besonders aufmerksame Pflege. Dabei ist zu bedenken, dass Tröge und Container bevorzugt an bedeutsamen Plätzen stehen. Sie sollten sich deshalb immer in einem tadellosen Zustand befinden. Der Begriff Pflege umfasst alle Maßnahmen, die in ihrem Zusammenwirken für die gesunde Weiterentwicklung der Pflanzen ausschlaggebend sind. Diese Pflegearbeiten unterscheiden sich im Prinzip nicht von denen, die bei ausgepflanzten Pflanzen notwendig sind: Bewässerung, Düngung, Schnitt, Winterschutz, Bodenbearbeitung und Schutz vor Schädlingen.

Die Pflegearbeiten in Zusammenhang mit der Pflanzung sind dort bereits beschrieben worden. In diesem Kapitel geht es um die so genannte Entwicklungs- und Unterhaltungspflege. Das sind die Pflegearbeiten, die nach der kritischen Phase des Anwachsens die weitere Entwicklung und schließlich den dauerhaften Erhalt der Pflanzung sicherstellen sollen.

Bewässerung

Kübelpflanzen haben einen stark eingeschränkten Wurzelraum, der auch nur eine beschränkte Menge Wasser speichern kann. Ohne zusätzliche Bewässerung können in niederschlagsarmen Zeiten auf Dauer nur sehr trockenheitsverträgliche Pflanzen, wie *Sempervivum*-Arten überleben.

Die beste Zeit zum Wässern ist der frühe Morgen oder der Abend. Die Mittagszeit hingegen ist ungünstig. Die Blätter sollte man nach Möglichkeit nicht benetzen. Das könnte sonst Blattkrankheiten fördern. Wenn gewässert wird, so sollte es durchdringend geschehen. Ein leichtes Überbrausen erfüllt den gewünschten Zweck nicht. Es muss so gründlich gewässert werden, bis das überschüssige Wasser am Abzugsloch wieder austritt. Steht der Kübel auf einem empfindlichen Bodenbelag, so sollte er besser in einen flachen Untersetzer gestellt werden (mit Abstandshaltern, um Staunässe zu vermeiden!). Das Überschusswasser könnte sonst Flecken hinterlassen. Bei Gefäßen mit Wasserstandsanzeiger füllt man so lange Wasser nach, bis die richtige Füllmenge angezeigt wird.

Es ist schwierig, ein stark ausgetrocknetes Substrat wieder zu befeuchten. Das Gießwasser läuft anfangs einfach durch und täuscht eine Sättigung vor. In diesem Fall helfen nur viele kleine Wassergaben in kurzen Abständen. Kleine Gefäße kann man auch in einen mit Wasser gefüllten Bottich untertauchen. Man hält den Ballen so lange unter Wasser, bis keine Luftblasen mehr aufsteigen. Jetzt lässt man ihn noch einige Minuten unter Wasser, damit das Substrat auch gut durchfeuchtet ist.

Viele Gärtner neigen leider im Zweifelsfall immer noch dazu, beim Gießen zu viel des Guten zu tun, d. h., sie gießen ständig zu viel. Ein vorübergehender Wassermangel schadet jedoch weniger als ein ständiges Überangebot an Wasser. Grundsätzlich vertragen fast alle Pflanzen kurzzeitig einen gelegentlich trockenen Boden. Ein ständig zu hoher Wassergehalt führt zu einem Luftmangel im Boden, da zu viele Poren mit Wasser gefüllt sind (s. Kap. Substrate, Seite 107ff.). Die Konsequenzen sind im schlimmsten Fall Wurzelfäule und Tod der Pflanze. Eine funktionsfähige Dränageschicht und Abzugslöcher sind deshalb ausgesprochen wichtig. Eine diesbezügliche Kontrolle und gegebenenfalls Wiederherstellung der Abflussmöglichkeit gehört zu den Routinearbeiten. Verstopfte Abzugslöcher erkennt man an dem ständig nassen Substrat und dessen unangenehmem Geruch. Nur Sumpf- und Uferstauden vertragen auf Dauer einen hohen Bodenwassergehalt bis hin zur Überflutung.

Pflanzenarten, die empfindlich auf Winternässe reagieren, wie winterharte Opuntien, müssen in dieser Zeit unter Umständen im Freien unter ein Dach gestellt werden. Wer den Kübel nicht verrücken kann oder will, kann ihnen an Ort und Stelle auch ein provisorisches aber luftiges „Dach" aus ein paar Stäben und einem Stück transparenter Folie bauen.

Während im Sommer oft Wasser fehlt, regnet es im Winter häufig zu viel. Insbesondere die sommergrünen Pflanzen verdunsten, im Vergleich zur Vegetationsperiode, während der Vegetationsruhe nur einen Bruchteil dieser Wassermenge. Das heißt aber nicht, dass der Ballen in dieser Zeit völlig austrocknen darf. Immergrüne Laub- und Nadelgehölze hingegen verdunsten auch im Winter Wasser, das aus dem Boden nachgeliefert werden muss. Trockener oder ständig gefrorener Boden verhindert den Wassernachschub und führt zu Frosttrocknis. Diese Schäden, die häufig erst im Frühjahr in Erscheinung treten, werden oft fälschlich als Erfrierungsschäden angesehen (s. Kap. Winterschutz, Seite 150ff.). In frostfreien Perioden muss deshalb das Substrat kontrolliert und gegebenenfalls gewässert werden.

Für wenige Kübel reicht zum Gießen die klassische Gießkanne oder der Gartenschlauch aus. Die Gießintervalle hängen ab vom Aufbau des Kübels (mit oder ohne Wasseranstau), dem Wasserbedarf der verwendeten Pflanzenarten und dem Wetter. Die natürlichen Niederschläge reichen selten aus. So muss unter Umständen selbst an trüben Tagen mit geringen Niederschlägen noch zusätzlich gewässert werden. Da sich ein kurzzeitiges Austrocknen des Substrats kaum vermeiden lässt, sollten zur Bepflanzung generell nur solche Arten verwendet werden, die solch einen vorübergehenden Wassermangel nicht übel nehmen. Es sei denn, man hat sich als Liebhaber im Kübel ein Miniaturmoor oder eine Sumpflandschaft angelegt.

Für große Kübel, die eine entsprechende Wassermenge verlangen, oder Kübel in größerer Zahl bietet es sich an, ein automatisches Bewässerungssystem zu installieren. Für die Planung der Anlage sollte aber auf jeden Fall ein technischer Berater des Herstellers hinzugezogen werden.

Neben der Arbeitserleichterung sparen automatische Bewässerungssysteme auch Wasser, denn dieses wird wesentlich gezielter und bedarfsgerechter verteilt als beim Gießen mit dem Schlauch. Da das Wasser direkt über dem Boden abgegeben wird bleiben die Blätter der Pflanzen trocken. Blattkrankheiten, die durch nasse Blätter gefördert werden, wie Sternrußtau bei Rosen, haben so schlechtere Entwicklungsmöglichkeiten.

Dem Vorteil der automatischen Wasserversorgung der Pflanzen stehen allerdings auch einige Nachteile gegenüber. Zunächst einmal muss die Anlage geplant und installiert werden. Geübte Heimwerker können die Installation meist selbst ausführen. Unter Umständen ist jedoch für den Anschluss an das Leitungsnetz die Hilfe eines Installateurs erforderlich. Bei allen Systemen, die mit frei liegenden Schläuchen arbeiten, müssen die frostempfindlichen Teile im Herbst abgebaut und eingelagert werden. Das ist auch ein günstiger Zeitpunkt zur gründlichen Reinigung, Kontrolle und gegebenenfalls Reparatur. Eine automatische Bewässerungsanlage ist nicht wartungsfrei. Ihre einwandfreie Funktion muss kontinuierlich überwacht werden. Schmutzteilchen und Kalk im Wasser können die Funktion wesentlich beeinträchtigen. Die notwendige Wassermenge muss in Abhängigkeit von der Witterung reguliert und angepasst werden. Wer versucht, die Anlagen noch kurz vor dem Sommerurlaub zu installieren, wird nach der Rückkehr höchstwahrscheinlich eine Enttäuschung erleben. Bis alles exakt eingestellt ist und zur Zufriedenheit funktioniert, bedarf es einer längeren Probephase.

Dann sind diese Systeme aber durchaus in der Lage, die Pflanzen während der Abwesenheit des Besitzers bedarfsgerecht zu versorgen. Zur Sicherheit sollten diese Bewässerungssysteme ungefähr einmal wöchentlich kontrolliert werden.

Zwei Nachteile der Bewässerungssysteme sollen noch erwähnt werden:

- Die Leitungen lassen sich nicht völlig verstecken. Auch bei geschickter Anordnung wird man immer zumindest einen Teil der Installation sehen. Das kann in den Fällen, in denen besonders hohe ästhetische Anforderungen gestellt werden, störend wirken.
- Außerdem ist es schwieriger, die Tröge und Container umzustellen. Zwar ist es in der Regel möglich, neue Abzweige zu installieren und alte zu verschließen, aber das ist immer mit zusätzlichem Aufwand verbunden.

Eine einfache und leicht zu installierende Methode zur Pflanzenbewässerung stellt das Tropf-Blumat-System dar. Das Herzstück dieses Systems ist ein Keramiksensor mit aufgesetztem Gießkopf und einer Membrane. Dieser Keramiksensor arbeitet nach dem Tensiometer-Prinzip. Die Saugkraft trockener Erde saugt etwas Wasser aus dem Keramiksensor. Durch die entstehende Saugspannung wird die Membrane nach unten gezogen und der Wasserdurchgang im Schlauch freigegeben. Bei ausreichend durchfeuchteter Erde kehrt sich der Vorgang um. Mit einem Drehknopf auf dem Gießkopf lässt sich die Schließposition des Ventils einstellen, d. h., damit wird bestimmt, bei welchem Grad der Bodenfeuchte bzw. -trockenheit der Tropfschlauch geschlossen bleibt oder die Bewässerung beginnt.

Die Installation ist einfach, da das ganze Bewässerungssystem nur aus wenigen Komponenten besteht. Das Druckreduzierventil mit Filtersieb wird an einen Wasserhahn angeschraubt, der in der Saison ständig geöffnet bleiben muss. Damit der Wasseranschluss nicht durch das Bewässerungssystem für andere Nutzungen blockiert ist, kann man vorher ein Verteilerstück aufschrauben. Aber auch ohne Netzanschluss lässt sich mit einem Hochtank eine Tropf-Blumat-Anlage betreiben. Damit das Wasser gut fließt, muss der Behälter pro 10 m Schlauchlänge 1 m höher stehen als die angeschlossenen Pflanzgefäße. Das Material des Vorratsbehälters muss lichtundurchlässig sein, damit sich keine Algen entwickeln können. Die Größe des Vorratsbehälters richtet sich nach dem Wasserverbrauch aller angeschlossenen Tröge. Der Wasservorrat sollte für mindestens eine Woche ausreichen. Als Faustzahl kann man z. B. bei einem 1 m langen Blumenkasten mit einem Wasserverbrauch zwischen 2 und 4 l pro Tag rechnen. Der Anschluss an den Zufuhrschlauch, der das Wasser zu den Keramiksensoren leitet, erfolgt bei der Wasserversorgung aus einem Hochtank durch den einschraubbaren Hochtankanschluss. Der Zufuhrschlauch ist bei einer maximalen Länge von 60 m ausreichend für die Versorgung von 250 Stück Tropf-Blumat. Die einzelnen Kübel und Tröge werden über den Tropfschlauch angeschlossen. Dazu wird einfach an der entsprechenden Stelle ein T-Stück in den Zufuhrschlauch eingesetzt. So können auch nachträglich noch neue Kübel an die Anlage angeschlossen werden. Der Hersteller empfiehlt für Kübel bis 25 cm Durchmesser ein Tropf-Blumat, von 25 bis 40 cm Durchmesser zwei Tropf-Blumat und für 40 bis 50 cm Durchmesser drei Tropf-Blumat. Um Tropf-Blumat einzusparen, können so genannte Verteiltropfer angeschlossen werden. Ein Tropf-Blumat kann maximal fünf solcher Tropfdüsen versorgen. So könnte der o. a. Kübel mit 40 bis 50 cm Durchmesser auch mit zwei Tropf-Blumat und jeweils zwei bis vier Verteiltropfern bewässert werden. Die Verteiltropfer sind schneller montiert, verlangen jedoch mehr Kontrolle und Wartung. Sie werden mit kleinen Steckstützen an der Bodenoberfläche fixiert.

Das Einstellen der Anlage dauert nach Herstellerangaben etwa zehn Tage und verlangt etwas Fingerspitzengefühl. Bei längerer Abwesenheit empfiehlt sich eine wöchentliche Kontrolle. Vor der Inbetriebnahme im Frühjahr müssen alle Teile gründlich gespült und gereinigt werden. Kalkablagerungen an den Verteiltropfern werden in einem Essigbad entfernt.

Die Vorteile dieses Systems sind einerseits die Unabhängigkeit von einem Strom- und Wassernetz (nicht jeder Balkon verfügt über einen Außenwasseranschluss; auch auf Wochenendgrundstücken und in Schrebergärten lässt sich dieses System installieren), andererseits erfolgt die Wasserabgabe nicht zeitgesteuert durch einen Computer oder eine Schaltuhr, sondern richtet sich nach der aktuellen Bodenfeuchte in jedem einzelnen Kübel, denn jeder Keramiksensor ist zugleich Sensor und Tropfer. Das System eignet sich übrigens nicht nur für normale, sondern auch für mineralische Substrate.

Das zweite System zur automatischen Bewässerung stammt aus dem Profibereich. Das Wasser wird hier über druckausgleichende Tropfer an die Pflanzen abgegeben. Dieses System verlangt einen höheren technischen Aufwand für die Installation. Das Bild auf Seite 134 zeigt von rechts nach links die Anordnung der notwendigen Komponenten: Wasserhahn, Absperrhahn, Zeitschaltuhr, Druckminderer, Feinfilter und Düngermischer. Ohne einen Anschluss an das Wasserleitungsnetz oder ein Wasserreservoir mit einer entsprechend leistungsfähigen Pumpe kann dieses System nicht betrieben werden. Die Zeitschaltuhr regelt die Bewässerungsintervalle. Der Druckminde-

Profi-Installation zur automatischen Bewässerung mit Tropfschläuchen. Von rechts nach links: Wasserhahn, Absperrhahn, Zeitschaltuhr, Druckminderer, Feinfilter, Dositron für die Zumischung von Dünger.

rer reduziert den Leitungsdruck auf den für die Bewässerungsanlage richtigen Druck. Der Feinfilter (Lamellenfilter) aus Kunststoff filtert Verschmutzungen aus dem Wasser. Die letzte Komponente, der Düngermischer, ist für winterharte Kübelpflanzen nicht erforderlich, da sie keinen so hohen Nährstoffbedarf wie Sommerblumen oder nicht winterharte Kübelpflanzen haben. Über PE-Leitungen wird das Wasser dann zu den Verbrauchsstellen geleitet. Die Wasserabgabe erfolgt über die schon erwähnten druckausgleichenden Tropfer. An der entsprechenden Stelle wird die Zuleitung mit einer Spezialzange gelocht und der Tropfer montiert. Die Tropfer geben je Stunde eine bestimmte Menge Wasser ab. Die üblichen Ausflussgeschwindigkeiten betragen 2, 4 oder 8 l/h. Durch den Druckausgleich ist die Wasserabgabe unabhängig von Schwankungen im Eingangsdruck, der Wasserqualität und der Neigungslage (die Zuleitung liegt nicht immer waagerecht). Für eine bessere Verteilung des Wassers in den Trögen und Containern muss an die Tropfer noch ein Verteiler für zwei oder vier Tropfstellen aufgesteckt werden. Über Mikroschläuche wird das Wasser an die Einzeltropfer abgegeben. Mit Steckspießen werden die Einzeltropfer gleichmäßig auf der Bodenoberfläche verteilt und fixiert.

Im Unterschied zu dem schon beschriebenen Blumat-System arbeitet dieses System mit festen Ausflussmengen je Zeiteinheit. Es eignet sich besonders gut zur Bewässerung von Pflanzen, die alle ungefähr den gleichen Wasserbedarf haben. Unterschiede im Wasserbedarf der angeschlossenen Kübel können über die Wahl der Tropfer mit unterschiedlichen Ausflussraten geregelt werden. Eine andere Möglichkeit besteht darin, bei höherem Wasserbedarf einzelner Kübel die Zahl der

Bild rechts: Wasserzuleitung zu einem Faserzement-Trog mit Bewässerungsautomatik.

Abb. 46.
Optima-Pflanzgefäß mit Bewässerungsautomat. Der Wasserstand im Anstauhorizont wird mit einem Füllventil reguliert.

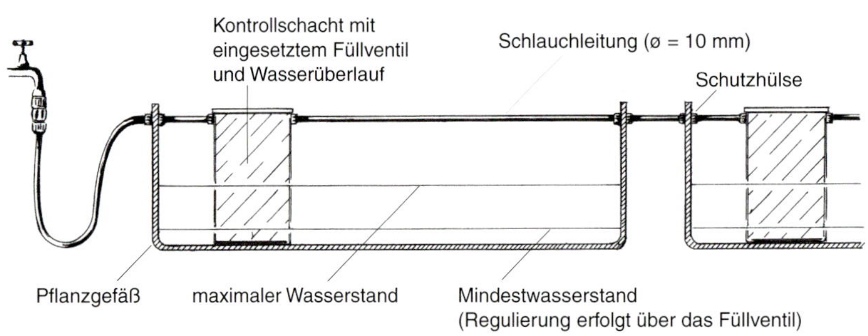

Tropfer je Kübel zu erhöhen. Die Anlage läuft selbstverständlich nicht 24 h am Tag, sondern nur so lange, bis eine ausreichende Wassermenge abgegeben worden ist. Das Auf- und Abdrehen der Wasserzufuhr regelt man praktischerweise über eine Zeitschaltuhr. Ohne zusätzlich installierte Sensoren reagiert das System nicht auf die aktuelle Bodenfeuchte. In besonders trockenen oder aber niederschlagsreichen Perioden muss die Bewässerungsdauer entsprechend angepasst werden.

Im Herbst muss die ganze Anlage entleert werden. Die Formteile und Ventile müssen abgebaut und im Haus gelagert werden. Spätestens im Frühjahr vor der erneuten Inbetriebnahme sollte die Anlage durchgespült werden, um eventuell vorhandene Verschmutzungen und Verstopfungen zu beseitigen.

Die Firma „optima" bietet ihre Tröge aus Faserzement auch mit einem vorinstallierten Bewässerungsautomaten an. Der Aufbau im Trog entspricht dem mit Wasseranstau (s. Seite 106). Die Zuleitung (Durchmesser 10 mm) wird mit einer Schutzhülse durch die Wandung des Trogs zum fest eingebauten Kontrollschacht mit dem eingesetzten Füllventil geführt. Über einen Abzweig wird das Wasser im Anstaubereich nachgefüllt, sobald der Mindestwasserstand erreicht ist. Ein Wasserüberlauf verhindert die Vernässung. Die genaue Justierung erfolgt vor Ort nach den Bedürfnissen der verwendeten Pflanzen. Ein ausreichend dimensionierter Wasseranschluss (3/4"), der während der Saison ständig geöffnet sein muss, ist Voraussetzung für diese Automatikbewässerung. An einen Strang können maximal 15 Gefäße angeschlossen werden.

Ein Vorteil dieses Systems ist die Unauffälligkeit. Bis auf die Zuleitung, den Deckel des Bewässerungsautomaten und gegebenenfalls den Auslass für die Verbindung zum nächsten Kübel ist von der ganzen Installation nichts zu sehen. Hinzu kommt, dass der Montageaufwand relativ gering ist, da die wichtigsten Komponenten bereits werksseitig vorinstalliert worden sind. Dieses System ist vor allem für Kübel gedacht, die fest montiert sind, z. B. auf Dachterrassen oder als Brüstungstrog. Ein schnelles Umstellen der Pflanzgefäße ist jedoch nicht möglich, da die Zu- und Ableitungen für die Bewässerungen vorher erst umgebaut werden müssen.

Auch diese Bewässerungsautomaten verlangen eine regelmäßige Funktionskontrolle. In Regionen mit hartem Leitungswasser ist auf eventuelle Verstopfungen durch Kalkablagerungen zu achten. Im Fall einer Reparatur kann der ganze Bewässerungsautomat aus dem Kübel herausgehoben werden, ohne die bestehende Pflanzung zu zerstören. Im Herbst muss die Anlage abgeschaltet und die Leitungen und der Automat müssen entleert werden. Achtung: Die frei liegenden Verbindungsschläuche zwischen den einzelnen Gefäßen können durch das UV-Licht nach Jahren brüchig werden.

Düngung

Für eine gute Entwicklung benötigen die Pflanzen nicht nur ausreichend Wasser, sondern auch Nährstoffe. Die im Substrat vorhandenen Nährstoffe sind nach ein bis zwei Vegetationsperioden verbraucht und müssen nachgeliefert werden. Zu den Hauptnährstoffen, die jede Pflanze zum Wachstum benötigt, zählen Stickstoff (N), Phosphor (P), Kalium (K) und Magnesium (Mg). Für einen reibungslosen Ablauf der Lebensvorgänge brauchen die Pflanzen außerdem noch die so genannten Spurennährstoffe, wie Eisen (Fe), Kupfer (Cu), Mangan (Ma), Molybdän (Mo), Zink (Zn) und Bor (B).

Je nach Art und Zusammensetzung unterscheidet man mineralische Volldünger, Langzeitdünger, mineralisch-organische Volldünger und organische Dünger. Die Zusammensetzung sollte auf der Packung angegeben sein. Der Gehalt an Hauptnährstoffen wird mit drei Zahlen in immer gleicher Reihenfolge bezeichnet. Die Zahlenfolge 14 + 7 + 14 + 2 bedeutet z. B., dass in diesem Dünger 14 % Stickstoff, 7 % Phosphor, 14 % Kalium und 2 % Magnesium enthalten sind. Die Spurennährstoffe werden einzeln bezeichnet und der Gehalt wird ebenfalls in Prozent angegeben. Gelegentlich werden Dünger ohne Deklaration der Nährstoffgehalte angeboten. Diese Dünger sollte man nicht kaufen, da man nie weiß, ob diese Mischung den Bedürfnissen der Pflanzen entspricht.

Mineralische Volldünger enthalten die Haupt- und Spurennährstoffe in Form von Salzen, die sich im Boden schnell lösen und von den Pflanzen gut aufgenommen werden können. Sie werden in flüssiger, pulverisierter oder fester (Düngestäbchen) Form angeboten. Sie sind zur Düngung während der Wachstumszeit von April bis August gut geeignet.

Langzeitdünger unterscheiden sich in ihrer Zusammensetzung nicht von mineralischen Volldüngern. Der größte Teil der Nährstoffe ist durch eine spezielle Umhüllung, die im Boden nur langsam abgebaut wird, jedoch so gebunden, dass die Nährstoffe nur langsam im Verlauf von 10 bis 12 Wochen abgegeben werden. Da der Abbau der Hülle eine gewisse Zeit dauert, enthalten die Langzeitdünger auch immer einen gewissen Anteil schnell löslichen Düngers zur Erstversorgung. Die Gefahr einer Überdüngung oder des Auswaschens von Nährstoffen ist bei solchen Langzeitdüngern praktisch ausgeschlossen. Sie eignen sich besonders gut zum Einmischen in das Substrat. Sofern der Hersteller nichts anderes vorschreibt, rechnet man mit 5 bis 6 g/l Substrat oder ca. 20 bis 40 g/m². Wird der Langzeitdünger auf die Substratoberfläche gestreut, empfiehlt es sich, ihn leicht einzuarbeiten. Das verhindert das Abschwemmen der Kügelchen beim Gießen.

In den **mineralisch-organischen Volldüngern** sind die Nährstoffe sowohl an Mineralien als auch an organische Stoffe gebunden. Sie eignen sich ebenfalls für alle Pflanzengruppen.

Knochen- oder Blutmehl, Hornspäne und abgelagerter Mist zählen zu den **organischen Düngern**. Die Nährstoffe müssen erst durch die

Tätigkeit von Mikroorganismen im Boden aufgeschlossen werden. Da die Aktivität der Mikroorganismen im Vergleich zum Gartenboden im begrenzten Raum des Kübels stark eingeschränkt ist, sind organische Dünger schlecht geeignet. Außerdem steht Blutmehl seit der BSE-Problematik unter dem Verdacht, diese Krankheit möglicherweise zu übertragen. Auch wenn es zurzeit noch keine Gesetze oder Verordnungen gibt, die die Nutzung einschränken, sollte man bis zur Klärung dieses Verdachts auf den Einsatz von Knochen- und Blutmehl sicherheitshalber verzichten. Derzeit gelten jedoch Horndüngemittel, die aus den Hörnern von Rindern gewonnen werden, sowie Knochendüngemittel als BSE-frei.

Neben den **Volldüngern** wird im Fachhandel noch eine Fülle von Spezialdüngern für verschiedene Pflanzengruppen angeboten. Sie sind in ihrer Nährstoffzusammensetzung auf die speziellen Bedürfnisse dieser Pflanzengruppen ausgerichtet. Zu diesen Spezialdüngern gehören z. B. Rhododendron-, Rosen- oder Erdbeerdünger. Über den Sinn und Nutzen solcher Spezialdünger ließe sich lange und kontrovers diskutieren. Ihr Kauf lohnt sich eigentlich erst dann, wenn man eine größere Zahl von entsprechenden Pflanzen besitzt oder die Pflanzen ganz spezielle Ansprüche stellen, wie *Rhododendron* oder *Hydrangea*.

Im Gegensatz zu den Volldüngern enthalten **Einzeldünger** nur einen Nährstoff. Sie dienen zum gezielten Ausgleich von Mangelzuständen, die durch das Fehlen dieses einen Nährstoffs verursacht worden sind. Ein Beispiel dafür sind reine Stickstoffdünger, die in der Rasenpflege eingesetzt werden oder Eisendünger zur Behebung von Eisenmangelchlorosen.

Es ist hier nicht möglich, ein Patentrezept für die Menge, die auszubringen ist, anzugeben. Dazu sind die Bedürfnisse der Kübelpflanzen zu unterschiedlich. Aus diesem Grund sollte man bei der Zusammenstellung der Pflanzen zunächst darauf achten, nicht stark und schwach zehrende Arten in einem Trog zu vergemeinschaften. Die Bedingungen am Naturstandort geben Hinweise auf den Nährstoffbedarf. Pflanzenarten, die z. B. von nährstoffarmen Moor- oder Heidestandorten stammen, benötigen deutlich weniger Dünger als solche, die am Naturstandort auf nährstoffreichen Auenböden wachsen. Wildstauden brauchen in der Regel weniger Nährstoffe als die hochgezüchteten Beetstauden, von denen man eine reiche Blüte erwartet. Ähnliches gilt auch für Gehölze. Wildgehölze sind genügsamer als z. B. Strauchrosen, die kräftig und lang anhaltend blühen sollen. Großstauden, die jedes Jahr einen neuen mächtigen Blattschopf ausbilden, müssen stärker gedüngt werden als alpine Zwergstauden. Durch die genaue Beobachtung der Pflanzen wird der aufmerksame Gärtner leicht feststellen können, ob die Pflanzen „hungrig" sind. Stockendes Wachstum oder aufgehellte Blätter sind z. B. ein Anzeichen für fehlende Nährstoffe.

Allgemein gilt für die Düngung, dass weniger mehr ist. Es ist besser, öfter niedrig dosiert zu düngen, als einmal zu hoch. Die genaue Dosierung ist auf der Packung angegeben. Sie sollte keinesfalls überschritten werden. Zwei Düngungen mit verringerter Konzentration, z. B. im April und Juni, sind besser als eine hoch dosierte Gabe im Frühjahr. Überdüngte Pflanzen verlieren durch das mastige Wachstum ihre typische Wuchsform und sind anfälliger für Frostschäden. Neu gekaufte Pflanzen müssen nicht sofort gedüngt werden, da sie in der Regel durch die Düngung während der Anzucht noch gut versorgt sind. Gleiches gilt für gerade getopfte oder umgetopfte Pflanzen. Das frische Substrat bietet erst einmal genug Nährstoffe. Die letzte Düngung sollte spätestens Ende Juli erfolgen, damit die neu gebildeten Triebe bis zum Winter noch genug Zeit zum Ausreifen haben.

Schnitt

Jeder Schnitt an Pflanzen verfolgt ein bestimmtes Ziel. Aus diesem Grund werden verschiedene Formen des Schnitts unterschieden. Auch wenn der Umfang der Schnittmaßnahmen bei Kübelpflanzen deutlich geringer ist als bei bodengebundenen Pflanzungen, so sollen dennoch an dieser Stelle die wichtigsten Maßnahmen beschrieben werden.

Der **Pflanzschnitt** soll das gestörte Gleichgewicht zwischen der Wurzelmasse und den oberirdischen Trieben wieder herstellen (s. Kap. Pflanzung, Seite 125ff.). In den Jahren nach der Pflanzung folgt der **Aufbau-** oder **Erziehungsschnitt**. Er hat das Ziel, ein für die Art typisches Zweiggerüst aufzubauen. Diese Form des Schnitts ist für Obstgehölze erforderlich – vor allem dann, wenn sie am Spalier gezogen werden sollen. Die entsprechenden Verfahren sind in der einschlägigen Fachliteratur beschrieben. Für die Bepflanzung von Kübeln ist es jedoch sinnvoller, Obstgehölze auf schwach wachsender Unterlage zu kaufen. Der Zuwachs ist dann so gering, dass ein Schnitt kaum erforderlich ist. Auch Laubbäume (Hochstämme) benötigen einen Erziehungsschnitt, der die in der Baumschule begonnene Erziehung fortsetzt. Hier geht es darum, einen stabilen und arttypischen Kronenaufbau mit einem durchgehenden Leittrieb zu erzielen. Aus Platzgründen stellen Hochstämme in Kübeln eine Ausnahme dar. Sträucher benötigen kaum einen Erziehungsschnitt. Hier genügt es, gelegentlich zu dicht stehende oder aneinander scheuernde Triebe herauszuschneiden. Gehölzarten, die zur Ausbildung von langen unverzweigten Trieben neigen, können durch das Pinzieren, d. h. das Kürzen der noch weichen Triebe im Frühjahr, zu einer stärkeren Verzweigung angeregt werden. Einige Gattungen, wie *Hamamelis* oder *Magnolia*, benötigen überhaupt keinen Schnitt. Sie bauen sich ohne Schnitt auf. Dies gilt auch für Nadelgehölze. Schnittmaßnahmen, außer bei Heckengehölzen, verschlechtern die Form eher, als dass sie diese verbessern. Heckengehölze, die noch nicht die gewünschte Größe erreicht haben, müssen langsam aufgebaut werden. Der Zuwachs darf jedes Jahr nur gering sein. Nur so lässt sich die gewünschte dichte Verzweigung erreichen. Das gilt sinngemäß auch für andere Formgehölze, wie Kugeln, Kegel, Figuren usw. Schnitthecken sollen am Fuß ca. 10 bis 15 % breiter sein als am Kopf. Das beugt „kahlen Füßen“ an der Basis vor.

Will man auf Dauer gut belaubte und blühfähige Gehölze behalten, muss man sie auch nach dem Abschluss der Aufbauphase gelegentlich schneiden. Ziel des **Instandhaltungsschnitts** ist es also, das „Altern" des Gehölzes zu verzögern, ohne die arttypische Wuchsform zu beeinträchtigen. In der Regel werden beim Instandhaltungsschnitt alle zwei bis vier Jahre direkt über dem Boden einige der ältesten Äste herausgenommen. Je nach Wuchscharakter der einzelnen Arten ist es auch möglich, ältere Äste bis auf eine Gabelung zurückzunehmen.
Der Zeitpunkt der Maßnahme richtet sich bei Blüten- und Fruchtschmuckgehölzen nach der Ausbildung der Blütenknospen. Alle Arten, die am diesjährigen Holz blühen, werden im Herbst oder zeitigen Frühjahr stark zurückgeschnitten.
Arten, die am vorjährigen Holz blühen, dürfen erst nach der Blüte geschnitten werden. Beim Schnitt im Winter würde man sonst die Triebe mit den vorgebildeten Blütenknospen entfernen.
Aktuelle Untersuchungen haben gezeigt, dass, entgegen der noch immer weit verbreiteten Meinung, ein Schnitt während der Vegetationsperiode günstiger ist, als zu Zeiten der Vegetationsruhe. Während des Wachstums erfolgt eine schnellere Wundheilung, während beim Winterschnitt die Schnittwunde erst einmal längere Zeit offen bleibt. Gehölze, die nach einem Schnitt im Frühjahr stark bluten (z. B. Birke), dürfen erst im Sommer geschnitten werden.

Im Rahmen des Instandhaltungsschnitts ist es bei Gehölzen im Kübel erlaubt, das Wachstum durch Schnitt zu „bremsen". Diese Maßnahme ist bei ausgepflanzten Gehölzen unter Fachleuten verpönt. Die Gehölze müssen so ausgewählt werden, dass sie auch im erwachsenen Zustand nicht den zur Verfügung stehenden Raum sprengen. Bei Kübelgehölzen jedoch gelten andere Regeln. Das Wachstum ist zwar durch den eingeschränkten Wurzelraum insgesamt schwächer, aber ab einem gewissen Zeitpunkt werden die Gehölze für die Kübel dann doch zu groß. Durch einen gefühlvollen Rückschnitt lässt sich das Umtopfen noch etwas hinausschieben. Nadelgehölze kann man durch das Auskneifen der noch weichen Triebspitzen im Frühjahr leicht in ihrem Wachstum begrenzen. Der typische Habitus darf jedoch beim Rückschnitt nicht verloren gehen, sonst sieht die Pflanze verstümmelt aus. Es ist sinnvoll, den Schnitt mit einer reduzierten aber ausreichenden Nährstoffversorgung zu kombinieren. Zum Instandhaltungsschnitt gehört auch das Entfernen von nicht schmückenden Fruchtständen, wie sie z. B. bei Flieder und Rhododendron auftreten, sowie das Entfernen abgestorbener Äste.

Der **Verjüngungsschnitt** soll überalterte und kaum noch blühende Sträucher zur Neubildung blühfähigen Holzes anregen. Dabei nimmt man das alte Holz an der Basis weg. Man lichtet also deutlich stärker aus als beim normalen Instandhaltungsschnitt. Nur die jungen, gesunden und gedrungen wachsenden Äste bleiben stehen. Nur regenerationsfähige Arten, z. B. Liguster (*Ligustrum*-Arten), Blasenspiere (*Physocarpus*) oder Flieder (*Syringa vulgaris*) verkraften einen solchen Schnitt. Zierkirschen (*Prunus*-Arten) und Goldregen (*Laburnum*) z. B.

Gehölze, die im Herbst oder zeitigen Frühjahr stark zurückgeschnitten werden müssen:
- *Buddleja-davidii*-Sorten,
- *Hydrangea paniculata* sowie
- Beet- und Edelrosen.

Gehölze, die erst nach der Blüte geschnitten werden dürfen:
- Zieräpfel (*Malus*-Arten und -Sorten),
- Zierkirschen (*Prunus*-Arten und -Sorten),
- Felsenbirne (*Amelanchier*),
- Zierquitte (*Chaenomeles*) und
- Strauchrosen.

Abb. 47.
Zu dichter Zierstrauch (aus Bärtels 1981):
a) vor dem Schnitt,
b) durch einen die Wuchsform erhaltenden Schnitt ausgelichtet bzw. verjüngt,
c) falsch, d.h. sinnlos zurechtgestutzt.

vertragen ihn nicht. Bei Nadelgehölzen darf diese Schnittform nicht angewendet werden. Die einzige Ausnahme bildet die Eibe (*Taxus baccata*). Auch bei Schnitthecken ist ein solcher Eingriff gelegentlich notwendig. Die Triebe werden mit der Gartenschere bis weit in das alte Holz zurückgeschnitten. Der Schnitt des neuen Austriebs erfolgt dann wieder mit der Heckenschere. Das gilt sinngemäß auch für Formgehölze, wie Kugeln und Pyramiden. Auch sie können, wenn sie zu groß geworden sein sollten, durch einen scharfen Schnitt wieder verkleinert werden.

Der Verjüngungsschnitt muss immer mit Maßnahmen zur Bodenverbesserung kombiniert werden. Bei Kübelpflanzen ist es sinnvoll, die vorgenannten Maßnahmen mit dem Umtopfen oder einem teilweisen Bodenaustausch zu verbinden. Das fördert den Neuaustrieb. Dieser soll dann schon im ersten Jahr durch einen Erziehungsschnitt formiert werden, sodass das Gehölz bald wieder seinen charakteristischen Habitus erhält.

Die Schnittmaßnahmen bei Stauden sind wesentlich einfacher und unkomplizierter als bei Gehölzen. Sommergrüne Staudenarten werden im Frühjahr knapp über dem Boden zurückgeschnitten. Der Herbstschnitt ist aus verschiedenen Gründen ungünstig. Einerseits besitzen viele Arten Triebe, die auch im abgestorbenen Zustand noch standfest sind, z. B. Gold-Garbe (*Achillea filipendulina*), Pracht-Sedum bzw. Purpur-Fetthenne (*Sedum telephium*), Kissenaster (*Aster dumosus*) oder Gräser wie das Silberährengras (*Stipa calamagrostis*), Schwingel-Arten (*Festuca*) oder Ruten-Hirse (*Panicum virgatum*). Im Winter bei Schnee und Raureif ergeben sich hier sehr schöne und stimmungsvolle Bilder. Andererseits schützen die abgestorbenen Blätter und Triebe die Knospen vor Frost und bieten Insekten und Spinnen Überwinterungsmöglichkeiten.

Immergrüne Stauden werden im Frühjahr nur „durchgeputzt", d. h., abgestorbene und unschöne Blätter werden entfernt. Bei Gräsern werden die braunen Blätter ausgezupft.

Der Sommerschnitt beschränkt sich auf das Entfernen von abgeblühten Blütenständen. Es sei denn, man möchte, dass sich die entsprechenden Arten versamen oder legt Wert auf dekorative Fruchtstände.

Überarbeitung/Umtopfen

Kübelbepflanzungen müssen in gewissen Zeitabständen überarbeitet werden. Diese Zeiträume sind in der Regel kürzer als bei bodengebundenen Pflanzungen. Als besondere Pflegemaßnahme kommt bei Kübelpflanzen noch das Umtopfen hinzu. Die zeitlichen Abstände für diese Maßnahmen sind sehr unterschiedlich – eine feste Regel kann dafür nicht aufgestellt werden. Manche Kübelpflanzen müssen alle zwei bis drei Jahre umgetopft werden. Es gibt aber auch Beispiele für Kübelbepflanzungen, die sich ohne Eingriffe nach vielen Jahren immer noch in gutem Zustand befinden.
Die in den folgenden Abschnitten beschriebenen Maßnahmen sind z. T. mit einer Störung oder dem Schnitt der Wurzeln verbunden, sie dürfen deshalb nur im Frühjahr ausgeführt werden. Die Kübelpflanzen sollten danach einen geschützten Platz im Schatten erhalten oder schattiert werden, bis sie durch ihren Austrieb zeigen, dass sie die Störung überwunden haben.

Eine einfache Methode zur **Verbesserung des Substrats** ist der Austausch der obersten Schicht. Dieses Verfahren funktioniert jedoch nur bei Trögen mit Einzelgehölzen, bei denen eine offene Oberfläche vorhanden ist. Die oberste Substratschicht wird bis zum Erscheinen der ersten Wurzeln vorsichtig abgehoben und entfernt. Danach wird die fehlende Menge durch neues Substrat ersetzt. Wenn diese Maßnahme nicht ausreichen sollte, kann das Substrat im Verlauf von zwei oder drei Jahren sektorenweise ausgetauscht werden. Die Oberfläche wird dazu wie bei einer Torte in vier oder sechs Sektoren eingeteilt. Jedes Jahr wird in zwei gegenüberliegenden Sektoren das Substrat mit Hilfe einer Pflanzschaufel und eines Messers möglichst tief herausgenommen. Ein gewisser Wurzelverlust muss dabei in Kauf genommen werden, wobei natürlich keine Hauptwurzeln gekappt werden dürfen. Im nächsten oder übernächsten Jahr werden dann die nächsten zwei Sektoren ausgetauscht, bis das Substrat einmal erneuert worden ist.

Wann muss umgetopft oder überarbeitet werden?
- Einzelne Pflanzen sind ausgefallen und müssen ersetzt werden.
- Die Pflanzung hat sich besonders kräftig entwickelt und muss ausgedünnt werden.
- Einzelne Arten haben sich so stark verbreitet, dass sie die anderen Arten stören.
- Die Pflanze ist so groß, dass sie „kopflastig" geworden ist.
- Das Substrat ist verkrustet und ausgelaugt.
- Die Poren im Boden sind durch das Wurzelwachstum verschlossen.
- Die Pflanzen haben sich durch toxisch wirkende Stoffwechselprodukte das Substrat selbst „vergällt".
- Die Pflanze(n) hat (haben) das Gefäß völlig durchwurzelt.

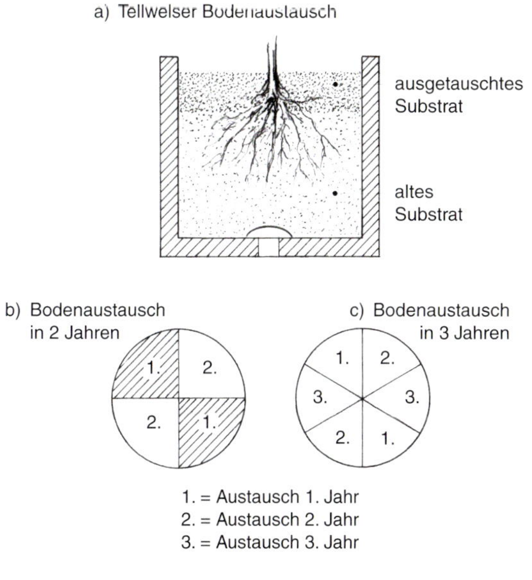

Abb. 48.
Teilweiser Bodenaustausch.
a) Die oberste, wenig durchwurzelte Schicht wird vorsichtig abgetragen und durch neues Substrat ersetzt.
b) Bodenaustausch im Verlauf von zwei Jahren. Jedes Jahr werden nur zwei Viertel des Substrats ausgetauscht, um den Wurzelverlust der Pflanze zu begrenzen.
c) Bodenaustausch in drei Jahren. In diesem Fall wird der Bodenaustausch über drei Jahre verteilt.

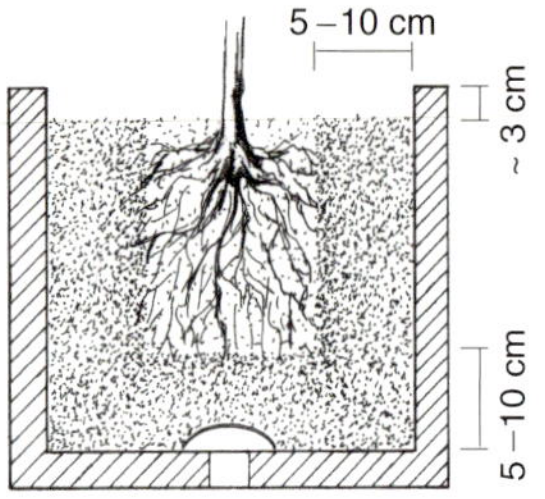

Abb. 49.
Der neue Topf oder Kübel sollte beim Umtopfen auf jeder Seite 5 bis 10 cm breiter sowie höher als der alte Topf sein.

In vielfältig bepflanzten Trögen kommt es immer wieder vor, dass einzelne Pflanzen ausfallen oder sich zu stark ausbreiten und stören. In diesen Fällen kann man sich mit dem **Austausch einzelner Pflanzen** behelfen. Die entsprechende Pflanze wird vorsichtig mit einem alten Messer samt Wurzelballen herausgenommen. Danach wird das Loch einfach mit Substrat verfüllt. Soll wieder eine neue Pflanze eingesetzt werden, dann muss das Loch vorsichtig so weit vergrößert werden, dass der Ballen der neuen Pflanzen bequem Platz hat. Der Zwischenraum wird dann mit neuem Substrat gefüllt. Dieser Spalt mit frischem und noch nicht durchwurzeltem Substrat ist die notwendige „Starthilfe" für die neue Pflanze. Sie hätte es sonst sehr schwer, sich in dem Wurzelfilz der vorhandenen Pflanzen zu etablieren.

Führt der Austausch einzelner Pflanzen nicht zum Erfolg, so kann man auch **die ganze Pflanzung aufnehmen**. Zur Wiederverwendung geeignete Pflanzen werden zur Seite gelegt. Stauden können bei dieser Gelegenheit gleich geteilt und Gehölze durch einen kräftigen Schnitt verjüngt werden. Zu lange und beschädigte Wurzeln werden mit einer scharfen Schere gekürzt.

Der Trog wird anschließend gesäubert und mit Isolierung, Dränschicht, Vlies und Substrat neu aufgebaut. Jetzt kann mit den neuen und alten Stauden sowie den Gehölzen wieder eine Pflanzung angelegt werden.

Hilft das teilweise Auswechseln des Substrats nicht mehr weiter oder ist die Pflanze für das Gefäß zu groß geworden, hilft nur noch das **Umtopfen**. Durch das jahrelange Wurzelwachstum haben sich die Wurzeln häufig so stark an die Kübelwände gepresst, dass es oft schwierig ist, sie herauszuheben. Bei Ton- und Holzkübeln (ohne Innenauskleidung) hilft es, das Substrat vorher kräftig anzufeuchten. Dann löst sich der Ballen leichter von der Kübelwandung. Der umgekehrte Weg führt bei Kunststoff und glasierten Tonkübeln zum Erfolg. Hier ist es besser, das Substrat vorher trocken werden zu lassen. Lässt sich der Ballen dann immer noch nicht herausheben, so kann man mit einem Brotmesser zwischen Kübelwandung und Wurzel entlangschneiden. Bei großen Kübeln verwendet man den Spaten. Große Pflanzen, deren Ballen zum Herausheben zu schwer ist, legt man vorsichtig auf eine weiche Unterlage. Der Ballen lässt sich dann seitlich herausziehen.

Für das weitere Vorgehen gibt es jetzt zwei Möglichkeiten:

- die Pflanze wird in einen größeren Kübel gepflanzt oder
- der Ballen wird verkleinert und derselbe Kübel wieder verwendet.

Üblicherweise wird die Pflanze in einen größeren Kübel umgepflanzt. In Abhängigkeit von der Pflanzengröße sollte der neue Kübel so gewählt werden, dass rund um den Ballen 5 bis 10 cm Freiraum bleiben. Vor dem Einstellen in den neuen Kübel muss der Ballen noch vorbereitet werden. Die alte Erde wird vorsichtig abgeklopft oder ausgeschüttelt, wobei darauf zu achten ist, dass sich der Ballen nicht komplett auflöst. Sollten sich am Boden Ringelwurzeln entwickelt haben, dann werden diese abgeschnitten (s. Kap. Pflanzung, Seite 126f.).

1

2

3

4

5

6

Überarbeitung und neue Bepflanzung eines mit Stauden bepflanzten Blumenkastens.

1 Zustand vor der Überarbeitung: Die Stauden sind zu dicht gewachsen, unerwünschte Gräser haben sich festgesetzt. Beim Umstellen ist außerdem die rechte Ecke ausgebrochen.

2 Zustand nach dem Austopfen: Das Vlies und die Dränschicht sind völlig durchwurzelt.

3 Dränschicht und Vlies entfernen.

4 Ballen in größere Teilstücke teilen. Anschließend auch die Einzelpflanzen teilen.

5 Dränschicht in den neuen Kunststoffkasten einfüllen. Die Sicken im Kasten sind an der höchsten Stelle gebohrt worden, damit ein kleiner Wasservorrat stehen bleiben kann. Die Dränschicht muss bis ca. 2 cm über die Sicken eingefüllt werden.

6 Vlies einlegen und zuschneiden. Danach das Substrat einfüllen.

7 Pflanzen probeweise ausstellen – geteilte und verjüngte Stauden aus der ursprünglichen Bepflanzung sowie neu gekaufte.

8 Stauden pflanzen und angießen. Während der nächsten 14 Tage sollte der Kasten zunächst im Schatten aufgestellt werden, damit die Pflanzen sich eingewöhnen können.

7

8

Pflanzenarten, die überwiegend Feinwurzeln ausbilden, entwickeln im Kübel feste Ballen, die sich nicht ausschütteln lassen. In diesen Fällen wird mit einer Gartenschere oder einem Messer lediglich der äußere Wurzelfilz aufgerissen. Nach dem Einstellen in den neuen Kübel wird die Pflanze ausgerichtet, das Substrat eingefüllt und angedrückt. Nach dem Wässern sollte ein Gießrand von 3 cm verbleiben.

Irgendwann ist der Zeitpunkt erreicht, an dem es nicht mehr möglich ist, die Pflanze in einen größeren Kübel zu pflanzen. Er wäre dann einfach nicht mehr handhabbar. Diese Obergrenze ist individuell ganz unterschiedlich und hängt von der Kübelgröße, dem Kübelmaterial (Beton oder Fiberglas), dem Substrat und den technischen Hilfsmitteln zum Transport ab. Vielleicht passt aber auch der Kübel so gut zu der Pflanze, dass man ihn aus diesem Grund nicht wechseln will. Soll die Pflanze weiterhin als Kübelpflanze kultiviert werden, dann muss der Ballen verkleinert werden. Mit einem scharfen Messer oder Spaten wird der Ballen außen und am Boden verkleinert, sodass wieder 5 bis 10 cm Platz für neues Substrat geschaffen werden. Große Ballen oder solche mit harten Wurzeln verkleinert man mit dem Beil oder einem scharfen Spaten. Die stärkeren Wurzeln müssen mit einer scharfen Schere nachgeschnitten werden. Ein derartiger Wurzelschnitt zieht einen entsprechenden Schnitt der oberirdischen Teile nach sich – soweit die Pflanzenart dies zulässt (s. Kap. Schnitt, Seite 138ff.). Danach kann die Pflanze wieder, wie oben beschrieben, eingepflanzt werden.

Wer den Ballen nicht verkleinern möchte, kann die zu groß gewachsenen Pflanzen auch einfach im Garten auspflanzen. Mit einer neuen kleinen Pflanze fängt man dann wieder von vorne an.

Winterhärte

Pflanzen, die in Gebieten mit einem ausgeprägten Jahreszeitenklima wachsen, müssen Strategien entwickeln, um den Winter zu überstehen. Die Winterhärte einer Pflanzenart beschränkt sich nicht allein auf das Überleben tiefer Temperaturen. Sie ist vielmehr eine sehr komplexe und dynamische Größe, die art- und altersspezifisch geprägt ist. Die Winterhärte einer Pflanzenart ist keine absolute Größe, die genetischen Anlagen sind hier von besonderer Bedeutung. Aus diesem Grund ist z. B. die Sand- bzw. Hänge-Birke (*Betula pendula*) deutlich winterhärter als der Ölbaum (*Olea europaea*). Die Winterhärte wird darüber hinaus stark durch äußere Einflüsse, z. B. Temperaturverlauf, Niederschläge, örtliche Gegebenheiten, beeinflusst. Sie umfasst alle Faktoren, die es der Pflanze ermöglichen, die ungünstigen Bedingungen, denen sie im Winter ausgesetzt ist, zu überleben:

- die Widerstandsfähigkeit gegenüber tiefen Temperaturen;
- die Verhinderung der Austrocknung bei Kahlfrost (Frosttrocknis, ist vor allem für Immergrüne von Bedeutung);
- die Widerstandsfähigkeit gegenüber dem Wechsel von Gefrieren und Auftauen;

Die einzelnen Organe einer Pflanze unterscheiden sich deutlich in ihrer Frostresistenz. Blüten, Wurzeln und Früchte sind besonders empfindlich. Knospen, vor allem Reserveknospen, und Holzteile sind dagegen deutlich widerstandsfähiger.

- die Widerstandsfähigkeit gegenüber organspezifischen Schädigungen (Wurzeln, Blütenknospen usw.);
- die Widerstandsfähigkeit gegenüber mechanischen Beanspruchungen durch Eis und Schnee.

Die Widerstandsfähigkeit gegenüber tiefen Temperaturen wird als Frostresistenz bezeichnet. Sie ist in erster Linie genetisch bestimmt. Im Jahresverlauf betrachtet, ist sie keine statische, sondern eine dynamische Größe. Auf dem Weg der Abhärtung können sich die Pflanzen im Herbst und Winter den sinkenden Temperaturen anpassen. Dieser Abhärtungsprozess verläuft in Phasen.

Mit dem Ende der Winterruhe, ausgelöst durch steigende Temperaturen, gehen das Abhärtungsvermögen und der Abhärtungsgrad schnell verloren. Schäden treten dann auf, wenn die Entwicklungsphase der Vegetation nicht mit dem typischen Klimaverlauf übereinstimmt. Ein Beispiel dafür ist ein früher Frosteinbruch im Herbst, der die Pflanze im nicht abhärtungsbereiten Zustand trifft. Auch sehr frostharte Arten können geschädigt werden, wenn sie im Frühjahr bei steigenden Temperaturen austreiben und von einem Spätfrost überrascht werden, der ja in der Regel am Naturstandort nicht vorkommt. Diesen Arten fehlt die Widerstandsfähigkeit gegenüber dem Wechsel von Gefrieren und Auftauen.

Vor allem bei wintergrünen und immergrünen Arten ist es notwendig, die Austrocknung bei Kahlfrost zu verhindern. Aus dem gefrorenen Boden können die Pflanzen kein Wasser mehr aufnehmen, während sie aber über die Blätter oder Nadeln weiter transpirieren müssen. Die Schäden durch die so genannte Frosttrocknis übertreffen meist deutlich die Schäden, die durch tiefe Temperaturen verursacht wurden. Sommergrüne Gehölze sind in dieser Hinsicht deutlich geringer gefährdet, da sie durch den Abwurf ihrer Blätter die Verdunstungsfläche um ca. 99 % verringern.

Physische Schäden an den Trieben können durch Schneelast oder Eiskrusten verursacht werden. Vor allem Arten mit brüchigem Holz sind gefährdet. Die Bruchstellen sind jedoch nicht nur Eingangspforten für Krankheiten und Schädlinge, sondern verschlechtern auch das Erscheinungsbild der Pflanze.

Winterhärtezonen

Die in Gärten und Parks verwendeten Gehölze stammen fast alle aus verschiedenen Klimazonen der Nordhalbkugel. Sie sind insbesondere durch ihre unterschiedliche Frostresistenz an das Klima in diesen Zonen angepasst. Grundlage für die hier besprochenen Winterhärtezonen ist die Veröffentlichung von Heinze und Schreiber (1984) „Eine neue Kartierung der Winterhärtezonen für Gehölze in Europa". Bisher gab es für den mitteleuropäischen Raum keine verwendbare Winterhärtezonenkarte. Zwar wurden bereits in den Jahren 1903 und 1909 erste Versuche unternommen, Deutschland anhand der Minimumtem-

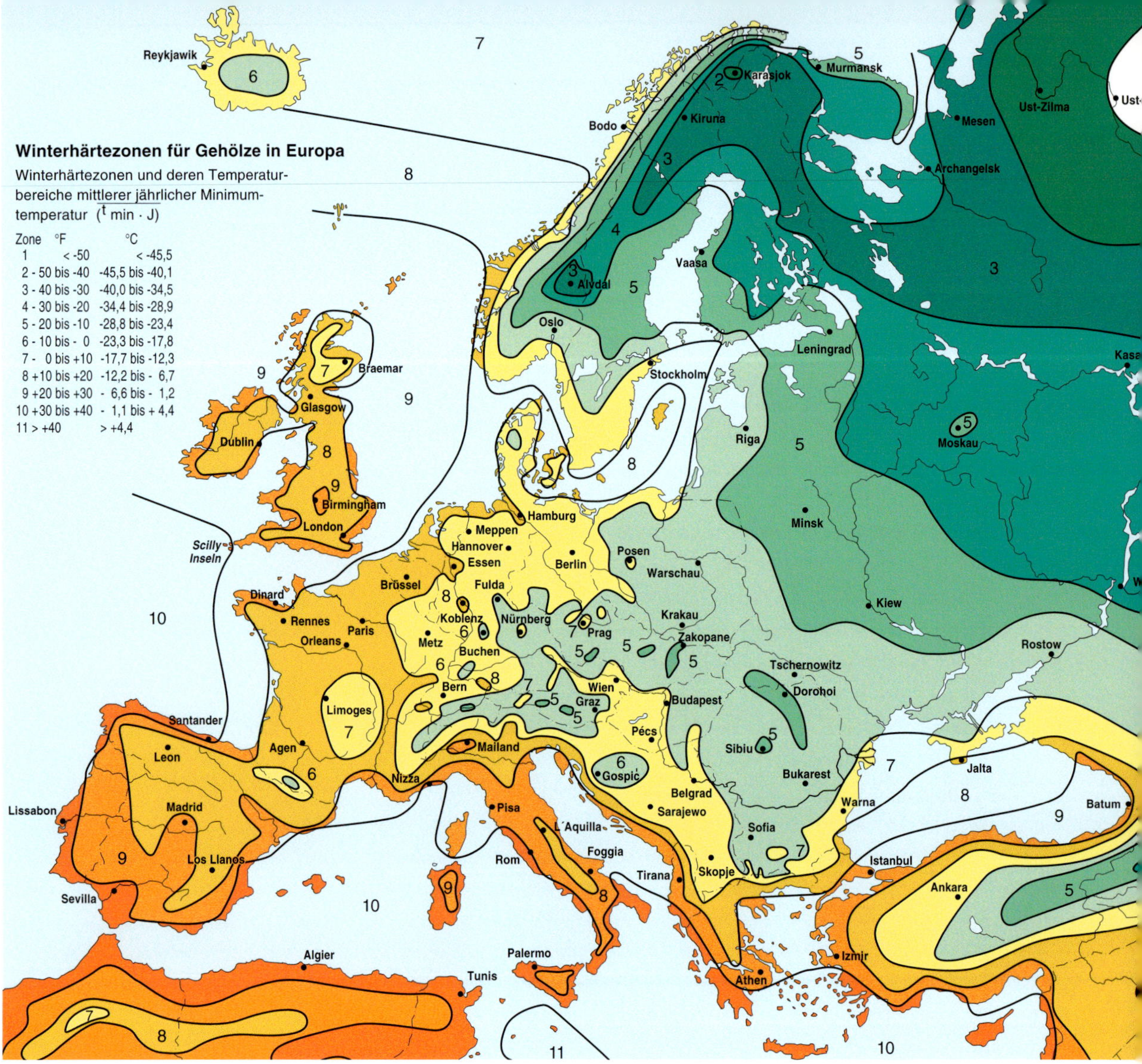

Abb. 50.
Winterhärtezonen (aus Roloff *und* Bärtels *1996).*

peraturen in normalen und extremen Wintern in unterschiedliche Klimaregionen einzuteilen. Aber diese Arbeiten wurden später nicht fortgeführt. Für Nordamerika hingegen gab es schon seit 1927 eine Karte mit der Einteilung in Winterhärtezonen. Nach längeren Vorarbeiten wurde auf der Basis einer neuen Kartierung 1960 vom US Department of Agriculture erstmals eine Plant Hardiness Zone Map (USDA Map) herausgegeben. Im Jahr 1965 erschien ein überarbeiteter Neudruck, der 1972 nachgedruckt wurde. Die Karte weist 10 Zonen auf. Die Zonen 2 bis 10 sind noch einmal in Halbzonen a und b unterteilt. Mit Ausnahme der Zonen 1 und 10 umfassen alle anderen Zonen gleichmäßig 10 °F (= 5,5 °C). Die in der Veröffentlichung von Heinze und Schreiber (1984) vorgestellten Winterhärtezonen für Europa basieren wie das amerikanische Vorbild auf den mittleren jährlichen Minima der Lufttemperatur. Die Autoren übernehmen in ihrer Winterhärtezonen-Karte auch die Temperaturgrenzen der nordamerikanischen Karte, die sie allerdings von Fahrenheit in Celsius umgerechnet haben. Somit ist ein Vergleich der Winterhärte von Gehölzen in Europa und Nordamerika möglich. Die zehn Zonen haben sie um eine

Tab. 6. Winterhärtezonen und deren Temperaturbereiche, resultierend aus der mittleren jährlichen Minimumtemperatur t_{minJ} (nach HEINZE und SCHREIBER, MDDG Band 75)		
Zone	**°F**	**°C**
1	unter −50	unter −45,5
2	−50 bis −40	−45,5 bis −40,1
3	−40 bis −30	−40,0 bis −34,5
4	−30 bis −20	−34,4 bis −28,9
5	−20 bis −10	−28,8 bis −23,4
6	−10 bis −0	−23,3 bis −17,8
7	0 bis +10	−17,7 bis −12,3
8	+10 bis +20	−12,2 bis −6,7
9	+20 bis +30	−6,6 bis −1,2
10	+30 bis +40	−1,1 bis +4,4
11	über +40	über +4,4

Tab. 7. Winterhärtezonen-Einteilung für Mitteleuropa (nach HEINZE und SCHREIBER, MDDG Band 75)		
Zone	**°F**	**°C**
5b	−15 bis −10	−26,0 bis −23,4
6a	−10 bis −5	−23,3 bis −20,6
6b	−5 bis −0	−20,5 bis −17,8
7a	0 bis +5	−17,7 bis −15,0
7b	+5 bis +10	−14,9 bis −12,3
8a	+10 bis +15	−12,2 bis −9,5
8b	+15 bis +20	−9,4 bis −6,7

elfte Zone erweitert, da auf Malta, Lampedusa, den Azoren und Madeira die mittleren jährlichen Minima der Lufttemperatur über +4,4 °C (= +40 °F) liegen. Die USDA Map hingegen endet bei +40 °F. Die Temperaturbereiche der Winterhärtezonen umfassen in Europa jeweils 5,5 °C. In Mitteleuropa kommen nur die Zonen 5 bis 8 vor. Die einzelnen Zonen für Mitteleuropa sind ebenfalls in Halbzonen a und b unterteilt. Diese Unterteilung berücksichtigt die kleinräumige mitteleuropäische Landschaft und ermöglicht dadurch genauere Aussagen in Bezug auf die Winterhärte der einzelnen Arten. HEINZE und SCHREIBER (1984) beschreiben ausführlich die Abgrenzung der einzelnen Zonen und die Ausweisung einer größeren Anzahl von kleinräumigen Exklaven. Natürlich können in einer solchen Karte nicht alle lokalklimatischen Besonderheiten Berücksichtigung finden. Städte werden eine Halbstufe wärmer eingestuft als deren weitere Umgebung. Wasserflächen, sofern sie auch in strengen Wintern nicht zufrieren, wirken sich ebenso günstig aus wie warme Hangzonen, Kuppen und Rücken. Im Gegensatz dazu herrschen in Mulden und Tälern ungünstigere Bedingungen. Nördlich der Alpen wurde keine wesentliche Höhenabhängigkeit der Winterhärtezonen festgestellt. Bis zur Höhe von 1500 m über NN gilt einheitlich die Zone 6b.

Zuordnung der Gehölze zu den Winterhärtezonen

Die Winterhärtezonen allein bieten dem Pflanzenverwender jedoch nur eine geringe Hilfe. Erst in Verbindung mit einer Zuordnung der Gehölzarten zu den verschiedenen Zonen ermöglichen sie konkrete Aussagen über die Winterhärte. Als erster Autor hat Bärtels in der 2. Auflage seines Buches „Gartengehölze" (1981) zu jeder im lexikalischen Teil besprochenen Gehölzart auch die jeweilige Winterhärtezone angegeben.

In extrem kalten Wintern werden die mittleren jährlichen Minima der Lufttemperatur stark unterschritten, was zu mehr oder weniger großen Schäden an den Gehölzen führen kann. Nach Heinze und Schreiber ist in diesem Fall damit zu rechnen, dass, ähnlich wie bei kanadischen Angaben, eine etwa 80%ige Überlebenswahrscheinlichkeit der Gehölze in der kältesten angegebenen Zone ihres Anbaugebietes wahrscheinlich ist. Von der Gesamtpopulation würden gemäß dieser Annahme 80 % überleben. Das sagt allerdings nichts über das Aussehen der überlebenden Pflanzen aus. Die Spannweite reicht hier von „nicht geschädigt" bis zu „stark geschädigt, Neuaufbau aus der Basis erforderlich". Dabei muss berücksichtigt werden, dass Extremwinter in unterschiedlich großen und nicht vorhersehbaren Zeitabständen auftreten. In den Jahren zwischen solchen Extremwintern können durchaus auch empfindlichere Arten gepflanzt werden. Man muss aber wissen, dass diese im nächsten sehr kalten Winter stark geschädigt werden können oder ganz erfrieren. Winterschäden hängen aber nicht allein von außergewöhnlich tiefen Temperaturen ab. Untersuchungen über die Auswirkungen besonders strenger Winter auf Obstgehölze zeigten, dass sehr kalte Winter geringe Schäden verursachen können und andererseits Schadwinter nicht unbedingt kalt sein müssen. Wie bereits erwähnt, ist die Frostresistenz keine absolute Größe. Sie ist im Grunde genetisch fixiert, kann aber durch Umwelteinflüsse in Grenzen beeinflusst werden (s. Kap. Winterhärte, Seite 144f.). Durch ein geschicktes Ausnutzen von kleinklimatischen Standortgegebenheiten lassen sich oft auch Arten in Winterhärtezonen kultivieren, in denen sie sich sonst nicht mehr entwickeln würden.

Bei Gehölzarten, wie der Wald-Kiefer (*Pinus sylvestris*), mit einem ausgedehnten Verbreitungsgebiet, spielt die Herkunft des Vermehrungsmaterials eine erhebliche Bedeutung. Herkünfte aus Mittelsibirien verhalten sich in Bezug auf die Winterhärte anders als solche aus Mitteleuropa.

Die Zuordnung der Gehölzarten zu Winterhärtezonen bietet eine gute Grundlage für die Beurteilung hinsichtlich ihrer Anbaufähigkeit

Tab. 8. Winterhärte-Indikatorpflanzen*) (nach Heinze und Schreiber, MDDG Band 75)

Zone	Botanischer Name	Deutscher Name
1	*Picea obovata*	Sibirische Fichte
	Pinus sylvestris	Gemeine Kiefer
	– *cembra* ssp. *sibirica*	Sibirische Zirbelkiefer
	Betula pubescens	Moor-Birke
	– *nana*	Zwerg-Birke
	Populus tremula	Zitter-Pappel
	Ribes nigrum	Schwarze Johannisbeere
2	*Picea abies*	Gemeine Fichte
	Potentilla fruticosa	Fingerstrauch
	Salix pentandra	Lorbeer-Weide
3	*Alnus glutinosa*	Schwarz-Erle
	Caragana arborescens	Erbsenstrauch
	Rhamnus frangula	Faulbaum
4	*Quercus robur* ssp. *robur*	Stiel-Eiche
	Tilia cordata	Winter-Linde
	Acer platanoides	Spitz-Ahorn
	Rhamnus catharticus	Kreuzdorn
	Fraxinus excelsior	Gemeine Esche
5	*Acer campestre*	Feld-Ahorn
	Cornus mas	Kornelkirsche
	Taxus cuspidata	Japanische Eibe
6	*Buxus sempervirens*	Buchsbaum
	Hedera helix	Efeu
	Juglans regia	Walnuss
	Quercus robur ssp. *petraea*	Trauben-Eiche
	Taxus baccata	Eibe
7	*Cedrus atlantica*	Atlas-Zeder
	Ilex aquifolium	Stechpalme, Hülse
	Prunus laurocerasus	Lorbeerkirsche
8	*Auraucaria araucana*	Chilenische Araukarie
	Cupressus sempervirens (nur wärmere, insbesondere sommerwarme Teile der Zone 8)	Echte Zypresse

*) Pflanzen, deren Kulturareal jeweils in der Winterhärtezone beginnt, in der sie aufgeführt sind. Die Tabelle bringt eine Auswahl von Gehölzen.

Tab. 8. (Fortsetzung)

Zone	Botanischer Name	Deutscher Name
noch 8	*Magnolia grandiflora*	Immergrüne Magnolie
	Pinus pinaster	Strand-Kiefer
	Quercus ilex	Stein-Eiche
	Trachycarpus fortunei (nur wärmere Teile der Zone 8)	Japanische Hanfpalme
9	*Chamaerops humilis*	Zwerg-Palme
	Citrus-Arten	Zitrusgewächse
	Eucalyptus globulus (nur wärmere Teile der Zone 9)	Blaugummibaum
	Jubaea chilensis	Honigpalme
	Laurus nobilis	Lorbeer
	Myrtus communis (nur wärmere Teile der Zone 9)	Myrte
	Nerium oleander (nur wärmere Teile der Zone 9)	Oleander
	Olea europaea	Ölbaum
	*Phoenix canariensis**) (nur wärmere Teile der Zone 9)	Kanarische Dattelpalme
	Pinus pinea (in Zone 8 in kalten Wintern regelmäßig schwerste Schäden, doch Wiederaustrieb)	Pinie
	Viburnum tinus (auch wärmste Teile der Zone 8)	Lorbeer-Schneeball
10	*Annona cherimola*	Cherimoya
	Ceratonia siliqua	Johannisbrotbaum
	Ficus elastica (nur wärmste Teile der Zone 10)	Gummibaum
	Musa basjoo, Ensete ventricosum	Bananen
	*Phoenix dactylifera**)	Echte Dattelpalme
11	*Cocos nucifera*	Kokos-Palme
	Chrysalidocarpus lutescens	Goldblatt-Palme
	Theobroma cacao	Kakaobaum
	Spathodaea campanulata	Afrikanischer Tulpenbaum

*) *Phoenix canariensis* und *P. dactylifera* unterscheiden sich hinsichtlich ihrer Kälteresistenz sehr wenig. Hinsichtlich ihres sommerlichen Wärmebedarfs ist der Unterschied jedoch sehr groß. Die Früchte von *P. dactylifera* reifen nur an sehr heißen Standorten aus.

und der Abgrenzung von Kulturarealen. Die von Bärtels erarbeitete Zuordnung basiert neben dessen eigenen langjährigen Erfahrungen auf einer umfangreichen Auswertung von Berichten über Frostschäden in der einschlägigen Literatur. Diese Zuordnung ist nicht für immer festgeschrieben, sondern muss anhand von neuen Erfahrungsberichten ständig überprüft und fortgeschrieben werden. Die Datenbasis für die Einstufung ist natürlich nicht für alle Arten gleich, weshalb auch die Aussagen über die Winterhärte nicht für alle Arten gleich gut abgesichert sind. Achtung: Die Zuordnung zu den Winterhärtezonen gilt nur für die Arten. In der Regel wird davon ausgegangen, dass die Sorten über die gleiche Winterhärte verfügen. Es können hier jedoch erhebliche Unterschiede bestehen. So sind z. B. gelblaubige Farbmutanten häufiger frostempfindlicher als die Art. Andererseits sind aber Sorten oft auch winterhärter als die Art.

Nur ausgereifte Triebe besitzen die Fähigkeit zur Abhärtung. Alle Pflegemaßnahmen, die das Wachstum anregen, sollten spätestens im Juli abgeschlossen werden. Dazu zählen nicht nur die Düngung, sondern auch das Umtopfen sowie ein starker Rückschnitt.

Winterschutz

Das Wetter kann vom Gärtner nicht geändert werden, wohl aber die Bedingungen für die Pflanzen. Aus dem Wissen um die Belastungen, denen die Pflanzen im Winter ausgesetzt sind, lassen sich wirksame Schutz- und Unterstützungsmaßnahmen entwickeln. Diese Maßnahmen können vorbeugend oder erst dann, wenn es die Umstände erfordern, durchgeführt werden.

Die **vorbeugenden Maßnahmen** beginnen mit der richtigen Standortwahl, die auf die Bedürfnisse der Pflanzen abgestimmt ist. Arten, die sonnige Standorte lieben, gehören nicht in den Schatten und umgekehrt. In einem Trog sollten deshalb nur Arten mit gleichen Ansprüchen an Licht, Bodenart, Nährstoffgehalt und Wasser vergesellschaftet werden. Zugige Standorte sind im Winter noch ungünstiger als im Sommer, vor allem für winter- und immergrüne Arten, da der Wind die Transpiration noch verstärkt.

Kübelpflanzen sind durch gefrorenen Boden stärker belastet als Pflanzen, die im Boden ausgepflanzt sind. Der Gartenboden friert langsam von der Oberfläche her zu. Bei den Kübelpflanzen greift der Frost von allen Seiten an (s. Kap. Grundaufbau, Seite 105f.) und der Ballen ist viel schneller durchgefroren. Wurzeln reagieren – wie bereits erwähnt – deutlich empfindlicher auf Frost als der Spross. Dabei sind Pflanzen mit fleischigen Wurzeln empfindlicher als solche mit harten und verholzten Wurzeln. Bei den Wurzeln reichen mitunter ganz geringe Minusgrade aus, um sie zum Absterben zu bringen. Das zeigen die Werte in Tabelle 9, die auf Erfahrungen aus amerikanischen Baumschulen beruhen. Erste Schäden treten bereits bei Temperaturen von –3 °C im Substrat auf. Das Tückische für den Gärtner ist, dass Wurzelschäden erst beim Austrieb im folgenden Frühjahr sichtbar werden, wenn es für Schutzmaßnahmen zu spät ist. Je nach dem Grad der Schädigung, treiben die Pflanzen gar nicht mehr aus oder aber später und schwächer. Häufig kommt es nach einem scheinbar normalen Austrieb zu einem plötzlichen Zusammenbruch.

Tab. 9. Bodentemperaturen, die bei Containergehölzen in der Baumschule zum Absterben der Wurzeln führen

Pflanzennamen	**Temperatur in °C**
Buxus sempervirens	-3
Cotoneaster dammeri	-5
Daphne cneorum	-5
Euonymus fortunei var. *vegetus*	-5
Hypericum ssp.	-5
Ilex crenata	-5
Magnolia × soulangiana	-5
Mahonia bealei	-5
Pyracantha coccinea 'Lalandei'	-5
Acer palmatum 'Atropurpureum'	-9
Cornus florida	-6
Cotoneaster horizontalis	-8
Cryptomeria japonica	-8
Cytisus × praecox	-9
Euonymus alatus	-7
Kalmia latifolia	-9
Koelreuteria paniculata	-9
Magnolia stellata	-6
Pachysandra terminalis	-9
Pieris japonica	-9
Stephanandra incisa	-8
Taxus media 'Hicksii'	-8
Viburnum carlesii	-9
Viburnum plicatum	-7
Vinca minor	-9
Cotoneaster praecox	-11
Euonymus alatus 'Compactus'	-14
Euonymus fortunei 'Coloratus'	-15
Juniperus horizontalis 'Plumosa'	-11
Juniperus squamata	-11
Leucothoë walteri	-15
Mahonia aquifolium	-12
Pieris floribunda	-15
Thuja occidentalis	-12
Juniperus horizontalis 'Meyeri'	-18
Juniperus horizontalis 'Plumosa'	-18
Rhododendron carolinianum	-18
Rhododendron catawbiense	-18
Picea glauca	-23
Picea omorika	-23
Potentilla fruticosa	-23

Bei der Interpretation dieser Werte muss beachtet werden, dass es sich um Gehölze in Baumschulen handelt. Aus ökonomischen Gründen werden sie in möglichst kleine Container getopft, die schnell durchfrieren. Außerdem sind Jungpflanzen generell empfindlicher als ältere Exemplare, die aus dem kritischen Alter bereits „herausgewachsen" sind. Fest steht jedoch, dass die Winterhärte einer Pflanzenart, vor allem aber die Frosthärte der Wurzeln, noch vor dem Zierwert das entscheidende Kriterium für die Eignung als Kübelpflanze ist. Zwar ist der größte Teil der gängigen Ziergehölze einer Winterhärtezone zugeteilt und erlaubt damit eine Abschätzung der Winterhärte im ausgepflanzten Zustand, ob aber diese Einstufung auch für die ungünstigen Bedingungen bei einer Kultur im Kübel zutrifft, ist unsicher. Es fehlen in dieser Hinsicht leider vergleichende Untersuchungen. Die Broschüre „Frostharte Kübelgehölze und -stauden" (Centrale Marketinggesellschaft der deutschen Agrarwirtschaft mbH, 1996) fasst die Erfahrungen einiger namhafter Fachleute bezüglich der Verwendung von Stauden und Gehölzen im Kübel zusammen. Nach amerikanischen Erfahrungen sind Gehölze, die zwei Winterhärtezonen kälter eingestuft sind, als die Zone, in der der vorgesehene Kübelstandort liegt, problemlos im Kübel zu verwenden. Da große Teile von Deutschland in der Winterhärtezone sieben liegen, wären nach dieser Empfehlung alle Gehölze der Zonen fünf bis eins dort zur Bepflanzung von Trögen und Containern ohne Winterschutz geeignet. Anhand der Karte mit den Winterhärtezonen und der Einstufung der Gehölze kann jeder Kübelgärtner leicht erkennen, inwieweit das gewünschte Gehölz in seiner Region verwendbar ist. Auch diese Empfehlung basiert auf Erfahrungen und nicht auf den Ergebnissen von exakten Versuchen. Sie scheint aber plausibel und bildet deshalb die Grundlage für die Gehölzlisten im Teil 3 dieses Buches. Eine Zuordnung von Stauden zu den Winterhärtezonen gibt es in Deutschland leider nicht.

Schutzmaßnahmen verringern die Gefahr von Wurzelschäden bei empfindlichen Arten. Eine einfache, aber nur begrenzt wirksame Maßnahme stellt die Verwendung von ausreichend großen Gefäßen dar. Diese frieren bei Frost langsamer durch als kleinere. Vor allem, wenn sie innen mit Styroporplatten ausgekleidet sind (s. Kap. Aufbau, Seite 103ff.). Das langsame Durchfrieren ähnelt eher den natürlichen Bedingungen und verursacht geringere Schäden. Kleine Gefäße hingegen frieren bei Frosteinbruch sehr schnell in einem Stück durch.

Eine einfache Schutzmaßnahme stellt auch das Einsenken der Kübel in den Boden dar. Dieses Verfahren eignet sich vor allem für kleine und leicht zu transportierende Kübel. An einem halbschattigen und windgeschützten Platz werden die Kübel bis zum oberen Rand eingegraben. Der Boden unter dem Kübel sollte entweder locker sein oder der Kübel wird

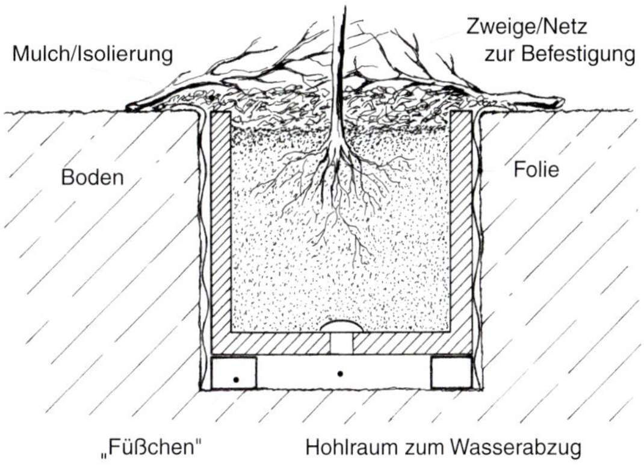

Abb. 51.
Empfindliche Pflanzen können durch das Einsenken in den Boden vor Frost geschützt werden. Die Umwicklung mit Folie verhindert bei empfindlichen Materialien die Verschmutzung durch den Boden. Die Füßchen sind wichtig für eine funktionierende Entwässerung. Das Mulchmaterial isoliert die Bodenoberfläche.

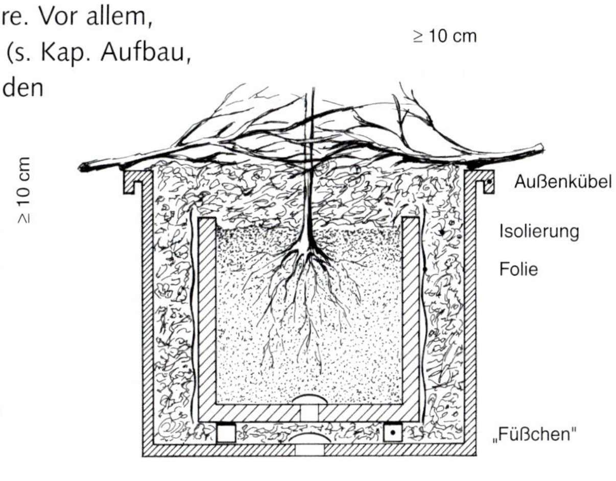

Abb. 52.
Der Pflanzkübel wird zum Schutz vor Frost in einen größeren Kübel gestellt und der Zwischenraum mit Isoliermaterial ausgefüllt. Die Füßchen und die Abzugslöcher verhindern Staunässe.

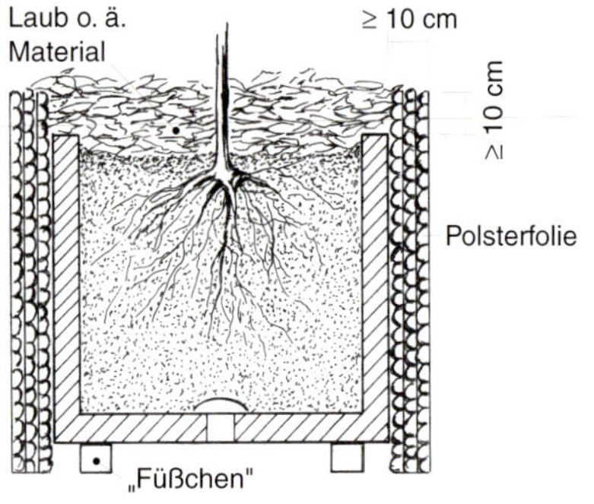

Abb. 53.
Der Kübel wird zum Schutz vor Frost in mehreren Lagen mit Polster- oder Noppenfolie umwickelt. Das Laub schützt die Bodenoberfläche.

Bild oben Mitte: Winterschutz des Kübels durch einen Lattenrahmen, der mit trockenem Laub gefüllt wird.

Bild oben rechts: Winterschutz durch Umwickeln des Kübels mit einer Kokosfasermatte.

auf zwei Steine gestellt. Durch den darunter liegenden Hohlraum kann das überschüssige Wasser problemlos abfließen. Tröge mit empfindlicher Oberfläche können vorher mit einer Folie umwickelt werden. Der Boden muss allerdings zum Wasserabzug frei bleiben. Als zusätzlicher Schutz wird der Boden noch mit Mulchmaterial abgedeckt. Diese Mulchschicht isoliert die Bodenoberfläche und verzögert das Eindringen des Frostes. Hierfür sind alle Materialien geeignet, die eine lockere und luftige Struktur besitzen und auch bei Schnee oder Regen nicht zusammenfallen und damit ihre isolierende Wirkung verlieren, wie Rindenmulch, Stroh, mehrere Lagen Fichten- oder Tannenreisig oder Styroporchips. Auch derbes und schwer verrottbares Laub, z. B. von Eiche oder Platane, eignet sich gut. Einige darüber gelegte Äste oder ein dünnes Kunststoffnetz verhindern das Verwehen des Mulchmaterials. Immergrüne Stauden und kleine Gehölze dürfen nicht ganz zugedeckt werden, sondern müssen immer zumindest „mit der Nasenspitze" noch herausschauen können.

Eine weitere Möglichkeit besteht darin, den Kübel in einen anderen, größeren Kübel einzustellen, der rund herum mindestens 10 cm breiter und auch höher ist als der eigentliche Pflanzkübel. Ein billiger Kunststoffkübel bzw. ein ausgedienter Haushalts- oder Farbeimer eignet sich gut dazu. Es ist wichtig, dass auch dieser „Übertopf" ein Abzugsloch besitzt, damit keine Staunässe entstehen kann. Der Pflanzkübel wird auf Leisten oder Füßchen in den größeren Kübel gestellt und der Zwischenraum mit Isoliermaterial aufgefüllt. Als Isoliermaterial sind alle Materialien geeignet, die bereits als Mulchmaterial genannt wurden. Ein Netz oder einige Zweige halten es an der Topfoberfläche fest. Isoliermaterialien, die Wasser aufnehmen können, müssen vor Nässe geschützt werden, da die Isolierwirkung im trockenen Zustand am besten ist. Bei der Verwendung von Laub oder Rindenmulch als Isolierung ist es sinnvoll, den Pflanzkübel außen mit einer Folie vor möglichen Flecken durch die Huminsäuren zu schützen.

Abb. 54.
Mit stabilem Drahtgeflecht oder einem Kokosmantel wird mit mindestens 10 cm Abstand ein Ring um den Kübel hergestellt. Der Zwischenraum sowie die Bodenoberfläche werden mit Isoliermaterial gefüllt. Die Füßchen sorgen für einen guten Wasserabzug.

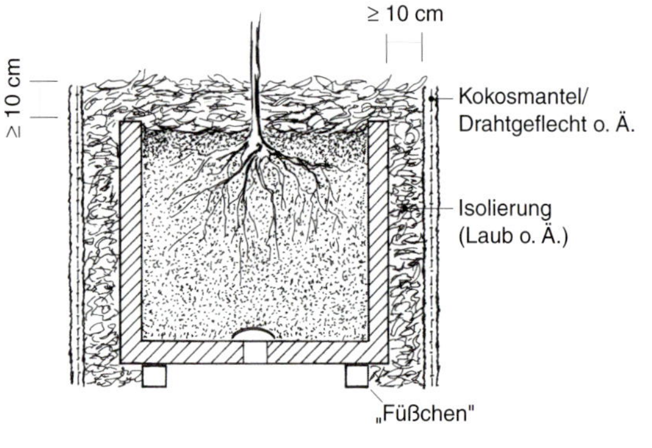

Ab einer gewissen Kübelgröße wird es schwer, noch größere Kübel zum Einstellen zu finden. In diesen Fällen wird der Kübel vor Ort isoliert. Eine einfache Methode ist das Einwickeln mit Noppen- oder Luftpolsterfolie, wie sie zur Isolierung von Gewächshäusern oder beim Versand von empfindlichen Waren verwendet wird. Die Folie wird in mehreren Lagen um den Kübel gewickelt, bis eine ca. 10 cm starke Isolierung erreicht ist. Dieser Folienmantel sollte 10 bis 15 cm über den oberen Topfrand überstehen. Der überstehende Rand wird wieder mit Laub o. ä. Isoliermaterial gefüllt. Sollen mehrere kleine Kübel gemeinsam geschützt werden, so ist es sinnvoll, zuerst jeden Kübel einzeln mit einer Lage Isolierung zu umwickeln. Dann werden die Kübel dicht zusammengestellt und die ganze Gruppe wird nochmals umwickelt. Die Zwischenräume füllt man mit losem Isoliermaterial. Bei rechteckigen oder quadratischen Kübeln kann man auch einfach eine Isolierung aus entsprechend starken Styroporplatten bauen. Die Platten werden passgerecht zugeschnitten, um den Kübel gestellt und mit Schnur, Zurrgurt oder einem wetterfesten Klebeband befestigt. Es ist wichtig, dass die Platten eng anliegen und keine Spalten oder Fugen offen bleiben.

Eine andere Möglichkeit besteht darin, um den Pflanzkübel einen Zaun aus stabilem Drahtgeflecht, Holz o. ä. Material zu stellen. Im Fachhandel wird eine speziell für diesen Zweck hergestellte Kokosfasermatte mit Maschendrahtkern in verschiedenen Breiten (40, 50, 60 cm) angeboten. Der Zwischenraum, mindestens 10 cm breit, wird wieder mit isolierendem Material gefüllt.

Ein vorbeugender Schutz der oberirdischen Pflanzenteile ist in der Regel nicht notwendig. Generell sollten die Kübelpflanzen im Winter an einem halbschattigen und windgeschützten Platz aufgestellt werden. Selbst Arten für sonnige Standorte tolerieren vorübergehend einen halbschattigen (nicht vollschattigen!) Standort. Bei extremen Wetterbedingungen kann es aber schon notwendig werden, die Pflanzen zusätzlich zu schützen. Das betrifft vor allem die winter- und immergrünen Stauden und Gehölze. Diese sind bei sonnigem und kaltem oder windigem Winterwetter durch Frosttrocknis gefährdet. Eine Schattierung und/oder ein Windschutz hilft, Schäden zu verhüten. Dafür eignen sich Schilfmatten, Sackleinen oder synthetische Gewebe. Sie sollten allerdings keinen direkten Kontakt mit den Pflanzen haben, da sonst ein direkter Wärmeübergang stattfindet. Besser ist es, aus Latten oder Stangen ein Gerüst zu bauen und an diesem das Abdeckmaterial zu befestigen. Eine dauerhafte Aufstellung dieser Schattierung ist nicht günstig, da die Pflanzen sonst verweichlichen und sich unter Umständen unerwünschte Pilze ansiedeln könnten. Kleinere Kübel bringt man bei ungünstigen Wetterlagen einfach an einen geschützten Standort.

Halb- und Hochstämme sollten mindestens in den ersten zwei Jahren nach der Pflanzung einen Stammschutz aus Schilfmatten erhalten. Die Matten schützen wirkungsvoll vor den gefürchteten Frostrissen in der Rinde. Diese Risse entstehen erstens im Winter durch Temperaturunterschiede zwischen der besonnten und der beschatteten Stammseite. Die durch die unterschiedlichen Temperaturen verursachten Spannungen führen schließlich zum Reißen der Rinde. Zweitens schützen die Schilfrohrmatten im Sommer die Rinde vor Hitzeschäden. Neueste Versuchsergebnisse haben gezeigt, dass Schilfmatten die

Risse besser als alle anderen Materialien verhindern können, da sie zwar die Rinde beschatten, gleichzeitig aber auch luftdurchlässig sind. Die Montage ist denkbar einfach. Die Schilfmatten werden auf Stammhöhe gekürzt. Die Länge wird dabei so bemessen, dass die Matte **locker** um den Stamm gelegt werden kann und sich die Enden um ca. 10 cm überlappen. Die Befestigung erfolgt mit Kabelbindern, Draht oder wetterfester Schnur.

Schäden drohen den Pflanzen aber auch durch einen unausgeglichenen Wasserhaushalt in der kalten Jahreszeit. Nässe durch zu geringe Dränagewirkung des Substrats oder verstopfte Abzugslöcher führt zu anaeroben Prozessen. Falls dieser Zustand länger andauert, können als Konsequenz die Wurzeln absterben. Außerdem werden Wurzelkrankheiten, wie *Pythium* und *Phytophthora* (bodenbürtige Pilze, die vor allem bei Keimlingen und Jungpflanzen Fuß- und Wurzelkrankheiten verursachen), begünstigt. Schäden durch Wassermangel entstehen, wenn der Ballen gefroren ist, die Pflanze aber trotzdem Wasser verdunstet, das aus dem gefrorenen Substrat nicht nachgeliefert werden kann. Hält dieser Zustand längere Zeit an, kommt es zu Schäden durch Frosttrocknis.

Nicht zuletzt werden die Kübelpflanzen im Winter auch noch durch Schnee und Eis gefährdet. Schwerer, nasser Schnee kann Astbrüche verursachen. Gleiches gilt für Eiskrusten, die bei ungünstigen Witterungsverhältnissen die Pflanzen überziehen können. Gebrochene Äste beeinträchtigen nicht nur das Erscheinungsbild, die Wunden bilden außerdem Eintrittspforten für Krankheitserreger. Abhilfe schafft in diesen Fällen das Abschütteln des Schnees oder Aufstellen des Trogs an geschützter Stelle, z. B. unter einem Vordach. Schnee, der nicht auf der Pflanze, sondern auf dem Substrat liegt, soll belassen werden. Er isoliert das Substrat gegen Frost.

Transport

Das Interessante an Kübelpflanzen ist ihre Mobilität. Man kann sie nach Lust und Laune umgruppieren, weil z. B. an einem speziellen Platz Schatten benötigt wird, oder eine zurzeit gerade besonders schöne Pflanze in den Vordergrund gestellt werden soll. Vielleicht hat man auch einfach Lust auf ein verändertes Arrangement oder benötigt Platz für Gäste. Das Umstellen ist leicht, solange die Kübel klein sind und aus einem leichten Material, z. B. Kunststoff oder GFK, bestehen. Mit zunehmender Größe des Kübels wird es allerdings immer schwerer, die Kübel zu bewegen. Besonders schwierig wird es immer dann, wenn auch der Kübel aus einem schweren Material, z. B. Beton oder Naturstein, gefertigt ist. Schon kleine Kübel mit 10 Litern Inhalt können dann für eine Person allein zu schwer sein. Spätestens dann werden zum Transport Hilfsgeräte benötigt.

Das Problem ist den Herstellern selbstverständlich bekannt. Deshalb sind viele **Kübel und Tröge mit Griffen** oder anderen Hilfen ausgerüstet. Die größeren schwarzen PE-Kübel besitzen beispielsweise am Rand Tragegriffe. Blumenkästen aus Faserzement haben an den Schmalseiten Einbuchtungen am Boden, damit man sie leichter fassen kann. Auch die runden Holzkübel sind mit fest montierten Tragegriffen aus Metall oder der Möglichkeit zum Einhängen von abnehmbaren Griffen ausgerüstet. Die besonders großen Holzkübel verfügen anstelle der Griffe über stabile, U-förmig gebogene Bügel. Durch diese Bügel können zwei stabile Kant- oder Rundhölzer gesteckt werden. Mit Hilfe dieser Tragen lässt sich der Kübel dann wie eine Sänfte zu zweit oder viert versetzen. Oder man schiebt die Zinken einer Palettengabel durch die Bügel und kann so ohne jede Anstrengung den Kübel mit einem Gabelstapler oder Radlader bewegen.

Besonders mobil sind **Kübel mit Rollen**. Auch hier gibt es Hersteller, die ihre Kübel schon werksseitig mit Rollen ausstatten oder sie, wie es häufig bei Kunststoffgefäßen der Fall ist, zumindest zur Montage von Rollen vorbereiten. Holzgefäße lassen sich recht einfach nachträglich mit Rollen ausrüsten. Gefäße aus anderen Materialien, bei denen das nicht so einfach möglich ist, können auf **Kübelroller**, vergleichbar mit den bekannten Möbelrollern, gestellt werden. Das sind quadratische Platten oder Lattenroste, die mit vier Rollen versehen sind. Sofern die Plattform aus einer Platte besteht, sollten zwei Leisten darauf befestigt werden, damit das Wasser ablaufen kann. Es ist wichtig, dass die Kübelroller aus dauerhaftem und witterungsbeständigem Material bestehen. Bei allen Gefäßen mit Rollen und bei dem Kübelroller müssen aus Sicherheitsgründen mindestens zwei Rollen feststellbar sein. Sonst könnte der Kübel plötzlich von der Terrasse rollen.

Ein anderes und bewährtes Hilfsmittel ist die **Sackkarre**. Mit ihr lassen sich auch von einer Person noch schwere Kübel allein bewegen. Seit kurzem ist eine so genannte **Kübelkarre** auf dem Markt. Es handelt sich im Grunde um eine weiterentwickelte Sackkarre für Kübel zwischen 35 und 120 Liter Inhalt. Die Kübelkarre verfügt über anpassungsfähige Greifarme, die in den gekrempelten Rand der (Kunststoff-) Kübel greifen. Durch die spezielle Konstruktion ergibt sich eine Gewichtsreduzierung von 1 : 10, d. h., zum Anheben eines 200 kg schweren Kübels sind lediglich 20 kg Körpergewicht einzusetzen.

Noch schwerere Kübel oder Tröge können mit einem **Hubwagen** umgestellt werden. Dafür müssen sie aber auf einer Palette oder entsprechend hohen Klötzen stehen, damit man mit dem Hubwagen darunter fahren kann. Das gilt auch für den Transport mit einem **Gabelstapler**. Der Hubwagen selbst lässt sich – im Gegensatz zur Sackkarre – nur auf befestigten Wegen einsetzen. Auf weichem Grund sinkt er mit seinen kleinen Rädern ein.

Für sehr schwere und große Kübel bleiben als Transportmittel nur der Gabelstapler, Radlader mit Palettengabel oder ein LKW mit Ladekran übrig. In diesen Fällen muss man darauf achten, dass die zulässige Tragkraft der Maschinen keinesfalls überschritten wird. Die Tragkraft der vorgesehenen Maschine als auch das Gewicht des Kübels müssen deshalb vorher bekannt oder berechnet sein.

Teil 3
Grundlagen der Kübelbepflanzung

Pflanzenlisten

Winterharte Laub- und Nadelgehölze zur Bepflanzung von Kübeln

In den Tabellen 10 und 11 sind die wichtigsten Laub- und Nadelgehölze zusammengestellt, die sich zur Bepflanzung von Kübeln und Trögen eignen. Die Arten und Sorten sind nach Wuchsgrößen sortiert. Die Größenstaffelung folgt der Einteilung in der „Zuordnung der Gehölze nach Lebensbereichen" von Peter Kiermeier. Auf die Nennung von Großbäumen sowie mittelgroßen Bäumen wurde aus Platzgründen verzichtet. Da solche Bäume, ihrer Größe entsprechend, auch sehr große Kübel benötigen, haben sie hier nur eine geringe Bedeutung. Die Wuchsgrößen beziehen sich auf das Wachstum, das die Arten bei der Pflanzung im normalen Boden bzw. am Naturstandort zeigen. Im Kübel wird der Wuchs durch den begrenzten Wurzelraum deutlich geringer sein. Neben dem botanischen und deutschen Namen enthält die Tabelle der Laubgehölze noch Angaben zur Belaubung, zur Blütezeit sowie zur Blütenfarbe. Das entscheidende Kriterium für das Überleben der Pflanzen im Winter ist die Winterhärte. In die Tabellen wurden nur Arten aus den Winterhärtezonen 1 bis 5 aufgenommen (s. Kap. Winterschutz, Seite 150 ff.). Arten aus den Winterhärtezonen 6 und 7 können selbstverständlich auch verwendet werden. Sie müssen aber im Winter geschützt werden bzw. man muss damit rechnen, dass sie ohne Schutz in harten Wintern erfrieren.

Zu vielen Gehölzarten gibt es eine ganze Reihe von Sorten, die nicht alle berücksichtigt werden konnten. Schwachwüchsige Sorten, die für die Kübelbepflanzung besonders geeignet sind, wurden bevorzugt in die Tabellen aufgenommen. Bei Arten mit vielen Sorten wird in der Spalte „Bemerkungen" lediglich auf diesen Sachverhalt hingewiesen. Sofern nur einzelne Sorten existieren und diese Sorten in die gleiche Wuchsgruppe wie die Art gehören, sind sie mit dem Sortennamen und einer kurzen Charakterisierung erwähnt. Weicht eine Sorte in ihrer Wuchsstärke von der Art stark ab, weil sie z. B. deutlich schwächer wächst als die Art, so ist sie in einer anderen, der Wuchsstärke entsprechenden Gruppe verzeichnet. So ist beispielsweise *Pinus sylvestris* ein Großbaum. Die Sorte 'Watereri' hingegen bleibt deutlich kleiner und wird deshalb der Gruppe „Großsträucher" zugeordnet.

Rhododendren für Kübel

Rhododendren oder Alpenrosen sind sehr beliebte Ziersträucher. Mit ihrem kompakten, flachen und feinen Wurzelwerk eignen sie sich hervorragend zur Pflanzung in Kübeln und Trögen. Die entscheidende Frage ist auch in diesem Fall wieder die Winterhärte im Kübel. Hier fehlen entsprechende Untersuchungen und Erfahrungen. Aus diesem Grund sind in Tabelle 12 nur solche Arten und Sorten aufgenommen worden, die in den Fachbüchern und Spezialkatalogen als „sehr win-

Tab. 10 Winterharte Laubgehölze zur Bepflanzung von Kübeln						
Botanischer Name	**Deutscher Name**	**B*)**	**Blütenfarbe**	**Blütezeit**	**Winterhärtezone**	**Bemerkungen**
Kleinbäume > 7,00 m						
Acer campestre 'Nanum'	Feld-Ahorn	s			5a	Dichte Kugelkrone
Acer-negundo-Sorten	Eschen-Ahorn	s			4	Laub je nach Sorte unterschiedlich gefärbt oder gefleckt
Acer platanoides 'Globosum'	Spitz-Ahorn	s			4	Kugelkrone
Aesculus hippocastanum 'Globosum'	Gemeine Rosskastanie	s	weiß	5	4	Kugelkrone
Betula pendula 'Purpurea'	Warzen-Birke	s			2	Laub rotbraun
Betula pendula 'Youngii'		s			2	Hängeform
Cercidiphyllum japonicum	Katsura, Kuchenbaum	s	karminrot	3–4	5b	
Crataegus laevigata	Zweigriffliger Weißdorn	s	weiß	5–6	5b	Sorte 'Paul's Scarlet' Blüte gefüllt, karminrot
Crataegus × lavallei	Lederblättriger Weißdorn	s	weiß	5	5b	
Crataegus pedicellata	Scharlach-Weißdorn	s	weiß	5	5a	
Fagus sylvatica 'Dawyck Gold'	Rot-Buche	s			5b	Säulenform, Austrieb gelb, 'Dawyck Purple', Laub dunkel purpurbraun
Fagus sylvatica 'Purpurea Pendula'		s			5b	Hängeform, Laub schwarzrot
Fraxinus excelsior 'Nana'	Kugel-Esche	s			4	Kugelkrone
Malus floribunda	Vielblütiger Apfel	s	rosa	5	5a	
Malus-Hybriden	Zierapfel	s	weiß, rosa, rot	5	3–5	Von den Baumschulen wird eine große Zahl von Sorten angeboten, die sich in Bezug auf die Wuchsform, Blütezeit und Blütenfarbe sowie den Fruchtschmuck unterscheiden.
Morus alba	Weißer Maulbeerbaum	s	hellgrün	5	5b	
Prunus × schmittii		s	weiß	5	5a	
Pyrus salicifolia	Weidenblättrige Birne	s	weiß	4	5b	Sorte 'Pendula' Hängeform
Salix caprea	Sal-Weide	s		3–4	3	Sorte 'Mas' männliche Sorte mit großen goldgelben Kätzchen
Sorbus aria	Echte Mehlbeere	s	weiß	5	5a	
Sorbus aucuparia	Gewöhnliche Eberesche, Vogelbeerbaum	s	weiß	6–7	3	Sorte 'Fastigiata' Säulenform, 'Sheerwater Seedling' schlanke eiförmige Krone
Sorbus decora	Labrador-Eberesche	s	weiß	5	3	
Sorbus intermedia	Schwedische Mehlbeere	s	weiß	5–6	5a	
Sorbus × thuringiaca	Thüringer Mehlbeere	s	weiß	5–6	5b	Sorte 'Fastigiata' Säulenform
Ulmus × hollandica 'Wredei'	Gold-Ulme	s			5a	Laub goldgelb, Wuchs säulenförmig
Großsträucher > 3,00 m						
Acer tataricum ssp. *ginnala*	Feuer-Ahorn	s	gelblich weiß	5	4	
Aesculus parviflora	Strauch-Rosskastanie	s	weiß	7–8	5b	
Amelanchier laevis	Kahle Felsenbirne	s	weiß	4	5b	
Amelanchier lamarckii	Kupfer-Felsenbirne	s	weiß	4–5	5a	Sorte 'Ballerina' Blüte und Früchte größer
Aralia mandshurica	Japanischer Angelikabaum	s	weiß	8	5b	
Caragana arborescens	Gemeiner Erbsenstrauch	s	hellgelb	5–6	3	
Chionanthus virginicus	Virginischer Schneeflockenstrauch	s	weiß	5–6	5b	
Cornus mas	Kornelkirsche	s	goldgelb	2–4	5a	Fruchtsorten im Handel
Cornus sanguinea	Roter Hartriegel	s	weiß	5–6	4	

B*) = Belaubung: s = sommergrün, w = wintergrün, i = immergrün

Tab. 10 (Fortsetzung)

Botanischer Name	Deutscher Name	B*)	Blütenfarbe	Blütezeit	Winterhärtezone	Bemerkungen
Corylus avellana	Gewöhnliche Haselnuss	s	Kätzchen	2–4	5a	Sorte 'Contorta' Triebe korkenzieherartig gewunden
Corylus maxima	Lambertsnuss	s	Kätzchen	2–4	5b	Sorte 'Purpurea' Laub schwarzrot
Cotoneaster bullatus	Runzelige Zwergmispel	s	weiß	5–6	5b	
Crataegus crus-galli	Hahnensporn-Weißdorn	s	weiß	5	5a	
Crataegus laevigiata	Zweigriffliger Weißdorn	s	weiß	5–6	5b	
Crataegus monogyna	Eingriffliger Weißdorn	s	weiß	5–6	5a	
Crataegus persimilis	Pflaumenblättriger Weißdorn	s	weiß	5–6	5a	
Cydonia oblonga	Echte Quitte	s	rosa, weiß	5	5a	
Deutzia scabra	Raue Deutzie	s	rosa bis weiß	5–6	5b	
Elaeagnus angustifolia	Schmalblättrige Ölweide	s	gelbsilbrig	6	4	
Elaeagnus commutata	Silber-Ölweide	s	goldgelbsilbrig	5–6	3	
Euonymus europaea	Pfaffenhütchen	s	grünlich	5	4	
Euonymus planipes	Flachstieliger Spindelstrauch	s	grünlich gelb	5	5b	
Exochorda racemosa	Chinesische Radspiere	s	weiß	5	5b	
Hamamelis virginiana	Virginische Zaubernuss	s	hellgelb	9–10	5b	
Hippophaë rhamnoides	Gemeiner Sanddorn	s	grünlich braun	3–4	4	Fruchtsorten im Handel
Laburnum alpinum	Alpen-Goldregen	s	gelb	5–6	5b	
Laburnum anagyroides	Gemeiner Goldregen	s	goldgelb	5–6	5b	
Ligustrum vulgare	Gemeiner Liguster	s	weiß	6–7	5a	Sorte 'Atrovirens' Laub wintergrün
Lonicera tatarica	Tatarische Heckenkirsche	s	weiß bis rot	5–6	3	
Malus baccata	Beeren-Apfel	s	weiß	4–5	3	
Mespilus germanica	Mispel	s	weiß	5–6	5b	
Physocarpus opulifolius	Virginia-Blasenspiere	s	weiß, blassrosa	5–6	4	Sorte 'Diabolo' Laub dunkelrot, 'Darts Gold' Laub gelb
Prunus cerasifera	Kirsch-Pflaume	s	weiß	4–5	5a	
Prunus mahaleb	Steinweichsel, Weichselrohr	s	weiß	5	5a	
Prunus padus	Traubenkirsche	s	weiß	4–5	3	
Prunus serotina	Späte Traubenkirsche	s	weiß	5–6	4	
Rhamnus catharticus	Purgier-Kreuzdorn, Echter Kreuzdorn	s	gelblich grün	5–6	4	
Rhamnus frangula	Gewöhnlicher Faulbaum	s	grünlich weiß	5–7	3	
Salix purpurea	Purpur-Weide	s	rötlich	3–4	5a	
Sambucus canadensis	Kanadischer Holunder	s	gelblich weiß	6–7	5b	
Sambucus racemosa	Trauben-Holunder	s	gelblich weiß	4–5	4	
Sorbus koehneana	Weißfrüchtige Eberesche	s	weiß	5–6	5a	
Staphylea pinnata	Gemeine Pimpernuss	s	weißlich grünlich	5–6	5b	
Syringa × chinensis	Chinesischer Flieder	s	purpurlila	5	5a	Sorte 'Saugeana' Blüten dunkelpurpur
Syringa josikaea	Ungarischer Flieder	s	lila purpurfarben	5–6	5a	
Syrina reflexa	Bogen-Flieder	s	rosa	6	4	
Ulmus minor 'Jaqueline Hillier'		s			5a	Langsam wachsend, dicht verzweigt
Viburnum lantana	Wolliger Schneeball	s	weiß	5–6	4	
Viburnum opulus	Gemeiner Schneeball	s	weiß	5–6	4	Sorte 'Roseum' Blütenstände ballförmig

B*) = Belaubung: s = sommergrün, w = wintergrün, i = immergrün

Tab. 10 (Fortsetzung)						
Botanischer Name	**Deutscher Name**	**B*)**	**Blütenfarbe**	**Blütezeit**	**Winterhärtezone**	**Bemerkungen**
Normalsträucher > 1,50 m						
Aronia arbutifolia	Filzige Apfelbeere	s	rötlich weiß	5–6	5b	Ebenfalls geeignet: *Aronia melanocarpa, Aronia × prunifolia*
Berberis × ottawensis	Ottawa-Berberitze	s	gelb	5	5a	Sorte 'Superba' starkwüchsig, Laub braunrot
Berberis thunbergii	Thunbergs Berberitze	s	gelb, außen gerötet	5	4	Sorte 'Atropurpurea' Laub purpurrot
Berberis vulgaris	Gewöhnliche Berberitze, Sauerdorn	s	gelb	5	4	
Caragana arborescens 'Lorbergii'	Erbsenstrauch	s	hellgelb	5–6	3	Im Gegensatz zur Art graziler Strauch
Chaenomeles-Arten und -Sorten	Chinesische Zierquitte	s	meist rot	3–4	5a	
Cornus alba	Tatarischer Hartriegel	s	gelblich weiß	5–6	3	Sorte 'Sibirica' Zweige korallenrot, 'Spaethii' Laub goldgelb gerandet
Cornus sericea	Weißer Hartriegel	s	gelblich weiß	5–6	2	Sorte 'Flaviramea' Zweige gelbgrün
Cotoneaster dielsianus	Diels Zwergmispel	s	rosa	5–6	5b	
Cotoneaster divaricatus	Sparrige Zwergmispel	s	rosa	5–6	5b	
Cotoneaster multiflorus	Vielblütige Zwergmispel	s	weiß	5	5b	
Elaeagnus multiflora	Reichblütige Ölweide	s	weiß	4–5	5b	
Elaeagnus umbellata	Doldige Ölweide	s	gelblich weiß	5–6	5b	
Euonymus alata	Flügel-Spindelstrauch	s	grünlich gelb	5–6	4	
Exochorda giraldii	Dahurische Radspiere	s	weiß bis rötlich	5	5b	
Forsythia × intermedia	Forsythie, Goldglöckchen	s	gelb	4–5	5b	Viele Sorten im Handel
Holodiscus discolor	Schaumspiere	s	gelblich weiß	6–8	5b	
Hydrangea paniculata	Rispen-Hortensie	s	weiß, weiß bis rosa	8–9	5a	Sorten im Handel
Kolkwitzia amabilis	Kolkwitzie	s	zartrosa	5–6	5b	
Lonicera korolkowii	Korolkows Heckenkirsche	s	hellrosa	5–6	5a	
Lonicera ledebourii	Ledebours –, Kalifornische Heckenkirsche	s	tiefgelb	5–8	5a	
Lonicera × purpusii	Winter-Duft-Heckenkirsche	w	rahmweiß	12/1–3	5b	Leider selten im Handel
Lonicera xylosteum	Rote Heckenkirsche	s	gelblich weiß	5–6	3	
Lycium barbarum	Gewöhnlicher Bocksdorn	s	purpurfarben bis violett	5–9	5a	
Malus toringo var. *sargentii*	Toringo-Apfel	s	weiß	5	5b	
Philadelphus coronarius	Europäischer Pfeifenstrauch	s	cremeweiß	5–6	5a	
Philadelphus inodorus	Duftloser Pfeifenstrauch	s	weiß	6–7	5a	
Pieris floribunda	Vielblütige Lavendelheide	i	weiß	4–5	5b	
Prunus spinosa	Schlehe, Schlehdorn, Schwarzdorn	s	weiß	4	5a	
Prunus triloba	Mandelbäumchen	s	rosa	3–4	5a	
Ribes aureum	Gold-Johannisbeere	s	gelb	4–5	3	
Ribes sanguineum	Blut-Johannisbeere	s	rosarot	5	5	Sorten im Handel
Rosa canina	Hunds-Rose	s	weiß bis hellrosa	5–6	4	
Rosa glauca	Rotblättrige Rose	s	karminrosa	6–7	3	
Rosa majalis	Zimt-Rose	s	karminrot	5–6	4	

B*) = Belaubung: s = sommergrün, w = wintergrün, i = immergrün

Tab. 10 (Fortsetzung)

Botanischer Name	Deutscher Name	B*)	Blütenfarbe	Blütezeit	Winterhärtezone	Bemerkungen
Rosa multiflora	Vielblütige Rose	s	weiß	6–7	5	
Rosa rubiginosa	Schottische Zaun-Rose	s	rosa	6	5	
Rosa rugosa	Kartoffel-Rose	s	rosa oder weiß	6–9	5	Viele Sorten im Handel
Rosa villosa	Apfel-Rose	s	rosa	6–7	5	
Rubus odoratus	Wohlriechende Himbeere	s	rosarot	6–7	4	
Salix caprea 'Pendula'		s	gelb	3–4	3	Kleinstbaum, Hängeform
Sorbaria sorbifolia	Sibirische Fiederspiere	s	weiß	6–7	3	
Spiraea × arguta	Braut-Spierstrauch	s	reinweiß	4–5	5a	
Spiraea × billardii		s	rosa	7–9	5a	Sorte 'Triumphans' Blüten purpurrosa
Spiraea nipponica	Japanischer Spierstrauch	s	rotbraun	5–6	5b	Sorten im Handel
Spiraea × vanhouttei	Belgischer Spierstrauch	s	reinweiß	5–6	5b	
Symphoricarpos-Arten und -Sorten	Gemeine Schneebeere	s	rötlich	6–9	3	Sorten mit schön gefärbten Früchten im Handel
Syringa vulgaris	Gemeiner Flieder	s	lila	5	4	Viele Sorten im Handel
Tamarix pentandra	Fünfmännige Tamariske	s	dunkelrosa	7–9	5b	
Tamarix ramosissima	Kaspische Tamariske	s	hellrosa	7–9	5b	
Vaccinium corymbosum	Amerikanische Heidelbeere	s	weiß	5	5b	
Viburnum × burkwoodii	Burkwoods Schneeball	w	rosa	4–5	6b	
Viburnum plicatum	Gefüllter japanischer Schneeball	s	weinrot	5–6	5b	Sorten im Handel
Weigela florida	Liebliche Weigelie	s	rosa	5–6	5b	Viele Sorten mit unterschiedlichen Blütenfarben im Handel
Kleinsträucher > 0,50 m						
Arctostaphylos uva-ursi	Rotfrüchtige Bärentraube	i	weiß mit rosa	4–5	3	
Berberis thunbergii 'Atropurpurea Nana'	Thunbergs Berberitze	s	gelb, außen rötlich	5	4	Wuchs flachkugelig, Laub dunkel purpurbraun
Berberis thunbergii 'Kobold'		s	gelb	5	4	Wuchs kugelig
Caragana pygmaea	Zwerg-Erbsenstrauch	s	gelb	5–6	4	
Cornus sericea 'Kelsey'	Zwerg-Hartriegel	s			2	Schwach wachsend, breiter als hoch
Cytisus nigricans	Schwarzer Geißklee	s	gelb	6–7	5b	Sorte 'Cyni' Wuchs geschlossen
Daphne mezereum	Gemeiner Seidelbast	s	purpurrosa, -lila	2–4	4	Sorte 'Alba' Blüte weiß
Deutzia gracilis	Zierliche Deutzie	s	weiß	5–6	5b	
Deutzia × lemoinei	Deutzie	s	weiß	6–7	5b	Sorte 'Boule de Neige' Blütenstände dicht kugelig
Diervilla sessilifolia	Stielloses Buschgeißblatt	s	schwefelgelb	6–8	5a	
Forsythia ovata	Koreanische Forsythie	s	hellgelb	3–4	5a	Sorte 'Tetragold' Wuchs niedrig, Blüte tiefgelb
Genista tinctoria	Färber-Ginster	s	goldgelb	6–8	5a	Sorte 'Plena' Blüten gefüllt
Hydrangea arborescens	Wald-Hortensie	s	weiß bis grünlich weiß	6–9	5b	Sorte 'Annabelle' Blütenstand größer, Blüten weiß
Hypericum kalmianum	Kalms Johanniskraut	i	goldgelb	8	5b	
Kalmia angustifolia	Schmalblättrige Lorbeerrose	i	tiefrosa bis rot	6–7	5b	Sorte 'Rubra' Blüten blaurosa
Kalmia latifolia	Breitblättrige Lorbeerrose, Berglorbeer	i	weiß bis rosa	5–6	5b	Sorte 'Ostbo Red' Blüten kirschrot
Kerria japonica	Kerrie	s	gelb	4–5	5b	Sorte 'Pleniflora' Blüten gefüllt

B*) = Belaubung: s = sommergrün, w = wintergrün, i = immergrün

Tab. 10 (Fortsetzung)

Botanischer Name	Deutscher Name	B*)	Blütenfarbe	Blütezeit	Winterhärtezone	Bemerkungen
Ligustrum-vulgare-Sorten		w	weiß	6–7	5a	'Lodense' Zwergform
Lonicera involucrata	Behüllte Heckenkirsche	s	gelb	4–5	4	
Mahonia aquifolium	Gewöhnliche Mahonie	i	gelb	4–5	5b	Sorte 'Apollo' Wuchs klein kompakt, reich blühend
Malus toringo 'Tina'		s	weiß	5–6	5b	Wuchs schwach, reich blühend
Paeonia delavayi	Delavays Pfingstrose	s	dunkel karminrot	5	5b	
Paeonia suffruticosa	Strauch-Päonie	s	weiß, rosa, purpurfarben	5–6	5b	Viele Sorten im Handel
Philadelphus × lemoinei		s	weiß	6	5b	Sorte 'Dame Blanche' Blüte cremeweiß, halbgefüllt
Potentilla fruticosa	Gemeiner Fingerstrauch	s	gelb	5–9	2	Viele Sorten im Handel, Blütenfarbe meist gelb, aber auch weiß, rosa oder rot
Prunus × cistena		s	weiß	5	4	
Prunus kurilensis	Kurilen-Kirsche	s	weiß bis weißlich rosa	4	5b	Sorte 'Brillant' früh und reich blühend, leider anfällig für Monilia
Prunus tenella	Russische Zwerg-Mandel	s	rosa	4–5	5a	Nur wurzelechte Pflanzen verwenden
Ribes alpinum	Alpen-Johannisbeere	s	gelblich grün	4	3	
Rosa arvensis	Feld-Rose	s	weiß	6–7	5	
Rosa foetida	Fuchs-Rose	s	tiefgelb	5–6	5	Sorte 'Bicolor' Blüten zweifarbig gelb und rot
Rosa gallica	Essig-Rose	s	hellrot	6–7	5	Viele Sorten im Handel
Rosa nitida	Glanz-Rose	s	rosa	6	4	
Rosa pimpinellifolia	Bibernell-Rose	s	weiß	5–6	3	Viele Sorten im Handel
Salix hastata	Spieß-Weide	s		5–7	5a	Sorte 'Wehrhahnii', männliche Sorte mit besonders auffallenden Kätzchen
Salix helvetica	Schweizer Weide	s		5–6	4	
Salix lanata	Woll-Weide	s	goldgelb	4	4	
Salix repens	Kriech-Weide	s	purpurfarben	4–5	5a	
Spiraea betulifolia	Birkenblättriger Spierstrauch	s	weiß, rosa	6	4	
Spiraea densiflora	Dichtblütiger Spierstrauch	s	rosa	5–6	5a	
Spiraea japonica	Japanischer Spierstrauch	s	rosa	7–8	4	Viele Sorten im Handel
Spiraea prunifolia	Pflaumenblättriger Spierstrauch	s	reinweiß	4–5	6b	
Spiraea thunbergii	Thunbergs Spierstrauch	s	reinweiß	4–5	5b	
Stephanandra incisa	Kleine Kranzspiere	s	grünlich weiß	6	5b	Sorte 'Crispa' Triebe bogig nach unten gekrümmt, breitwüchsig
Syringa meyeri	Meyers Flieder	s	violett	5	5b	Sorte 'Palibin' Wuchs niedriger, Blüte weißlich rosa
Viburnum carlesii	Koreanischer Schneeball	s	fleischrot	4–5	5b	Sorte 'Aurora' Blüten rosa
Viburnum opulus-Sorte	Gemeiner Schneeball	s	weiß	5–6	4	'Compactum' langsam wachsend
Yucca filamentosa	Fädige Palmlilie	i	gelblich weiß	7–8	5b	Sorten im Handel
Yucca glauca	Blaugrüne Palmlilie	i	grünlich weiß	7–8	5b	
Zwergsträucher > 0,10 m						
Betula nana	Zwerg-Birke	s			1	
Cotoneaster adpressus	Spalier-Zwergmispel	s	rötlich	5–6	5a	
Cotoneaster dammeri	Teppich-Zwergmispel	i	weiß	5–6	5b	Sorten im Handel
Cotoneaster praecox	Nanshan-Zwergmispel	s	rosa	5–6	5b	

B*) = Belaubung: s = sommergrün, w = wintergrün, i = immergrün

Tab. 10 (Fortsetzung)

Botanischer Name	Deutscher Name	B*)	Blütenfarbe	Blütezeit	Winterhärtezone	Bemerkungen
Cytisus decumbens	Niederliegender Geißklee	s	gelb	5–6	5a	
Cytisus purpureus	Rosenginster, Purpurginster	s	purpurrot	5–6	5a	
Daphne cneorum	Rosmarin-Seidelbast, Steinrösel	i	karminrosa	4–5	5a	
Dryas drummondii	Alaska-Silberwurz	i	gelblich	5–6	1	
Dryas octopetala	Alpen-Silberwurz	i	weiß	5–6	1	
Empetrum nigrum	Krähenbeere	i	blassrot bis purpurrot	5–6	2	
Erica carnea	Schnee-Heide	i	rosa	2–4	5b	Viele Sorten mit unterschiedlichen Blütenfarben im Handel
Erica tetralix	Glocken-Heide	i	blassrosa bis weiß	7–9	5a	Sorten im Handel
Euonymus nana	Zwerg-Spindelstrauch	s	bräunlich purpur	5–6	4	
Gaultheria procumbens	Niederliegende Scheinbeere	i	weiß	6–8	5b	
Paxistima canbyi	Paxistima	i	bräunlich rot	4	5b	
Salix herbacea	Zwerg-Weide	s		6–8	4	
Satureja montana	Winter-Bohnenkraut	i	weiß	7–8	6b	
Vaccinium macrocarpon	Großfrüchtige Moosbeere	i	purpurfarben	5–6	2	
Halbsträucher (Übergang zu den Stauden)						
Helianthemum nummularium	Gemeines Sonnenröschen	i	gelb	5–9	5a	Viele Sorten mit unterschiedlichen Blütenfarben im Handel
Pachysandra terminalis	Japanischer Ysander	i	weiß	4	5b	Sorte 'Green Carpet' kompakter Wuchs
Vaccinium vitis-idaea	Preiselbeere	i	weiß	5–9	1	Sorte 'Koralle' reich fruchtend
Klettergehölze						
Actinida arguta	Scharfzähniger Strahlengriffel	s	weiß	6	5b	
Actinida kolomikta	Kolomikta-Strahlengriffel	s	weiß	5	5b	
Aristolochia macrophylla	Amerikanische Pfeifenwinde	s	purpurbraun	5	5a	
Celastrus orbiculatus	Rundblättriger Baumwürger	s	blassgrün	6	5a	
Clematis alpina	Alpen-Waldrebe	s	blau	5–6	5b	Sorten im Handel
Clematis tangutica	Mongolische Waldrebe	s	gelb	6–10	5b	
Clematis vitalba	Gemeine Waldrebe	s	weiß	7–9	5b	
Hydrangea anomala ssp. *petiolaris*	Kletter-Hortensie	s	weiß	6–7	5a	
Lonicera caprifolium	Jelängerjelieber	s	gelblich weiß	5–6	5a	
Lonicera periclymenum	Wald-Geißblatt	s	gelblich weiß	5–6	5b	
Parthenocissus quinquefolia	Selbstkletternde Jungfernrebe	s	Rispen	7–8	5a	Sorte 'Engelmannii' Selbstklimmer
Polygonum aubertii	Chinesischer Knöterich	s	weiß	7–10	5b	
Rubus fruticosus (Fruchtsorten)	Brombeere	s/w	weiß	6–8	5	
Vitis riparia	Ufer-Rebe	s		6	4	

B*) = Belaubung: s = sommergrün, w = wintergrün, i = immergrün

Tab. 11 Nadelgehölze zur Bepflanzung von Kübeln

Botanischer Name	Deutscher Name	Winterhärtezone	Bemerkungen
Kleinbäume > 7,00 m			
Abies koreana	Koreanische Tanne	5b	Wuchsunterschiede zwischen Sämlingen und Veredlungen beachten
Chamaecyparis obtusa	Hinoki-Scheinzypresse	4	
Chamaecyparis pisifera 'Plumosa'	Federzypresse	4	Wuchs breit kegelförmig, Zweige fedrig-kraus, 'Plumosa Aurea' Blätter goldgelb
Juniperus chinensis	Chinesischer Wacholder	5a	Sorte 'Keteleeri' Säulenform
Larix decidua 'Pendula'	Europäische Hänge-Lärche	4	Hängeform
Larix kaempferi 'Diana'	Japanische Korkenzieher-Lärche	5a	Zweige korkenzieherartig gedreht
Larix kaempferi 'Pendula'	Japanische Hänge-Lärche	5a	Hängeform, Nadeln blaugrau
Picea orientalis 'Aurea'	Orientalische Gold-Fichte	5b	Austrieb gelb, später vergrünend
Pinus contorta	Dreh-Kiefer	5	
Pinus nigra ssp. *pallasiana*	Taurische Kiefer	5	Wuchs breit kegelförmig, Sorte 'Pyramidata' Säulenform
Pinus peuce	Rumelische Kiefer	5a	
Pinus sylvestris 'Fastigiata'	Säulen-Kiefer	1	Wuchs straff aufrecht
Pinus sylvestris 'Typ Norwegen'	Gemeine Kiefer	1	Mittelgroßer, kompakter Baum
Thuja occidentalis 'Columna'	Säulen-Lebensbaum	5a	Schmal wachsende Säulenform
Thuja plicata 'Excelsa'	Riesen-Lebensbaum	5b	Wuchs kegelförmig, locker
Großstrauch > 3,00 m			
Chamaecyparis pisifera 'Boulevard'		4	Wuchs kegelförmig, Triebspitzen nickend, Blätter silberblau
Juniperus chinensis 'Hetzii'		5a	Wuchs breit ausladend
Juniperus chinensis 'Pfitzeriana'		5a	Wuchs breit ausladend, Blätter blaugrün, 'Pfitzeriana Aurea' junge Triebe goldgelb
Juniperus communis	Gemeiner Wacholder	3	Sorte 'Hibernica' sehr dichte Säulenform
Juniperus scopulorum 'Skyrocket'	Raketen-Wacholder	5	Sehr schlanke und schmale Säulenform, Blätter blaugrau
Juniperus squamata 'Meyeri'	Blauzeder-Wacholder	5b	Wuchs unregelmäßig trichterförmig, Blätter silberblau
Juniperus virginiana	Rotzeder	4	Sorte 'Canaertii' Wuchs anfangs schlank aufrecht, später breiter und aufgelockerter, 'Glauca' Wuchs anfangs säulenförmig, später aufgelockerter, Blätter blaugrün
Picea abies 'Inversa'	Hänge-Fichte	2	Hängeform, bei aufgebundenem Mitteltrieb schmaler Wuchs
Picea glauca 'Conica'	Zuckerhut-Fichte	4	Wuchs spitz kegelförmig
Picea omorika 'Nana'	Serbische Zwerg-Fichte	5a	Zwergform, Wuchs breit kegelförmig
Picea omorika 'Pendula'	Serbische Hänge-Fichte	5a	Schlank aufrecht wachsend mit stark hängenden Zweigen
Pinus mugo	Krummholz-Kiefer	4	
Pinus nigra 'Select'	Schwarz-Kiefer	5b	Krone breit kegelförmig
Pinus pumila	Zwerg-Kiefer	4	
Pinus strobus 'Radiata'	Weymouths-Kiefer	5a	Unregelmäßig wachsende Zwergform
Pinus sylvestris 'Watereri'	Strauch-Wald-Kiefer	1	Angangs dicht kegelförmig, im Alter schirmartig wachsend, Nadeln graublau
Taxus cuspidata	Japanische Eibe	5a	
Taxus × media	Hybrid-Eibe	5a	Sorte 'Hicksii' breit aufrecht wachsende Säulenform, 'Strait Hedge' schmale Säulenform
Thuja occidentalis 'Smaragd'	Smaragd-Lebensbaum	5a	Wuchs schlank kegelförmig

Tab. 11 (Fortsetzung)			
Botanischer Name	**Deutscher Name**	**Winterhärte-zone**	**Bemerkungen**
Thuja occidentalis 'Sunkist'		5a	Wuchs kegelförmig, Blätter im Austrieb gelb
Normalstrauch > 1,50 m			
Abies lasiocarpa 'Compacta'	Zwerg-Kork-Tanne	4	Nadeln blaugrün bis silbergrau
Chamaecyparis obtusa 'Nana Gracilis'	Zwergige Muschelzypresse	4	Zweige muschel- bis tütenförmig gedreht
Juniperus chinensis 'Blaauw'		5a	Wuchs trichterförmig, Blätter graublau
Juniperus chinensis 'Mint Julep'		5a	Wuchs breit aufrecht, Blätter mittelgrün
Juniperus virginiana 'Grey Owl'		4	Wuchs breit aufrecht, Blätter graublau
Picea abies 'Acrocona'	Zapfen-Fichte	2	Schon als junge Pflanze reichlich Zapfen ansetzend
Picea omorika 'Nana'	Serbische Kegel-Fichte	5a	Wuchs kegelförmig, dicht geschlossen
Picea pungens 'Glauca Globosa'		4	Zwergform, Wuchs unregelmäßig, Nadeln silbrig blau
Pinus mugo 'Gnom'		4	Wuchs anfangs kugelförmig, später breit pyramidal
Pinus mugo 'Mops'		4	Zwergform, Wuchs kugelig bis kissenförmig
Pinus mugo var. *mughus*	Krummholz-Kiefer	4	Wuchs strauchig niederliegend, Äste aufstrebend
Pinus mugo var. *pumilio*	Zwerg-Kiefer	4	Wuchs flach kugelig bis kissenförmig
Pinus nigra 'Nana'	Schwarz-Kiefer	5b	Wuchs breit kegelförmig
Pinus strobus 'Macopin'	Weymouths-Kiefer	5a	Wuchs rundlich bis kugelförmig
Taxus cuspidata 'Nana'	Japanische Eibe	5a	Wuchs unregelmäßig breit ausladend
Thuja occidentalis 'Holmstrup'		5a	Wuchs schlank aufrecht, dicht
Thuja occidentalis 'Rheingold'		5a	Wuchs anfangs kugelig, später breit säulenförmig, Blätter goldgelb
Tsuga canadensis 'Pendula'	Hänge-Hemlocktanne	5b	Hängeform
Kleinstrauch > 0,50 m			
Abies balsamea 'Nana'	Zwerg-Balsam-Tanne	4	Zwergform, langsam und flach kugelig wachsend
Chamaecyparis pisifera 'Filifera Nana'	Grüne Fadenzypresse	4	Wuchs kugelig, mit überhängenden, fadenförmigen Zweigspitzen, 'Filifera Nana Aurea' Blätter goldgelb
Juniperus chinensis 'Old Gold'		5a	Zwergform, Wuchs ausgebreitet, flach, Blätter goldgelb
Juniperus communis 'Compressa'		3	Wuchs schmal säulenförmig, dicht geschlossen
Juniperus procumbens 'Nana'		5	Wuchs niederliegend, mattenartig
Juniperus sabina 'Femina'	Weiblicher Sadebaum	5a	Wuchs ausgebreitet, niedrig
Juniperus sabina 'Mas'	Männlicher Sadebaum	5a	Wuchs weit ausgebreitet, höher als 'Femina'
Juniperus squamata	Schuppen-Wacholder	5b	Sorte 'Blue Carpet' Blätter stahlblau, 'Loderi' Wuchs schlank kegelförmig
Larix kaempferi 'Blue Dwarf'		5a	Kompakt wachsende Zwergform, Nadeln blaugrau
Microbiota decussata	Zwerg-Lebensbaum	3	
Picea abies 'Nidiformis'	Nest-Fichte	2	Wuchs rundlich-flach
Picea abies 'Pygmaea'	Zwerg-Fichte	2	Wuchs kugelig bis breit kegelförmig
Picea glauca 'Echiniformis'	Schimmel-Fichte	4	Zwergform, Wuchs flach kissenförmig
Tsuga canadensis 'Nana'	Zwerg-Hemlocktanne	5b	Zwergform, Äste waagerecht ausgebreitet

Tab. 11 (Fortsetzung)			
Botanischer Name	**Deutscher Name**	**Winterhärtezone**	**Bemerkungen**
Zwergstrauch > 0,10 m			
Juniperus communis 'Hornibrookii'		4	Wuchs flach
Juniperus communis 'Repanda'		4	Wuchs flach
Juniperus horizontalis	Kriech-Wacholder	4	Sorte 'Glauca' Blätter stahlblau, 'Prince of Wales' Blätter mattgrün, 'Wiltonii' Blätter intensiv blau
Pinus mugo 'Mini Mops'		4	Wuchs flach und kissenförmig

terhart" bezeichnet werden. Diese Angaben beziehen sich aber nur auf im Boden ausgepflanzte Pflanzen. Winterschutzmaßnahmen sind deshalb empfehlenswert. Das betrifft nicht nur die Wurzeln, sondern auch, vor allem bei den immergrünen Arten und Sorten, die oberirdischen Teile.

Ansprüche

Alle Rhododendren sind bis auf wenige Ausnahmen kalkfeindlich! Sie bevorzugen Böden mit einem pH-Wert von 4,5 bis 5,5 (6,0). Auch die auf die neue „kalkverträgliche" Inkarho-Unterlage veredelten Sorten gedeihen nur auf Böden bis zu einem pH-Wert von 6,5. Wenn die Nährstoffe im Substrat verbraucht sind, ist eine Nachdüngung mit Mineraldünger (60g/m^2 schwefelsaures Ammoniak oder Nitrophoska permanent) erforderlich. In Trockenzeiten ist eine Zusatzbewässerung notwendig, vor allem zur Austriebs- und Blütezeit. Auch wenn einige Sorten als sonnenverträglich eingestuft werden oder am heimatlichen Standort in vollsonniger Lage wachsen, sollte der Standort des Kübels halbschattig sein (insbesondere vor Mittagssonne geschützt). Nur bei entsprechend hoher Luft- und Bodenfeuchte können sie auch in voller Sonne stehen. Im Vollschatten lässt die Blühwilligkeit nach. Günstige Standorte finden sich im Schatten von Mauern oder Gebäuden oder unter lichtkronigen Bäumen. Besonders die großblättrigen Arten und Sorten sollten windgeschützt stehen, da es sonst vor allem im Winter zu Trockenschäden kommen kann.

Einteilung

Für die gärtnerische Verwendung wird die beinahe unüberschaubare Zahl von Arten und vor allem Sorten in Gruppen eingeteilt.

1. **Wildarten und ihnen nahe stehende Sorten:** Die Wildarten haben, verglichen mit den Hybriden, nur geringe Bedeutung im Sortiment. Sie sind in ihrer Wuchsform und ihren Ansprüchen außerordentlich unterschiedlich.
2. **Großblumige Hybriden:** Diese Gruppe hat die größte Bedeutung im Sortiment. Es sind immergrüne und meist hoch wachsende Sorten. Die großen Blüten haben eine enorme Schmuckwirkung. Sie werden in folgende Untergruppen unterteilt: Die *Williamsianum*-Hybriden wachsen deutlich schwächer und erreichen nur eine Höhe von ca. 1,50 m. Sie verlangen einen geschützten Standort. Die

Tab. 12 Rhododendren zur Bepflanzung von Kübeln		
Art/Sorte	**Blütenfarbe**	**Blütezeit (Monat)**
Wildarten		
R. impeditum 'Blaumeise'	hellblau	5
R. impeditum 'Blue Tit Magor'	hell lilablau	5
R. impeditum 'Luisella'	hellviolett, rosa getönt	5
R. impeditum 'Ramapo'	hell lilablau	5
R. minus	karminrosa	5–6
R. russatum 'Blaufeder'	blauviolett	5
R. russatum 'Enziana'	tiefblau	5
R. russatum 'Lauretta'	violettblau	5
Großblumige Hybriden		
'Belkanto'	goldgelb	5–6
'Calsap'	weiß	5–6
'Catawbiense Boursault'	purpurlila	5–6
'Catawbiense Grandiflorum'	helllila	5–6
'Junifreude'	dunkel rubinrosa	6–7
'Nova Zembla'	rubinrosa	5–6
'Roseum Elegans'	rosalila	5–6
'Tonika'	tiefviolett	6
'Torero'	rot	5–6
R. repens 'Scarlet Wonder'	hell scharlachrot	5
R. repens 'Rotkäppchen'	rot	5
R. wardii 'Goldbukett'	kupfergelb	5
R. williamsianum 'Irmelies'	rubinrosa	5
R. williamsianum 'Vater Böhlje'	lilarosa	5
R. yakushimanum 'Astrid'	rot	5–6
R. yakushimanum 'Edelweiß'	weiß	5–6
R. yakushimanum 'Falling Snow'	weiß	5–6
R. yakushimanum 'Fantastica'	rot	5–6
R. yakushimanum 'Kalinka'	rubinrosa	5
R. yakushimanum 'Polaris'	karminrosa	5–6
R. yakushimanum 'Schneekrone'	zartrosa	5–6
Sommergrüne Azaleen-Hybriden		
'Cécile'	rosa	5–6
'Feuerwerk'	rot	6
'Fireball'	rot	5–6
'Fridtjof Nansen'	orangerot	5–6
'Gibraltar'	orange	5–6
'Golden Sunset'	gelb	5–6
'Goldpracht'	goldgelb	5–6
'Goldtopas'	gelb	5–6
'Klondyke'	orange	5–6
R. luteum (Wildart)	goldgelb	5
'Persil'	weiß	5–6
'Satomi'	weißrosa	5
'Schneegold'	cremeweiß	5–6
'Sunte Nectarine'	goldgelb	5–6

Tab. 12 (Fortsetzung)		
Art/Sorte	**Blütenfarbe**	**Blütezeit (Monat)**
4. Japanische Azaleen		
'Gislinde'	karminrosa	5–6
'Kermesina Alba'	weiß	5–6
'Ledikanense'	helllila	5
'Melina'	purpurrosa	5–6
'Rosalind'	rosa	5–6
'Satschiko'	orange	5–6

Wardii-Hybriden stammen von der Wildart *R. wardii* ab, deren Erbgut in vielen modernen gelb blühenden Sorten steckt. Sie werden ca. 1,50 bis 2,50 m hoch. Die *Repens*-Hybriden sind sehr kompakt wachsende Zwerg-Rhododendron. Sie werden kaum einen Meter hoch, allerdings doppelt so breit. Sie blühen alle rot. Die relativ neue Hybriden-Gruppe der *Yakushimanum*-Hybriden entstand aus Kreuzungen der großblumigen Hybriden mit der japanischen Wildart *R. yakushima*. Sie wachsen langsam und bilden niedrige, kompakte Büsche von maximal 1,20 m Höhe. Sie blühen sehr reich, sind gut winterhart und sonnenverträglich. Als zusätzlicher Schmuck sind die Blätter im Austrieb bei vielen Sorten silbrig behaart.

3. **Sommergrüne Azaleen-Hybriden:** Die sommergrünen Azaleen (der Name Azalee hält sich hartnäckig, obwohl sie bereits seit dem Ende des 19. Jahrhunderts mit der Gattung *Rhododendron* vereinigt wurden) verlieren im Herbst ihre Blätter. Sie sind in der Regel weniger anspruchsvoll als die immergrünen Sorten. Sie erreichen ausgewachsen Höhen zwischen 1,50 und 2,00 m. Neben Sorten werden auch Sämlinge mit Farbangabe gehandelt. Die Blütenfarben der großen und auffälligen Blüten reichen von Weiß über Gelb und Orange bis zu Rosa und Rot.
4. **Japanische Azaleen:** Japanische Azaleen sind niedrig, flach und dichtbuschig wachsende Azaleen, die kaum mehr als 1 m Höhe erreichen. Die Fülle der Sorten entstand aus Kreuzungen verschiedener Wildarten aus Japan. Sie erinnern in ihrem Erscheinungsbild an die bekannte Topfazalee (*R. simsii*). Das Laub ist klein und immergrün. Am richtigen Standort blühen sie sehr reich. Sie verlangen einen ausreichend frischen Boden und vor allem im Winter einen Schutz vor austrocknenden Winden und Sonne.

Rosen für Kübel

Rosen in Kübeln und Containern bieten für den Rosenfreund ein ausgedehntes Betätigungsfeld. Im Nahbereich der Wohnung oder des Hauses, z. B. am Eingang, auf der Terrasse, auf dem Dachgarten oder auf dem Balkon, können Rosen so besonders intensiv erlebt werden. Als Tiefwurzler sind Rosen allerdings für ein Wachstum im Kübel nicht prädestiniert. Die Pflanztiefe (= Substratstärke) des Kübels sowie der Durchmesser sollten deshalb mindestens 40 bis 50 cm betragen. Im

Tab. 13 Rosen zur Bepflanzung von Kübeln			
Sorte	**Wuchsform**	**Höhe (cm)**	**Blütenfarbe**
Kleinstrauchrosen			
Alba Meidiland	niedrig buschig	60– 70	weiß
Bassino	buschig, breit ausladend	ca. 25	blutrot
Bonica	breit buschig	ca. 60	hellrosa
Celina	bogig überhängend	60– 80	gelb
Dortmunder Kaiserhain	buschig ausgebreitet	80–100	altrosa
Gärtnerfreude	breit buschig	ca. 50	himbeerrot
Heidefeuer	steif aufrecht	50– 80	leuchtend rot
Heideröslein Nozomi	flach niederliegend, schwach wachsend	40– 60	perlmutt
Heidetraum	niedrig, buschig	70– 80	karminrosarot
Ice Meidiland	niederliegend, stark wachsend	40– 50	weiß
Knirps	kompakt, flach	ca. 30	rosa
Lovely Fairy	breitwüchsig	ca. 60	rosa
Magic Meidiland	niederliegend, stark wachsend	40– 50	dunkelrosa
Medusa	niedrig, buschig	80–100	rosa
Satina	niedrig, buschig	ca. 50	rosa
Schneeflocke	bogig überhängend	40– 50	weiß
The Fairy	niedrig, buschig	ca. 60	hellrosa
Beetrosen			
Anabell		ca. 50	lachsorange
Bad Birnbach		ca. 50	lachsrot
Bella Rosa		ca. 60	rosa
Brautzauber		70– 80	weiß
Classic		ca. 60	reinweiß bis cremeweiß
Daydream		ca. 35	cremeweiß/rot
Donauprinzessin		ca. 60	dunkelrosa
Dr. Reiner Klimke		ca. 60	pfirsichrosa
Goldener Sommer		50– 60	hell goldgelb
Heidelinde		ca. 70	altrosa
Heinzelmännchen		ca. 35	blutrot
Kronjuwel		ca. 60	dunkelrot
Leonardo da Vinci		40– 60	dunkelrosa
Muttertag		30– 50	himbeerrot
Noack's Blühendes Barock		60– 70	rosa
Queen Mother		ca. 70	hellrosa
Schöne Dortmunderin		60– 70	rosa
Sommermorgen		ca. 70	rosa
Sunflare		ca. 40	zitronengelb
Vatertag		30– 50	lachsorange
Veronica		50	hell lachsrosa
Vichy		60	orangerot
Strauchrosen			
Angela	breit buschig, locker	100–150	rosa
Centenaire de Lourdes	breit buschig, überhängend	ca. 180	zartrosa
Elveshörn	breit ausladend	ca. 100	hellrot
Ghislaine de Feligonde	überhängend	150–200	blassgelb

Tab. 13 (Fortsetzung)			
Sorte	**Wuchsform**	**Höhe (cm)**	**Blütenfarbe**
IGA 83 München	buschig, aufrecht	60– 70	karminrosa
Lichtkönigin Lucia	buschig, aufrecht	100–150	gelb
Rote Woge	buschig, aufrecht	60– 70	dunkelrot
Schneewittchen	aufrecht, locker	100–150	weiß
Westerland	buschig, aufrecht	150–100	kupferorange
Kletterrosen			
New Dawn		200–300	weißlich rosa
Rosarium Uetersen		200–300	rosa
Super Dorothy		200–250	rosa
Super Excelsa		200–250	karminrosa

Zweifelsfall ist es immer besser, den Kübel eine Nummer größer zu wählen. Über die Frosthärte von Rosen gibt es keine experimentell gesicherten Daten. Die in Tabelle 13 genannten Rosensorten beruhen auf den Empfehlungen von namhaften Züchtern. Generell sollten nur besonders frostharte Sorten verwendet werden. Rosen vertragen kein schockartiges Einfrieren der Wurzeln. Deshalb ist für ausreichenden Frostschutz im Wurzelbereich zu sorgen (s. Kap. Winterschutz, Seite 150 ff.). Als Dünger hat sich ein ummantelter Langzeitdünger bewährt, der die Nährstoffe über einen Zeitraum von 4 bis 6 Monaten abgibt. Für Kübel besonders geeignet ist die Klasse der Kleinstrauchrosen („Bodendeckerrosen"). Bei der Verwendung ist auf die unterschiedlichen Wuchsformen der einzelnen Sorten innerhalb dieser Klasse zu achten. Niederliegend wachsende Sorten eignen sich besonders gut zum Überhang, während die aufrecht wachsenden sich gut mit Stauden und anderen Gehölzen kombinieren lassen. Auch Beetrosen lassen sich gut verwenden und bieten eine reiche Auswahl. Hochstammrosen kommen im Kübel außerordentlich gut zur Geltung und sind deshalb für diesen Zweck sehr beliebt. Strauchrosen eignen sich nur für große Kübel. Kletterrosen benötigen eine Rankhilfe (Spalier o. Ä.). Es ist aber auch sehr gut möglich, die langen Triebe über den Rand eines großen Brüstungstroges hängen zu lassen.

Stauden für Kübel

Die folgende Tabelle enthält eine Auswahl von bewährten Staudenarten und -sorten zur Pflanzung in Kübeln ohne zusätzlichen Winterschutz. Lediglich die immergünen Arten sind für einen leichten Schutz gegen Wintersonne dankbar. Eine Zuordnung der Stauden zu Winterhärtezonen wäre sinnvoll. Solche Eingruppierungen sind in den USA und Kanada selbstverständlicher Bestandteil bei der Beschreibung der Arten. In Deutschland sind diese Angaben bisher nicht zu finden.

Eine Unterteilung nach Lebensbereichen erscheint für einen so „künstlichen" Standort, wie es Kübel und Tröge darstellen, nicht sinnvoll. Die Stauden wurden stattdessen nach ihren Lichtansprüchen sortiert. Die Einteilung ist nicht starr zu sehen, da alle Arten in ihren

Tab. 14 Stauden zur Bepflanzung von Kübeln

Botanischer Name	**Deutscher Name**	**Wuchshöhe (cm)**	**Blütezeit**	**Blütenfarbe**	**Bemerkungen**
Stauden für Tröge im Schatten					
Ajuga reptans	Günsel	15	4–5	lilablau	Immergrün, Sorten im Handel, Ausläufer
Adiantum pedatum (F)	Pfauenradfarn	20	entfällt	entfällt	Sorten im Handel
Aquilegia vulgaris	Akelei	60–80	5–6	violettblau	Viele Sorten im Handel
Aruncus aethusifolius	Zwerg-Geißbart	30	5–7	weiß	
Asarum europaeum	Haselwurz	10–15	3–4	braun	Immergrün
Aster divaricatus	Weiße Wald-Aster	50	8–10	weiß	
Astilbe chinensis var. *pumila*	Zwerg-Waldspiere	25–30	8–9	violettrosa	Ausläufer
Athyrium filix-femina (F)	Frauenfarn	100	entfällt	entfällt	Sorten mit abweichenden Blattformen im Handel
Bergenia-Arten und -Sorten	Riesensteinbrech	25–40	4–5	rosa, rot, weiß	Immergrün, viele Sorten im Handel
Brunnera macrophylla	Kaukasus-Vergissmeinnicht	40	4–5	blau	Sorte 'Betty Bovering' Blüte weiß, schwächer wachsend
Campanula cochleariifolia	Zwerg-Glockenblume	10	6–8	hellblau	Sorte 'Alba' Blüte weiß, ebenfalls geeignet: *C. portenschlagiana, C. poscharskyana* und deren Sorten
Cardamine trifolia	Klee-Schaumkraut	20–30	5–6	weiß	Wintergrün
Carex caryophyllea 'The Beatles' (G)	Frühlings-Segge	15–20	4–5		
Carex ornithopoda 'Variegata' (G)	Weißbunte Vogelfuß-Segge	5–15	5–6	bräunlich gelb	Blätter weiß gerandet
Carex sylvatica (G)	Wald-Segge	20–60	4–6	hellbraun	Immergrün
Chasmanthium latifolium (G)	Plattährengras	80–100	8–10	hellbraun	
Chiastophyllum oppositifolium	Goldtröpfchen	10–20	6–7	gelb	Immergrün, Sorte 'Variegatum' Blätter weiß gerandet
Chrysogonum virginianum	Goldkörbchen	25	5–9	gelb	
Clematis heracleifolia	Großblättrige Waldrebe	50–70	7–9	blau	Sorten im Handel
Clematis × jouiniana 'Praecox'	Stauden-Waldrebe	30–(400)	8–9	weißblau	Weitere Sorten im Handel
Corydalis lutea	Gelber Lerchensporn	25–35	5–10	gelb	
Deschampsia cespitosa (G)	Wald-Schmiele	30–70	6–8	gelblich braun	Sorten im Handel
Epimedium alpinum	Alpen-Elfenblume	30	4–5	rotgelb	Ausläufer, ebenfalls geeignet: *E. grandiflorum, E. rubrum, E. youngianum* und deren Sorten
Festuca gautieri (G)	Bärenfell-Schwingel	10–20	6–7	grün	Immergrün, Sorte 'Pic Carlit' Wuchs kompakter
Geranium sylvaticum	Wald-Storchschnabel	50–60	6–7	blau	Sorten im Handel
Helleborus niger	Christrose	30	12–3	weiß	Immergrün, Windschutz!
Hosta-Arten und -Sorten	Funkie	10–80	6–8	weiß bis violett	Sehr viele Arten und Sorten mit unterschiedlicher Wuchsform sowie Blatt- und Blütenfarbe im Handel
Ligularia przewalskii	Ligularie	60–120	7–9	gelb	
Luzula pilosa (G)	Haar-Marbel	10–25	5–6	bräunlich	Immergrün
Omphalodes verna	Gedenkemein	15–20	4–5	blau	Sorte 'Alba' Blüte weiß
Phlox stolonifera	Kriechender Phlox	20–25	4–5	purpurrot	Immergrün, Sorten mit anderen Blütenfarben im Handel, Ausläufer
Polypodium vulgare (F)	Tüpfelfarn	20–40	entfällt	entfällt	Immergrün, Ausläufer, Sorten im Handel
Polystichum aculeatum (F)	Glanz-Schildfarn	70–80	entfällt	entfällt	Immergrün

Tab. 14 (Fortsetzung)

Botanischer Name	Deutscher Name	Wuchshöhe (cm)	Blütezeit	Blütenfarbe	Bemerkungen
Polystichum setiferum (F)	Weicher Schildfarn	80–100	entfällt	entfällt	Immergrün, Sorten mit abweichenden Blattformen im Handel
Primula elatior	Wald-Schlüsselblume	25–30	4–5	schwefelgelb	Wildform, *P.*-Elatior-Hybriden mit größeren Blüten in allen Farben
Primula juliae	Teppich-Primel	5	4–6	violett bis rot	Ausläufer, alle 3 bis 4 Jahre umpflanzen, *P.*-Juliae-Hybriden mit Blüten in verschiedenen Farben
Primula × pruhoniciana	Garten-Teppich-Primel	15	3–4	rötlich, weiß oder lila	Viele Sorten im Handel
Primula vulgaris	Kissen-Primel	10	2–4	schwefelgelb	
Saxifraga fortunei	Oktober-Steinbrech	20–30	9–10	weiß	
Saxifraga × urbium	Porzellanblümchen	5–30	5–6	rosa	Immergrün, Sorten im Handel
Sedum hybridum 'Immergrünchen'	Mongolen-Sedum	15	5–7	gelb	Wintergrün
Vinca minor	Immergrün	15	4–5	blau	Immergrün, Sorten im Handel
Waldsteinia geoides	Ungarwurz	20	4–5	gelb	Wintergrün
Waldsteinia ternata	Golderdbeere	15	4–5	gelb	Immergrün, Ausläufer
Stauden für Tröge im Halbschatten					
Anemone sylvestris	Hain-Anemone	20–40	4–5	weiß	Ausläufer, wintergrün
Aquilegia flabellata	Japanische Akelei	15–25	5	lilablau	Sorten im Handel, var. *pumila* Höhe 10–15 cm
Buglossoides purpurocaerulea	Purpurblauer Steinsame	25–30	6	enzianblau	Ausläufer!
Carex hachijoensis 'Evergold' (G)	Gelbgrüne Segge	20–30	4–5	gelblich	Wintergrün, Blätter gelb gezeichnet
Doronicum orientale	Gemswurz	30–40	4–6	gelb	Sorten im Handel
Euphorbia amygdaloides	Mandel-Wolfsmilch	50	4–5	grünlich gelb	Immergrün, Sorte 'Purpurea' Laub purpurrot
Euphorbia polychroma	Gold-Wolfsmilch	30–40	4–5	gelb	
Geranium × cantabrigiense-Sorten	Storchschnabel	20–25	5–7	weiß, rosa, purpurrot	Ausläufer, Sorten im Handel, ebenfalls geeignet: *G. macrorrhizum, G. renardii, G. sanguineum* und deren Sorten
Glechoma hederacea	Gundermann	20	3–4	violett	Ausläufer
Hemerocallis-Hybriden	Taglilie	50–75	6–8	gelb, rosa, rot, weiß	Sehr viele Sorten im Handel, frostharte Sorten bevorzugen, z. B. 'American Revolution', 'Joan Senior', 'Lullaby Baby'
Heuchera × brizoides-Sorten	Purpurglöckchen	20–60	6–7	weiß, rosa, rot	Wintergrün, Sorten im Handel
Inula ensifolia	Alant	40	7–8	gelb	Sorte 'Compacta' Höhe 20–25 cm
Luzula nivea (G)	Schnee-Marbel	20–25	6–8	weiß	Immergrün
Molinia arundinacea (G)	Rohr-Pfeifengras	50–180	6–8	gelblich grün	Sorten im Handel
Molinia caerulea (G)	Blaues Pfeifengras	20–100	8–9	bräunlich	Sorten im Handel
Platycodon grandiflorus	Ballonblume	70	6–7	blau	Sorten im Handel
Sesleria autumnalis	Herbstkopfgras	25–30	9–10	silbrig weiß	Wintergrün
Spodiopogon sibiricus (G)	Zotten-Raugras	80–120	7–9	gelblich	
Viola cornuta	Horn-Veilchen	20–25	5–8	violett	Viele Sorten im Handel
Viola sororia	Pfingst-Veilchen	25	4–5	tiefviolett	Sorten im Handel
Stauden für Tröge in sonniger Lage					
Achillea millefolium	Schafgarbe	40	6–7	weiß	Viele Sorten im Handel
Alyssum argenteum	Silbergraues Steinkraut	20–25	5–6	gelb	
Anaphalis triplinervis	Perlpfötchen	20–30	9–10	weiß	Sorten im Handel

Tab. 14 (Fortsetzung)					
Botanischer Name	**Deutscher Name**	**Wuchshöhe (cm)**	**Blütezeit**	**Blütenfarbe**	**Bemerkungen**
Antennaria dioica	Katzenpfötchen	10	5–6	rosa	Sorten im Handel
Artemisia schmidtiana 'Nana'	Edelraute	20	6–7	weiß	
Aster amellus	Berg-Aster	40	8–10	blau	Sorten im Handel
Aster linosyris	Goldhaar-Aster	60	8–9	gelb	
Bouteloua gracilis (G)	Moskitogras	20–40	7–9		
Calamagrostis acutiflora 'Karl Foerster' (G)	Reitgras	60–180	6		Sorte 'Overdam' Blätter weiß gestreift
Centranthus ruber 'Coccineus'	Spornblume	60	6–9	scharlachrot	Sorte 'Albus' Blüte weiß
Delphinium-Belladonna-Hybride 'Piccolo'	Rittersporn	80	6–7	blau	Weitere Sorten im Handel
Dianthus gratianopolitanus	Pfingst-Nelke	7–20	5–6	rosa	Sorten im Handel
Dianthus plumarius	Feder-Nelke	25–30	6–7	rosa	Viele Sorten im Handel
Dryas octopetala	Silberwurz	12–15	6–7	weiß	
Festuca amethystina (G)	Regenbogen-Schwingel	25–45	6–7	dunkelviolett	Immergrün
Festuca glauca (G)	Blau-Schwingel	15–20	6–7	gelblich braun	Sorten im Handel
Festuca ovina 'Solling' (G)	Schaf-Schwingel	20–30	6–7	grünlich gelb	Weitere Sorten im Handel
Filipendula vulgaris	Kleines Mädesüß	30–45	5–7	weiß	Sorte 'Plena' Blüten gefüllt
Helictotrichon sempervirens (G)	Blaustrahlhafer	40–120	6–7	blassgelb	Sorte 'Saphirsprudel' resistent gegen Rost
Gypsophila repens	Kriechendes Schleierkraut	5–10	5–8	weiß	Sorten im Handel
Hieracium pilosella	Mausöhrchen	3–8	5–7	gelb	Sorte 'Niveum' Laub silbrig, Blüte hellgelb, Ausläufer
Iris Barbata-Elatior in Sorten	Hohe Bartiris	60–80	5–6	alle Farben	Sehr viele Sorten im Handel
Iris Barbata-Media in Sorten	Mittelhohe Bartiris	40–60	4–5	alle Farben	Viele Sorten im Handel
Iris Barbata-Nana in Sorten	Zwergschwertlilie	15–30	4–6	alle Farben	Sorten im Handel
Limonium latifolium	Meerlavendel	20–60	5–7	hellviolett	Sorte 'Violetta' Blüten dunkel blauviolett
Linum flavum	Gelber Lein	30–60	6–8	gelb	Sorte 'Compactum' Höhe 25–30 cm
Linum narbonense	Südfranzösischer Lein	45–50	6–7	blau	Sorten im Handel
Melica ciliata (G)	Wimper-Perlgras	30–70	5–6	blassgelb	
Miscanthus sinensis 'Silberfeder'	Chinaschilf	150–200	8–9	silberrosa	var. *purpurascens* Herbstfärbung rötlich
Origanum laevigatum	Dost	20–50	8–9	purpurrosa	Sorten im Handel
Origanum vulgare	Gewöhnlicher Dost	20–60	7–10	lilaweiß	Ausläufer, Sorten im Handel
Panicum virgatum	Ruten-Hirse	80–120	8–9		Sorten im Handel
Phlomis russeliana	Brandkraut	80–100	6–7	gelb	Immergrün
Potentilla aurea 'Goldklumpen'	Gold-Fingerkraut	15	6–7	goldgelb	
Potentilla crantzii	Zottiges Fingerkraut	5–15	6–7	gelb	Sorte 'Goldrausch' wüchsiger, sehr reich und lange blühend
Pseudolysimachion spicata subsp. *incanum* (früher: *Veronica incana*)	Ehrenpreis	25–30	6–7	dunkelblau	Laub graufilzig, Sorten im Handel
Pulsatilla vulgaris	Küchenschelle	20	4–5	blau	Sorten im Handel
Salvia lavandulifolia	Lavendelblättriger Salbei	20	6–7	hellviolett	Immergrün
Scabiosa graminifolia	Grasblättrige Skabiose	40	7	lila	
Sedum album	Weiße Fetthenne	5	5–7	weiß	Immergrün, Sorte 'Coral Carpet' Blätter im Winter kupferfarben getönt, ebenfalls geeignet: *S. floriferum* 'Weihenstephaner Gold', *S. lydium, S. reflexum, S. sexangulare, S. spurium, S. telephium* und deren Sorten
Sesleria albicans (G)	Kalk-Blaugras	10–40	3–4	violett	Immergrün

Tab. 14 (Fortsetzung)

Botanischer Name	Deutscher Name	Wuchshöhe (cm)	Blütezeit	Blütenfarbe	Bemerkungen
Sorghastrum nutans (G)	Goldbartgras	80–120	8–10	rotbraun	
Stachys byzantina	Woll-Ziest	10–40	6–7	lilarosa	Sorten im Handel
Stipa calamagrostis (G)	Alpen-Raugras	60–100	6–9	gelblich weiß	Sorte 'Algäu' Wuchs kompakter
Teucrium chamaedrys hort.	Edel-Gamander	25	7–8	purpurfarben	Immergrün, Sorte 'Nanum' Höhe 10 cm
Thymus praecox	Frühblühender Thymian	10	6	rosa	Immergrün
Thymus serpyllum	Feld-Thymian	10	5–10	purpurfarben	Immergrün, Sorten im Handel
Yucca filamentosa	Fädige Palmlilie	30–50 (–120)	7–9	milchweiß	Immergrün, Sorten im Handel
Yucca glauca	Blaugrüne Palmlilie	30–60 (–180)	8–9	grünlich weiß	Immergrün
Stauden für Tröge mit steingartenähnlicher Bepflanzung					
Achillea ageratifolia	Dalmatiner Silbergarbe	15–20	5–7	weiß	Wintergrün
Achillea umbellata	Griechische Silbergarbe	5–15	6–7	weiß	Wintergrün, var. *argentea* Blätter besonders silbrig
Alchemilla erythropoda	Zwergiger Frauenmantel	10–15	6–7	grünlich gelb	
Androsace sempervivoides	Mannsschild	3–6	5–6	rosa bis rosa-lila	Wintergrün
Arabis caucasica	Kaukasische Gänsekresse	10–20	3–5	weiß	Wintergrün, Sorten im Handel
Armeria maritima	Strand-Grasnelke	10–25	5–6	karminrosa	Wintergrün, Sorten im Handel
Aster alpinus	Alpen-Aster	20–30	5–6	violettblau	Sorten im Handel
Aubrieta-Hybriden	Blaukissen	10–15	4–5	blau, rosa, rot, weiß	Viele Sorten im Handel
Campanula carpatica	Karpaten-Glockenblume	15–30	7–9	blau	Sorten im Handel
Carex montana (G)	Bergsegge	15–20	4–6	gelblich	
Carlina acaulis	Silberdistel	10–15	7–9	silbrig weiß	
Cerastium tomentosum var. *columnae*	Filziges Hornkraut	15	5–6	weiß	Wintergrün
Draba aizoides	Immergrünes Felsenblümchen	5–10	4–5	gelb	Immergrün
Gentiana septemfida var. *lagodechiana*	Sommer-Enzian	20	7–9	hellblau	
Geranium cinereum	Storchschnabel	10–15	6–7	blassrosa	subsp. *subcaulescens* Blüten magentarot, Sorten im Handel
Geranium dalmaticum	Dalmatiner Storchschnabel	10–15	6–7	zartrosa	Sorte 'Album' Blüte weiß
Globularia cordifolia	Herzblättrige Kugelblume	5–10	5–6	blau	Sorten im Handel
Herniaria glabra	Kahles Bruchkraut	2–5	7–9	grünlich	
Iberis saxatilis	Felsen-Schleifenblume	5–10	4–5	weiß	Immergrün
Iberis sempervirens	Immergrüne Schleifenblume	20–30	5	weiß	Immergrün, Sorten im Handel
Lotus corniculatus	Gewöhnlicher Hornklee	5–10	5–9	gelb	Sorte 'Pleniflorus' Blüte gefüllt
Oenothera macrocarpa	Missouri-Nachtkerze	10–20	5–9	hellgelb	
Papaver alpinum	Alpen-Mohn	10–15	6–8	weiß, gelb, orange	Verschiedene Unterarten im Handel
Penstemon pinifolius	Bartfaden	15–20	7–8	rot	Immergrün
Petrorhagia saxifraga	Steinbrech-Felsennelke	25–30	6–9	blassrosa	Sorten im Handel
Phlox douglasii	Polster-Phlox	5–15	4–6	mattrosa	Wintergrün, viele Sorten im Handel
Phlox subulata	Moos-Phlox	10–15	4–5	variabel	Wintergrün, viele Sorten im Handel
Saponaria ocymoides	Kleines Seifenkraut	10–20	6–7	rot, rosa, weiß	Sorten im Handel

Tab. 14 (Fortsetzung)					
Botanischer Name	**Deutscher Name**	**Wuchshöhe (cm)**	**Blütezeit**	**Blütenfarbe**	**Bemerkungen**
Saponaria officinalis	Echtes Seifenkraut	70–80	6–9	blassrosa bis weiß	Ausläufer
Saponaria × olivana	Seifenkraut	5	6–7	rosarot	
Satureia montana ssp. *montana*	Winter-Bohnenkraut	30–40	8–9	weiß, rosa	subsp. *illyrica* Höhe 10–15 cm, Blüte violett
Saxifraga cotyledon	Strauß-Steinbrech	10–12 (–60)	6	weiß	Immergrün, var. *pyramidata* besonders großer Blütenstand
Saxifraga paniculata	Rispen-Steinbrech	10 (–20)	5–6	weiß	Immergrün, Sorten im Handel
Sempervivum in Arten und Sorten	Hauswurz	ca. 5–20	meist 6	rötlich, gelblich	Sehr viele Naturhybriden und Sorten im Handel
Solidago virgaurea	Gewöhnliche Goldrute	60–80	7–9	gelb	Sorte 'Goldzwerg' Höhe 20 cm
Stipa pennata	Echtes Federgras	30–50	6–7	silbrig	
Tanacetum haradjanii	Silbergefieder	20–30	7–8	gelb	

Tab. 15 Stauden für Tröge, Pflanzung in ständig feuchten Boden ohne Wasserstand					
Art	**Deutscher Name**	**Höhe (cm)**	**Blütezeit**	**Blüten-/Fruchtfarbe**	**Bemerkungen**
Blechnum spicant	Rippen-Farn	20–30	entfällt	entfällt	Immergrüner Farn für absonnige Plätze und sauere Böden
Carex davalliana	Torf-Segge	20–30	5–7	braun	Sehr feinhalmige Horste
Carex flava	Gelbe Segge	20–30	5–9	hellgelb	Dekorative Frucht
Eriophorum latifolium	Breitblättriges Wollgras	20/60	5–6	weißwolliger Samenstand	Blattschopf niedrig, auffallender Fruchtstand; sauere Böden
Fritillaria meleagris	Schachbrettblume	20–30	4–5	purpurbraun	Gefleckte Blüten, zieht nach der Blüte ein
Gentiana pneumonanthe	Lungen-Enzian	30–40	8–9	blau	Schöner Sommerblüher
Gentiana asclepiadea	Schwalbenwurz-Enzian	40–60	8–9	tiefblau	Für schattigere Plätze
Gladiolus palustris	Sumpfgladiole	30–40	6–7	purpurfarben	Zieht nach der Blüte ein; Selbstaussaat
Iris sibirica	Wiesen-Schwertlilie	40–70	5–6	blauviolett	Sorten im Handel
Molinia caerulea	Pfeifengras	40–100	8–9	braune Rispen	Kleinformen im Handel! Goldbraune Herbstfärbung; teils Selbstaussaat
Trollius europaeus	Trollblume	30–40	5–6	gelb	Leuchtende Blütenbälle; Sorten im Handel
Vaccinium oxycoccus	Moosbeere	5–8	5–6	rosa	Kriechender Zwergstrauch; für sauere Böden, Beeren nach Frost essbar!
Viola palustris	Sumpfveilchen	5–10	5–6	hellblau bis lila	Verbreitet in nährstoffarmen Flachmooren; Selbstaussaat

Standortansprüchen eine gewisse Spannweite aufweisen. So werden sich viele für den schattigen Standort empfohlene Arten auch im kühlen Halbschatten wohl fühlen, und viele für die sonnige Lage empfohlene Arten werden sich auch noch im warmen Halbschatten gut entwickeln. Nicht alle Arten, die für einen bestimmten Lebensbereich aufgeführt sind, lassen sich miteinander kombinieren. Für die Pflanzplanung müssen die weiteren Ansprüche beachtet werden, z. B. der pH-Wert des Substrats. Gräser (G) und Farne (F) sind alphabetisch mit einsortiert.

Tab. 16 Stauden für Tröge, Pflanzung 10 cm über bis 10 cm unter der Wasserlinie						
Art	**Deutscher Name**	**Höhe (cm)**	**Blütezeit**	**Blütenfarbe/ Fruchtstand**	**Wasser-tiefe (cm)**	**Bemerkungen**
Calla palustris	Sumpf-Calla	15–30	5–9	weiß	+10 bis −10	Rote, giftige Beeren! Rhizom kriechend
Eriophorum vaginatum	Scheidiges Wollgras	30–60	3–4	weiß	+10 bis 0	Horstiges Gras mit weiß leuchtenden Fruchtständen
Juncus squarrosus	Sparrige Binse	10–20	7–9	braun	+10 bis 0	Zierliche Binse für sauere Böden
Lysimachia thyrsiflora	Strauß-Felberich	30–60	5–7	gelb	+10 bis −10	Ausläuferbildende Art; für stärkere Partner
Schoenus ferrugineus	Rostrote Kopfbinse	15–30	5–7	rotbraune Köpfchen	+10 bis 0	Feinhalmiges Gras für kalkarme Böden
Sparganium minimum (S. natans)	Zwerg-Igelkolben	10–30	7–8	grünlich weiß	+10 bis −10	Ausläuferbildende Form für stärkere Partner
Thelypteris palustris	Sumpf-Farn	20–60	entfällt	entfällt	+10 bis −5	Ausläufertreibender Farn, der eingegrenzt werden sollte
Typha minima	Zwerg-Rohrkolben	20–60	5–6	braune Fruchtkolben	+10 bis −10	Bekannte Kleinform mit rundlichen Kolben; muss im Zaum gehalten werden

Tab. 17 Stauden für Tröge mit höherem Wasserstand						
Art	**Deutscher Name**	**Höhe (cm)**	**Blütezeit**	**Blütenfarbe/ Fruchtstand**	**Wasser-tiefe (cm)**	**Bemerkungen**
Baldellia ranunculoides	Igelschlauch	5–20	6–9	rosa	0–30	Nur bei Wasserüberstau dauerhaft, sonst Erhalt durch Aussaat
Butomus umbellatus	Blumenbinse	50–120	6–8	rötlich bis weiß	10–40	Auffallende Blütendolden über grasähnlichem Laub
Hottonia palustris	Wasserfeder/ Wasserprimel	10–50	5–7	blassrosa	50–70	Für kalkarme Standorte; feine Blattrosetten
Hydrocharis morsus-ranae	Froschbiss	15–30	6–8	weiß	50–100	Untergetaucht überwinternd; frei schwimmende Blattrosetten; bildet Ausläufer
Menyanthes trifoliata	Fieberklee	15–30	5–6	weiß	0–40	Kriechende Rhizome, bei größerer Wassertiefe schwimmende Rhizome
Nuphar pumila	Zwerg-Teichrose	70–120	7–8	gelb	50–100	Für nährstoffreichere Substrate
Nymphaea candida	Kleine Seerose/ Glänzende Seerose	50–150	6–8	weiß	60–100	Zierliche Blüten; nicht zu flach pflanzen
Stratiotes aloides	Krebsschere/ Wasseraloe	15–45	5–8	weiß	60–120	Ausläuferbildung, taucht zur Blütezeit auf, sonst Unterwasserpflanze
Trapa natans	Wassernuss	60–300	7–8	weiß	60–120	Für sommerwarme Teiche mit Schlammgrund; 1-jährig, erhält sich durch Aussaat; Herbstfarbe rot
Utricularia spec.	Wasserschlauch-Arten	15–35	6–8	gelb	50–120	Für kalkarme, saubere Teiche; frei schwimmende Pflanze, insektenfangend; Blüte löwenmaulähnlich

Stauden zur Bepflanzung von Sumpfbeeten und Wassergärten im Kübel

Kübel ohne Abzugslöcher und aus wasserdichten Materialien eignen sich zur Anlage von kleinen Wasser- und Sumpflandschaften. Im Vergleich zu normalen Teichen ist der Platz im Kübel sehr beschränkt. Es können somit nur Pflanzenarten verwendet werden, die klein bleiben und schwach wachsen. Andernfalls würden die Pflanzen schnell den Rahmen sprengen. Dennoch werden häufige Pflegeeingriffe notwendig sein, vor allem dann, wenn aus gestalterischen Gründen ein Teil der Wasseroberfläche frei bleiben soll, da sich Wasserpflanzen schneller entwickeln als solche, die in normalem Boden wachsen. Die Pflanzung in Körben erlaubt eine bessere Kontrolle des Wachstums als ein freies Auspflanzen im Substrat. Außerdem lassen sich die Körbe in unterschiedlichen Höhen einbauen, sodass jede Art bei dem für sie optimalen Wasserstand wachsen kann. (Zusammenstellung: Tassilo Schwarz)

Blumenzwiebeln für Kübel

Auch bei Blumenzwiebeln fehlen systematische Untersuchungen hinsichtlich ihrer Eignung für die Pflanzung im Kübel. Aufgrund der bisherigen Erfahrungen sind folgende Arten geeignet: *Allium aflatuense, A. giganteum, A. karataviense, A. moly, A. oreophilum, A. rosenbachianum, Anemone blanda* und Sorten, *Chinodoxa luciliae, Colchicum byzantinum, Crocus chrysanthus* und Sorten, *Cyclamen coum, Eranthis hyemalis, Fritillaria meleagris, F. michailovskyi, Galanthus elwesii, G. nivalis, Hyacinthus*-Sorten, *Iris danfordiae, I. reticulata, Leucojum aestivum, L. vernum, Muscari*-Arten und -Sorten, *Narcissus*-Arten und -Sorten, *Ornithogalum balansae, Puschkinia scilloides* var. *libanotica, Scilla mitschenkoana, Tulipa kaufmanniana* und Sorten, *Tulipa praestans* 'Füsilier', *T. tarda, T. turkestanica* und *T. urumiensis*. Diese Arten sind besonders widerstandsfähig. Die Pflanztiefe entspricht der doppelten Höhe der Zwiebeln. Sie werden zwischen September und November gepflanzt. Je eher sie gepflanzt werden, desto besser hat sich das Wurzelsystem bis zum Beginn der ersten Bodenfröste ausgebildet. Ein später Pflanztermin in Verbindung mit früh einsetzendem Frost verzögert den Austrieb und die Blüte im folgenden Frühjahr. Aus diesem Grund ist generell ein Winterschutz des Kübels sowie der Bodenoberfläche sinnvoll. Nach der Blüte darf das Laub erst entfernt werden, wenn die Pflanzen vollständig eingezogen haben. Viele Arten, z. B. *Chinodoxa, Crocus, Eranthis* oder *Scilla*, versamen sich. Die Sämlinge sollten im Rahmen der Pflege geschont werden. So bilden sich im Laufe der Jahre, je nach Größe des Kübels, größere Gruppen.

Liefernachweise

Es ist nicht möglich, hier eine vollständige Übersicht aller Anbieter zu geben. Es können nur exemplarisch einige wichtige Hersteller genannt werden. Die Reihung der einzelnen Firmen bedeutet keine Wertung. Die Tatsache, dass einzelne Firmen nicht genannt sind, stellt ebenfalls keine Wertung hinsichtlich der Qualität der hergestellten Produkte dar. Die genannten Verbände und Organisationen geben gern Auskunft über weitere Firmen.

Pflanzen

Baumschulen oder Staudengärtnereien, die sich auf die Anzucht von winterharten Kübelpflanzen spezialisiert haben, gibt es nicht. Die Adressen von Betrieben in Ihrer Nähe finden Sie im Branchenbuch. Bei speziellen Fragen wenden Sie sich bitte an die beiden folgenden Verbände. Diese geben jeweils ein Mitgliederverzeichnis heraus und erteilen Auskünfte über die Mitgliedsbetriebe und deren Produkte.

Bund deutscher Baumschulen (BdB) e. V.
Bismarckstr. 49
25421 Pinneberg
Tel.: 04101/20590
E-Mail: info@bund-deutscher-baumschulen.de
Internet: http://www.bund-deutscher-baumschulen.de

Bund deutscher Staudengärtner (BdS)
im Zentralverband deutscher Gartenbau
Godesberger Allee 142–148
53175 Bonn
Tel.: 0228/8100251
E-Mail: info@stauden.de
Internet: http://www.stauden.de

Bundessortenamt (BSA)
Osterfelddamm 80
30627 Hannover
E-Mail: bsa@bundessortenamt.de
Internet: http://www.bundessortenamt.de
Das Bundessortenamt ist zuständig für das Sortenwesen. Die Ergebnisse der Sortimentsprüfungen für Gehölze werden sowohl in Form von Broschüren als auch im Internet veröffentlicht.

Materialien

Kübel

Alape
Adolf Lamprecht Betriebs GmbH
Geschäftsbereich 5 Planter
38644 Goslar/Hahndorf
Tel.: 05321/5580
E-Mail: info@alape.de
Internet: http://www.alape.de
Kübel aus Edelstahl (auch mit Rollen), auch emailliert

alulines Enterprises
benz & fischer GmbH
Neuer Weg 32
71711 Murr
Tel.: 07144/80500
E-Mail: alu.benz@t-online.de
Kübel aus Aluminium im Baukastensystem

Benkert Freiraummöblierung
An der Leite
97486 Königsberg
Tel.: 09525/9225–0
E-Mail: mail@benkert.info
Internet: http://www.benkert.info

bernhardhofmeierdesign
Tegernseer Landstr. 161
81539 München
Tel.: 089/6259294
Kübel aus Edelstahl

Boss Elitaire GmbH & Co.
Neuweiler Str. 28–30
72461 Albstadt
Tel.: 07432/983700
E-Mail: vertrieb@boss-elitaire.de
Internet: http://www.boss-elitaire.de
Kübel aus Metall (Blei und Stahl) und Sandstein

Ebert Design
Oststr. 23
32051 Herford
Tel.: 05221/935–0
E-Mail: webmaster@ebert-design.de
Internet: http://www.ebert-design.de
Kübel aus Kunststoff. Nur Liefernachweis, kein Verkauf an Endverbraucher.

Eschbach GmbH
Hennefer Str. 2
53819 Neunkirchen-Seelschei
Tel.: 02247/96930
Kübel aus Terrakotta, Steingut, Gusseisen, Aluminium. Nur Liefernachweis, kein Verkauf an Endverbraucher.

Ferdi Hombach
Wisserhof 3
57537 Wissen/Sieg
Tel.: 02742/6026
Kübel aus Holz

Garpa Garten & Park Einrichtungen GmbH
Kiehnwiese 1
21039 Escheburg bei Hamburg
Tel.: 04152/925200
E-Mail: info@garpa.de
Internet: http://www.garpa.de
Kübel aus Teakholz und Fiberglas

Garten & Objekt
Isartalstr. 30
80469 München
Tel.: 089/762898
E-Mail: garten objekt@aol.com
Kübel (auch mit Rankhilfen und Rollen) und Balkonkästen aus Edelstahl

geobra Brandstätter GmbH & Co. KG
Brandstätterstr. 2
90513 Zirndorf
Tel.: 0911/96660
E-Mail: info@lechuza.de
Internet: http://www.lechuza.de
Kübel aus Kunststoff mit Wasservorrat

Groh GmbH
Postfach 1262
67086 Bad Dürckheim
Tel.: 06322/960–0
E-Mail: grohgmbh@grohgmbh.de
Internet: http://www.grohgmbh.de
Kübel aus Beton, Gusseisen, Stollenkübel

Hahn Kunststoffe GmbH
Gebäude 1027
55483 Hahn-Flughafen
Tel.: 06543/98860
E-Mail: info@hahnkunststoffe.de
Internet: http://www.hahnkunststoffe.de
Kübel aus Recyclingkunststoff

Hain & Reimann Silex
General-Colin-Powell-Str.
63571 Gelnhausen
Tel.: 06051/92820
E-Mail: info@silex.de
Internet: http://www.silex.de
Kübel aus Keramik. Nur Liefernachweis, kein Verkauf an Endverbraucher.

Jago Kunststoff GmbH
Postfach 1655
59246 Beckum
Tel.: 02521/15644
E-Mail: jago-kunststoff@t-online.de
Internet: http://www.jago-kunststoff.de
Kübel aus Recyclingkunststoff

Josef Hamann Recyclingprodukte
Industriegebiet TGZ
Konrad-Zuse-Str. 3
54552 Nerdlen/Daun
Tel.: 06592/98260
E-Mail: info@hamannit.com
Internet: http://www.hamannit.com
Kübel und Kübelroller aus Recyclingkunststoff

Kongdesign Elisabeth Gerke-Puck GmbH
Luitpoldstr. 4
10781 Berlin

Tel.: 030/2158149
E-Mail: mail@kong-design.de
Internet: http://www.kong-design.de
Kübel aus Beton, Stahl und Holz

Hentschke GmbH Keramik
Hofstetten 1
84326 Falkenberg
Tel.: 08727/1474
E-Mail: info@hentschke-keramik.de
Internet: http://www.hentschke-keramik.de
Kübel aus Keramik

HTG GmbH Holzprodukte
Fraschstr. 25
74405 Gaildorf
Tel.: 07971/925090
E-Mail: info@hessentaler.de
Internet: http://www.hessentaler.de
Pflanzkästen aus Holz, Rundkübel,
kleine Stollenkübel

optima-Zentrale
aktual-Bauteile und Umweltschutzsysteme
GmbH & Co. KG
Postfach 2129
25437 Tornesch
Tel.: 04122/95750
Internet: http://www.optima-dachbegruener.de
Kübel aus Faserzement, auch mit eingebauter
Automatikbewässerung

Friedrich W. Ortlepp GmbH
Margetshöchheimer Str. 94
97299 Zell
Tel.: 0931/463060
E-Mail: ortlepp@surfeu.de
Internet: http://www.ortlepp-gmbh.de
Kübel aus Keramik und Faserzement

Planex
Syntal-Kunststoffe
Am Steinauer Weg
91589 Aurach
Tel.: 09804/1780
E-Mail: verkauf@planex.de
Internet: http://www.planex.de
Kübel aus Recyclingkunststoff

Plantener Ausstattungssysteme GmbH
Am Tonwerk 1
82275 Emmering
Tel.: 08141/32460
E-Mail: plantener@t-online.de
Internet: www.plantener-ausstattung.de
Kübel aus Holz, Beton, Kunststoff, Naturstein,
Metall (Gusseisen, Metallgitter, Lochblech), Ton,
Steinzeug und Hartporzellan

Schneider & Heid GmbH
Breite Str. 3–1
88481 Balzheim
Tel.: 07347/921101
Internet: http://www.schneider-heid.de
Kübel aus Faserzement

Renate Weber
Exklusive Architektur- und Gartenornamente
Liszthof 10
49076 Osnabrück
Tel.: 0541/65127
E-Mail: mail@renate-weber.de
Internet: http://www.renate-weber.de
Kübel nach historischen Vorbildern aus Kalksand-
stein und Blei

WERIT-Kunststoffwerke
W. Schneider GmbH & Co
Kölner Straße
57610 Altenkirchen
Tel.: 02681/80701
E-Mail: info@werit.de
Internet: http://www.werit.de
Kübel aus Kunststoff. Nur Liefernachweis,
kein Verkauf an Endverbraucher.

WKR Altkunststoffproduktions-
und Vertriebsgesellschaft mbH
Industriegebiet Nord I/6
Entenpfuhl 10
67547 Worms/Rhein
Tel.: 06241/43451 oder 46763
E-Mail: kontakt.wkr@t-online.de
Internet: http://www.wkr-gmbh.de
Kübel aus Recyclingkunststoff

Bewässerung

Tensio-Technik
Edith Bambach
Peter-Spring-Str. 18
65366 Geisenheim
Tel.: 06722/972168
E-Mail: info@blumat.de
Internet: http://www.blumat.de
Hersteller des Tropf-Blumat-Systems

Netafim Deutschland GmbH
Sontraer Str. 11
60386 Frankfurt
Tel.: 069/423586
E-Mail: netafim@t-online.de
Internet: http://www.netafim.de
Systeme zur automatischen Bewässerung

BJ Ben Jaakow
Bewässerungstechnik
Tannäcker 8
97845 Neustadt/Main
Tel.: 09393/1570
E-Mail: BenJaakow@t-online.de
Internet: http://www.benjaakow.de
Systeme zur automatischen Bewässerung

Substrate

Compo GmbH & Co. KG
Produktions- und Vertriebsgesellschaft
Gildenstr. 38
48157 Münster
Tel.: 0251/32770
E-Mail: info@compo.de
Internet: http://www.compo.de

Fibo Exclay Deutschland GmbH
Rahdener Str. 1
21769 Lamstedt
Tel.: 04773/8960
E-Mail: info@fiboexclay.de
Internet: http://www.fiboexclay.de
Hersteller von Blähton (vormals Leca)

Masterfoods GmbH
Am Bollscheid
56424 Mogendorf
Tel.: 02623/60840
Internet: http://www.seramis.de
Hersteller des Seramis-Granulats

ökohum GmbH
Obere Bergenstr. 8
88518 Herbertingen
Tel.: 07586/1391

Gebr. Patzer GmbH & Co. KG
Einheitserde- und Humuswerke
Waldsiedlung 4
36391 Sinntal-Jossa
Tel.: 06665/9740
E-Mail: Gebr.Patzer@t-online.de
Internet: http://www.Einheitserde.de

Blumenerdenwerk Stender GmbH
Postfach 1169
46510 Schermbeck
E-Mail: info@stender.de
Internet: http://www.stender.de

Zubehör

Grebien-Forschung-Entwicklung
Abt. ProLapit
Manfred Eickholt
Katzbachstr. 9
47443 Moers
Tel.: 02841/57161
Internet: http://www.prolapit.de
Imprägnierlösung für Keramikkübel

Jüngst GmbH
ProStone Refinement
Gerichtstr. 6
48565 Steinfurt
Tel.: 02551/81548
E-Mail: info@prostone.de
Internet: http://www.prostone.de
Imprägnierlösung für Keramikkübel

Ernst Martens
Am Zuggraben 27
26188 Edewecht
Tel.: 04486/8221

E-Mail: martens@kuebel-karre.de
Kübelkarren

Dietrich Schäfer
Mühlenweg 17
35305 Grünberg
Tel.: 06401/5830
Kokosmantel als Winterschutz

Verbände und Organisationen

Centrale Marketing-Gesellschaft der deutschen Agrarwirtschaft mbH
Postfach 20 03 20
53133 Bonn

RAL Deutsches Institut für Gütesicherung und Kennzeichnung e. V.
Siegburger Str. 39
53757 Sankt Augustin
Tel.: 02241/1605–0
E-Mail: RAL-Institut@t-online.de

Gütegemeinschaft Substrate für Pflanzenbau e. V.
Heisterbergallee 12
30453 Hannover
Tel.: 0511/4005-2254
E-Mail: info@substrate-ev.org
Internet: http://www.substrate-ev.org

Deutscher Holzschutzverband e. V.
Saarlandstr. 206
55411 Bingen
Tel.: 06721/96810
E-Mail: dhv@holzschutz.com
Internet: http://www.holzschutz.com

Verband der Faserzementindustrie e. V.
Ernst-Reuter-Platz 8
10587 Berlin
Tel.: 030/3485253
Internet: http://www.eternit.de
http://www.faserzement.org
Auskünfte zum Thema Faserzement und Asbest

Literaturverzeichnis

Ausschuss für Gefahrstoffe: Technische Regeln für Gefahrstoffe TRGS 519, Asbest – Abbruch-, Sanierungs- oder Instandhaltungsarbeiten. Veröffentlicht im Bundesarbeitsblatt des Bundesministers für Arbeit und Sozialordnung, 2001.

BÄRTELS, A.: Gartengehölze. 2. Aufl., Verlag Eugen Ulmer, Stuttgart 1981.

BORCHARDT, W.: Pflanzenkompositionen. Verlag Eugen Ulmer, Stuttgart 1998.

BRINKFORTH, B.: Mobiles Grün in der Stadt. Verlag Eugen Ulmer, Stuttgart 1990.

CARL, J.: Miniaturgärten. Verlag Eugen Ulmer, Stuttgart 1981.

Deutscher Holzschutzverband e. V.: http://www.holzschutz.com

Deutscher Normenausschuss: DIN 18916 Vegetationstechnik im Landschaftsbau – Pflanzen und Pflanzarbeiten. Beuth-Verlag, Berlin.

Deutscher Normenausschuss: DIN 52252 Prüfung der Frostwiderstandsfähigkeit von Vormauerziegeln und Klinkern, Teil 1: Allseitige Befrostung von Einzelziegeln. Beuth-Verlag, Berlin.

Deutscher Normenausschuss: DIN 68800 Holzschutz im Hochbau, Teil 2: Vorbeugende bauliche Maßnahmen. Beuth-Verlag, Berlin.

Deutscher Normenausschuss: DIN 68800 Holzschutz im Hochbau, Teil 3: Vorbeugender chemischer Holzschutz. Beuth-Verlag, Berlin.

Deutscher Normenausschuss: DIN EN 12580 Bodenverbesserungsmittel und Kultursubstrate – Bestimmung der Menge. Beuth-Verlag, Berlin.

Deutscher Normenausschuss: DIN EN 350–2 Dauerhaftigkeit von Holz und Holzprodukten – Natürliche Dauerhaftigkeit von Vollholz, Teil 2: Leitfaden für die natürliche Dauerhaftigkeit und Tränkbarkeit von ausgewählten Holzarten von besonderer Bedeutung in Europa. Beuth-Verlag, Berlin.

Deutscher Normenausschuss: DIN EN ISO 10545–12 Keramische Fliesen und Platten, Teil 12: Bestimmung der Frostbeständigkeit. Beuth-Verlag, Berlin.

FISCHER, P.: Gärtnerische Kultursubstrate. Herausgegeben vom Auswertungs- und Informationsdienst für Ernährung, Landwirtschaft und Forsten (aid) e.V., Bonn, Nr. 1085/2000.

FISCHER, P. UND MARX, I.: Unveröffentlicht, 2002.
FLL (Forschungsgesellschaft Landschaftsentwicklung/Landschaftsbau e. V.).: Gütebestimmungen für Baumschulpflanzen, Ausgabe 1995.
FLL (Forschungsgesellschaft Landschaftsentwicklung/Landschaftsbau e. V.).: Gütebestimmungen für Gehölze, Ausgabe 1995.
FLL (Forschungsgesellschaft Landschaftsentwicklung/Landschaftsbau e. V.).: Gütebestimmungen für Stauden, Ausgabe 1994.
HEINZE, W. UND SCHREIBER, D.: In BÄRTELS, A.: Gartengehölze. Bäume und Sträucher für mitteleuropäische und mediterrane Gärten. 3. Aufl., Verlag Eugen Ulmer, Stuttgart 1991.
HOFFMANN, G.: Methodenbuch. Band 1: Die Untersuchung von Böden. 4. Aufl., VDLUFA-Verlag, Darmstadt 1997.
KAWOLLEK, W.: Kübelpflanzen. Verlag Eugen Ulmer, Stuttgart 1995.
KIERMEIER, P.: Die Lebensbereiche der Gehölze. 3. überarbeitete Aufl., Verlagsgesellschaft „Grün ist Leben"mbH, Pinneberg 1995.
KÖHLEIN, F.: Schöne Troggärten und bepflanzte Steine. Verlag Eugen Ulmer, Stuttgart 1990.
LOIDL, H.J.: Objektplanung Materialien zu einer Morphologie des Freiraumentwurfs, unveröffentlichtes Manuskript zur Lehrveranstaltung „Objektplanung" an der TU-Berlin, Sommersemester 1984/Wintersemester 1984/1985, Seite 385ff.
PLOMIN, K.: Der vollendete Garten. 2. Aufl., Verlag Eugen Ulmer, Stuttgart 1977.
RAL – Institut für Gütesicherung e. V.: Gütesicherung Blumenerden RAL-GZ 255.
RAL – Institut für Gütesicherung e. V.: Gütesicherung Kompost RAL-GZ 251.
RAL – Institut für Gütesicherung e. V.: Rinde für Pflanzenbau RAL-GZ 250.
ROLOFF, A. UND BÄRTELS, A.: Gartenflora. Band 1: Gehölze. Verlag Eugen Ulmer, Stuttgart 1996.
SCHOLZ, A.: Zwerggehölze für Balkon und Terrasse. 4. Aufl., Verlag Gräfe und Unzer, München 1999.

Maßgebend für das Anwenden der DIN-Normen ist deren Fassung mit dem neuesten Ausgabedatum, die bei der Beuth Verlag GmbH, Burggrafenstr. 6, 10787 Berlin, erhältlich ist.

Dank

Ein Buch ist nie die Leistung eines Einzelnen. Auch dieses Buch wäre ohne die Hilfe anderer nicht so entstanden. Ich möchte mich an dieser Stelle deshalb bei allen bedanken, die mir mit Rat und Tat bei der Verwirklichung geholfen haben. Besonders hervorheben will ich an dieser Stelle Herrn Frank Angermüller, der geduldig und prompt alle Textentwürfe gelesen, viele wertvolle Verbesserungsvorschläge gemacht und fleißig fotografiert hat. Das Kapitel „Keramik" wäre ohne die Hilfe von Frau Isabella Marx und Herrn Prof. Peter Fischer in dieser Genauigkeit für mich nicht realisierbar gewesen. Herrn Helmut Rausch danke ich für die kritische Durchsicht von Teil 1 und seine wertvollen Hinweise. Schließlich danke ich meiner Familie für ihre Geduld und ihr Verständnis, die sie während der Zeit mit mir und für mich gehabt haben.

Bildnachweis

Frank Angermüller, Rothenburg ob der Tauber: Seite 28, 42 (oben), 54, 63, 65, 84, 90
Ellen Fischer, Weisenheim: Titelmotiv (kleines Bild, rechts oben)
Fritz Köhlein, Bindlach: Seite 8, 10/11, 24, 58, 158/159, 159 (kleines Bild)
Walter Kolb, Veitshöchheim: Seite 46 (Mitte)
Wolfgang Redeleit, Bienenbüttel: Seite 61 (kleines Bild, unten)
Hans Reinhard, Heiligkreuzsteinach: Seite 16, 23 (großes Bild)
Manfred Ruckszio, Taunusstein: Seite 9, 56 (beide)
Tassilo Schwarz, Veitshöchheim: Seite 23 (kleines Bild), 30, 46 (oben links)
Friedrich Strauß, Au: Seite 19
Werkbild Fa. Hentschke, Falkenberg: Seite 80, 86
Werkbild Fa. Jago-Kunststoffe, Beckum: Seite 71
Werkbild Fa. ZinCo, Unterensingen: Seite 52

Alle übrigen Bilder stammen vom Autor.

Die Zeichnungen wurden von Herrn Siegfried Lokau, Bochum-Wattenscheid, nach Angaben des Autors angefertigt.

Register

Hier erfahren Sie mehr.

Sechzehn dekorative und gleichzeitig nützliche Gestaltungsbeispiele aus Stein mit Schritt für Schritt-Anleitungen machen aus diesem praktischen Gartenbuch einen unentbehrlichen Ratgeber für alle, die ihren Garten eigenhändig verschönern möchten. Ausführliche Anleitungen mit detaillierten Arbeitsanweisungen veranschaulichen die Steinarbeiten sowohl dem wenig erfahrenen Hobbybastler als auch dem fortgeschrittenen Heimwerker. Grundlegende Arbeitstechniken, wie das Schneiden und Bearbeiten von Naturstein, das Setzen von Fundamenten, das Anlegen von Wegen und das Errichten von Mauern, werden fachgerecht erläutert.

Steinarbeiten im Garten. *Alle Projekte Schritt für Schritt erklärt. Gill u. Alan Bridgewater. 128 Seiten, zahlreiche Farbfotos. ISBN 3-8001-3587-6.*

Schwerpunkt dieses Buches sind bau- und vegetationstechnische Hinweise für die Planung, Ausführung und Pflege der Dachbegrünung. Auch die Grundsätze der Pflanzenverwendung werden mit entsprechenden Beispielen vermittelt. Interessierte Laien können sie direkt übernehmen oder auch modifizieren. Fachleute und Praktiker finden viele neue Anregungen und Arbeitshilfen.

Dachbegrünung *– intensiv und extensiv. Walter Kolb, Tassilo Schwarz. 1999. 213 Seiten, 156 Farbf., 46 Zeichnungen, 25 Tabellen. ISBN 3-8001-5075-1.*

Naturstein garantiert Lebendigkeit, vermeidet eine unattraktive, künstlich-sterile Optik von Vorplätzen, Einfahrten, Eingangsbereichen, Wegen, Terrassen und Sitzplätzen – die typischen Einsatzbereiche ums Haus und im Garten. Der Autor erläutert die Gestaltungsmöglichkeiten mit Pflaster aus Naturstein, stellt das Material vor und erklärt Schritt für Schritt die Technik der Verarbeitung. Bis ins Detail erfährt der Leser, wie Verlegemuster wie Kreise, Reihen, Schuppen, Segmentbögen oder sogar noch aufwendigere Ornamente zustandekommen. Dazu liefert der Autor zahlreiche Ideen für einen kreativen Einsatz von Natursteinpflaster in individuell gestalteten Gärten.

Pflastern mit Naturstein. *Volker Friedrich. 1999. 135 Seiten, 20 Tabellen, 107 Farbf., 43 Zeichnungen. ISBN 3-8001-5078-6.*

Wie legt man einen Garten auf trockenem, magerem und sandig-kiesigem Boden an? Beth Chattos Gartenexperiment zeigt, wie es gehen kann. Sie stellt die Pflanzen vor, die sich für solch einen schwierigen Standort eignen, beschreibt ihre Arbeitsweise bei der Anlage des Gartens und geht auf die Pflanzenpflege ein. Ein Buch über einen faszinierenden Garten und gleichzeitig ein spannendes Gartenseminar für jeden Hobbygärtner und Pflanzenliebhaber.

Der Kiesgarten. *Gärtnern auf trockenem Standort. Beth Chatto. 2001. 192 Seiten, 127 Farbfotos. ISBN 3-8001-3144-7.*

Literatur für den Gartenprofi.

Das Buch erläutert die Gestaltungsmöglichkeiten, stellt die verschiedenen Mauerformen vor und erklärt die Techniken der Be- und Verarbeitung des Materials. Landschaftsgärtner wie handwerklich versierte Laien erhalten exakte Anleitungen und erfahren im Detail, was zu beachten ist. Einsatzbereiche: Einfriedungen, Böschungs- und Hanggestaltung, Eingangsbereiche und Einfahrten, Terrassen.
Mauern aus Naturstein. Volker Friedrich. 2001. 165 S., 104 Farbfotos, 58 Zeichnungen, 20 Tabellen. ISBN 3-8001-3266-4.

Mit diesen Büchern der Reihe „Gartenplaner" erhalten Sie kompetente Planungshilfen an die Hand, welche die vielfältigsten Fragestellungen noch vor Baubeginn praxisnah erläutern. Sie helfen Ihnen bei der Ideen- und Zielfindung für Ihren individuellen Traumgarten, begleiten Sie bei den ersten Planungsschritten bis hin zur Kostenschätzung, empfehlen, was Sie selbst ausführen können und wo die Vergabe an einen Fachbetrieb notwendig ist. Fiktive Planungsvorgaben und deren Abwandlung bieten ein Spektrum vielfältigster Lösungsmodelle für das eigene Gartengrün. In den Büchern sind jeweils eine Check-Liste und ein praktischer Schritt für Schritt- Planer enthalten.
Gärten. *Planen - entwerfen - kalkulieren. Peter Wirth. Etwa 80 Seiten, 70 Farbfotos, 15 große und 10 kleine Zeichnungen. ISBN 3-8001-3262-1.*

DEGA Deutscher Gartenbau – die wöchentliche Fachzeitschrift für die verschiedenen gartenbaulichen Sparten bietet Ihnen viel:
- ausgewogenes redaktionelles Konzept
- qualifiziertes Redaktionsteam
- zahlreiche Berichte und Tipps aus der Praxis
- der wöchentliche topaktuelle E-Mail Newsletter.

Im Wechsel bilden die wöchentlich erscheinenden Zeitschriften je entweder einen Schwerpunkt „**Produktionsgartenbau**" oder einen Schwerpunkt „**Dienstleistungsgartenbau**". (**www.dega.de**)

Gartenpraxis - Ulmers Pflanzenmagazin wendet sich an alle, die ein besonders ausgeprägtes Interesse an Pflanzen und ihrer Verwendung haben – sei es im eigenen Garten oder aber zur Erweiterung der beruflichen Kenntnisse. Sortimentsbeschreibungen und Beispiele für außergewöhnliche Gartengestaltung nehmen breiten Raum ein.
Erfahren Sie mehr über:
✗ Stauden ✗ Gehölze
✗ Gartengestaltung
✗ Pflege
✗ Pflanzen im Haus
✗ Gärten am Reiseweg
✗ historische und aktuelle Gartenkunst
✗ Veranstaltungstermine
✗ Buchtipps.
(**www.gartenpraxis.de**)